"广东森林土壤"系列图书

广东森林土壤

河源卷

主　编 ◎ 丁晓纲

中国林业出版社
China Forestry Publishing House

审图号：粤 MS（2023）002 号

图书在版编目（CIP）数据

广东森林土壤. 河源卷／丁晓纲主编. —北京：中国林业出版社，2024.12
ISBN 978-7-5219-2630-9

Ⅰ.①广⋯　Ⅱ.①丁⋯　Ⅲ.①森林土-研究-河源市　Ⅳ.①S714

中国国家版本馆 CIP 数据核字（2024）第 039430 号

责任编辑：于界芬

出版发行　中国林业出版社（100009，北京市西城区刘海胡同 7 号，电话 83143549）
网　　址　www. forestry. gov. cn/lycb. html
印　　刷　北京博海升彩色印刷有限公司
版　　次　2024 年 12 月第 1 版
印　　次　2024 年 12 月第 1 次印刷
开　　本　787mm×1092mm　1/16
印　　张　16
字　　数　368 千字
定　　价　168.00 元

前　言

为贯彻落实《国务院关于印发土壤污染防治行动计划的通知》(国发〔2016〕31号)、《广东省人民政府关于印发广东省土壤污染防治行动计划实施方案的通知》(粤府〔2016〕115号)文件精神,由广东省林业局立项、广东省林业科学研究院组织实施了省林业科技计划项目——林地土壤调查(韶关、河源)。项目先后开展了资料收集、技术培训、野外调查、质量检查及土壤样品检测与保存等工作,完成了数据库建设、资信手机应用平台(APP)开发、土壤标本库建设等目标任务。

本次土壤调查结合大尺度森林土壤采样技术、多参数与高精度土壤属性提取技术和土壤属性点面尺度转换空间预测技术,全面清查了河源市的森林土壤资源类型、分布和属性,并应用土壤高精度系统移动终端建立了土壤环境基础数据库。全市共布设样点1200个,完成土壤取样23765份,完成测试土壤样品15361份,分析了12项土壤理化指标,获取有效土壤属性数据213922个。《广东森林土壤·河源卷》是对河源市森林土壤调查项目的总结成果之一,是广东省森林土壤著作中最为全面地详细论述河源市森林土壤的科学著作。《广东森林土壤·河源卷》全书共分为五章,第一章介绍河源市的自然地理和社会经济概况;第二章是土壤形成条件及分布状况;第三章介绍各县(区)森林土壤剖面;第四章论述河源市森林土壤的基本性质和土壤肥力,包括土壤质地、土壤 pH、土壤养分及土壤重金属元素等;第五章为土壤理化属性空间分布特征,主要介绍土壤养分以及土壤重金属元素含量的空间分布情况。

全书较全面地反映了河源市森林土壤调查成果,有充分的科学数据和较强的生产性、实用性。书中有小比例尺的彩色土壤养分、重金属含量空间分布图以及土壤剖面、植被等照片,有数据分析图和数据统计表等。可供林业科学、地理、地球科学、生物科学、农业科学,以及环境科学等学科领域指导生产、科研和教学。

本书撰写过程中得到了广大林业工作者的支持,特别感谢广东省林业局对广东省河源市森林土壤调查工作的支持及关怀。

由于编者水平有限,错漏难免,敬请读者批评指正。

编　者

2024 年 10 月于广州

目　录

第一章
自然地理与社会经济概况

第一节 地理位置与地貌地势

河源市位于广东省东北部，1988 年设立地级市。地理坐标处于北纬 23°10′~24°47′、东经 114°14′~115°36′。地处东江中上游，东靠梅州市，南接惠州市，西连韶关市，北邻江西省赣州市，与广州、深圳及香港的直线距离均在 200 km 以内，是粤东西北唯一同时近距离接受三个国际都市辐射带动的地级市。截至目前，河源下辖源城区、东源县、和平县、龙川县、紫金县、连平县，另设市高新技术开发区、江东新区，有 95 个乡镇、6 个街道办事处，1251 个村委会、190 个社区居委会。全市面积 15654 km²，源城区、东源县、和平县、龙川县、紫金县、连平县、江东新区、高新技术开发区的面积分别是 362 km²、4009 km²、2292 km²、3081 km²、3635 km²、2275 km²、434 km²、33 km²。河源市森林覆盖率 73.18%，活立木蓄积量 6923.85 万 m³，是华南地区最大的商品林基地（河源市人民政府网，2023），详情见表 1-1。

表 1-1　河源市各区（县）林地面积

地区	区域面积（km²）	林地面积（km²）	森林覆盖率（%）
源城区	362	180	51.67
东源县	4009	1638	70.14
和平县	2292	1890	75.40
龙川县	3081	2344	74.04
紫金县	3635	2444	76.70
连平县	2275	1875	74.82
合计	15654	10371	73.18

注：引自《广东年鉴》，2022。

河源地势由北向南倾斜，地貌包括山地、丘陵、平原。河源市处于粤东北山区与珠江三角洲平原地区的结合部，属山地丘陵地区。境内地势东北向西南倾斜，粤赣边境山高岭峻，最高峰连平县黄牛石顶，被称为"粤东北最高山峰"，海拔 1430 m。山脉多北东走向，主要山脉有北西部九连山脉，斜贯中部的罗浮山脉及南东边缘的莲花山脉。东江、新丰江纵贯全境，山岭与盆地相间，在山间和东江边分布着冲积小平原和宽广的谷地。河源市水系分为东江、北江、韩江三大流域，东江流域面积 13737 km²，约占全市流域面积 87.7%；北江流域面积 326 km²，约占全市流域面积 2.1%；韩江流域面积 1670 km²，约占全市流域面积 10.6%（《广东年鉴》，2022）。

第二节　土地利用与森林资源

一、土地利用

根据河源市第三次全国国土调查主要数据公报（表 1-2），全市耕地面积为 1052.61 km²，占全市土地总面积的 6.76%，其中，龙川县、紫金县 2 个县的耕地面积较大，占全市耕地的 51.35%；全市园地面积为 406.10 km²，占全市土地总面积的 2.61%，东源县、紫金县 2 个县的园地面积较大，占全市园地的 49.09%；全市林地面积为 12448.93 km²，占全市土地总面积的 79.91%，东源县、紫金县 2 个县的林地面积较大，占全市林地的 49.05%；全市草地面积为 142.90 km²，占全市土地总面积的 0.92%，草地主要分布在东源县、紫金县、龙川县 3 个县，占全市草地的 68.91%；全市湿地面积为 14.48 km²，占全市土地总面积的 0.09%，湿地主要分布在龙川县、东源县、紫金县等 3 个县，占全市湿地的 84.29%；城镇村及工矿用地面积为 603.65 km²，占全市土地总面积的 3.88%；交通运输用地面积为 201.84 km²，占全市土地总面积的 1.30%；水域及水利设施用地面积为 707.45 km²，占全市土地总面积的 4.54%。

表 1-2　河源市土地利用类型

土地利用类型	面积（km²）	占比（%）
耕地	1052.61	6.76
园地	406.10	2.61
林地	12448.93	79.91
草地	142.90	0.92
湿地	14.48	0.09
城镇村及工矿用地	603.65	3.88
交通运输用地	201.84	1.30
水域及水利设施用地	707.45	4.54
合计	15577.9567	100

注：引自河源市第三次全国国土调查主要数据公报

二、森林资源

河源市是北回归线上面积最大的常绿阔叶林区，森林资源丰富，林业用地面积

12085.86 km²，活立木蓄积量 6923.85 万 m³，是华南地区最大的商品林基地，河源市森林覆盖率 73.18%，排名全省第 3。源城区、东源县、和平县、龙川县、紫金县、连平县的森林覆盖率分别是 51.67%、70.14%、75.4%、74.04%、76.7%、74.82%。河源市区内的万绿湖是华南地区最大的人工湖，水域面积 370 km²，常年平均进库水量 60 多亿 m³，库容 139 亿 m³，水质一直保持在国家地表水 I 类标准，是粤港地区重要的饮用水源地，被中国食品工业协会授予"中国优质饮用水资源开发基地"称号，入选首批"中国好水"水源地，被授予"中国天然氧吧"。全市探明的矿产有 63 种，其中铁矿储量大、品位高，居全省第一，大顶铁矿是华南地区最大的露天铁矿，萤石矿、稀土矿储量居全省首位。此外铝锌矿、铜矿、钨矿、瓷土矿的储量也十分丰富。龙川矿泉水年流量 30 多万 t。广东省最大的 2 座水力发电站——新丰江水电站和枫树坝水电站均在河源境内，还有总装机容量 80 多万千瓦的众多小水电站和河源电厂（《广东年鉴》，2022）。

河源市光、热、水资源丰富，四季常青，动植物种类繁多。全市共有野生植物 280 科 1645 属 7055 种；栽培植物 633 种，分隶于 111 科 361 属；有真菌 1959 种，其中食用菌 185 种，药用真菌 97 种。全市有陆生脊椎动物 257 种，其中兽类 63 种、鸟类 156 种、爬行类 25 种、两栖类 13 种。国家一级保护野生动物有蟒蛇、云豹等；国家二级保护野生动物有水鹿、穿山甲和白鹇（省鸟）等；省重点保护野生动物有棘胸蛙、沼蛙、平胸龟等。国家一级保护野生植物有南方红豆杉、伯乐树等，国家二级保护野生植物有桫椤、半枫荷等（河源市林业局，2018）。

全市自然保护地 94 个，总面积为 32.65 万 hm²，占全市国土面积的 20.86%。自然保护区 36 个，级别均为地方级，面积为 15.75 万 hm²，占自然保护地总面积的 48.23%。自然公园 58 个，总面积为 16.9 万 hm²，占自然保护地总面积的 51.77%；其中，地质公园 1 个，为地方级（省级），面积 0.31 万 hm²，占自然公园总面积的 1.81%。森林公园 44 个，面积为 13.66 万 hm²，占自然公园总面积的 80.83%，其中国家级森林公园有两个，分别是广东康禾温泉国家森林公园和广东新丰江国家森林公园。湿地公园 13 个，面积为 2.93 万 hm²，占自然公园总面积的 17.36%，其中国家级湿地公园有 2 个，分别是广东万绿湖国家湿地公园和广东东江国家湿地公园（《河源市自然保护地整合优化方案》，2023）。

全市国有林场 13 个，其中省属林场 2 个（九连山林场和东江林场）；市属林场 6 个（黎明林场、牛岭水林场、红星林场、坪山林场、桂山林场、下石林场），至 2008 年，6 个市属国营林场经营总面积 23334 hm²（生态公益林面积 7600 hm²），其中：黎明林场 11000 hm²（生态公益林面积 4067 hm²），红星林场 4800 hm²（生态公益林面积 600 hm²），桂山林场 3200 hm²（生态公益林面积 2134 hm²），下石林场 2000 hm²（生态公益林面积 467 hm²），牛岭水林场 1400 hm²（生态公益林面积 134 hm²），坪山林场 934 hm²（生态公益林面积 200 hm²）；县属林场 5 个（鹤畲林场、青年林场、新丰林场、黄沙林场、东风林场），经营总面积 10000 hm²，有林地面积 7334 hm²（《河源市志》，2012）。

第三节　社会经济基本情况

一、人口与民族

河源下辖源城区、东源县、和平县、龙川县、紫金县、连平县，另设市高新技术开发区、江东新区，有 95 个乡镇、6 个街道办事处，1251 个村委会、190 个社区居委会。截至2021 年年底，河源市常住人口 284.09 万人，比上年下降 0.45%；其中城镇人口 141.33 万人，常住人口城镇化率 49.75%，比上年末提高 1.25 个百分点。同期河源市户籍人口371.93 万人，比上年末减少 0.25 万人。

河源市 99% 以上为汉族人，其余 1% 由畲族、壮族、苗族、瑶族、土家族等 48 个少数民族组成。汉族祖先是中原客家民系，所持语言为汉族客家语系方言。河源市少数民族户籍人口有 3 万多人，人口较多的是畲族，畲族有 2 万多人。全市有 1 个畲族乡、9 个畲族村，东源县漳溪畲族乡是全省唯一的畲族乡。畲族的风俗习惯基本与汉族相同，但仍保留着其自身的一些特点(《河源年鉴》，2021)。

二、农业

河源市重点发展以肉桂、银杏为主的南药树种和以龙眼、荔枝、板栗、合柿、青梅、春甜橘、李类及猕猴桃等具地方特色的名、特、优果树为主的经济林。该市耕地面积为 10.53 万 hm^2，其中，水田 9.32 万 hm^2，占 88.53%；水浇地 3522.79 hm^2，占 3.34%；旱地 8555.24 hm^2，占 8.13%(河源市第三次全国国土调查主要数据公报，2023)。全市粮食播种面积 13.3 万 hm^2，粮食产量 81.15 万 t。2022 年，全市农林牧渔业总产值 253.67 亿元，比 2021 年增长 4.9%，全年粮食种植面积为 13.4 万 hm^2，比 2021 年增加 1079 hm^2。全市水果产量 47.23 万吨，其中，猕猴桃、百香果、桃子、橘分别增长 33.2%、9.6%、7.6% 和 4.9%。全市生猪存栏 94.66 万头，出栏生猪 136.40 万头，分别增长24.9% 和 5.5%；活家禽存栏 1855.82 万只，活家禽出栏 5705.13 万只；肉类总产量18.72 万吨，增长 7.7%，禽蛋总产量 1.51 万 t，增长 10.5%(河源市人民政府网，2023)。

三、工业

1988 年前，河源工业主要是以电力、建材、矿产、森工等重工业和资源型工业为主体的传统工业，主要产品有铁矿、钨精矿、锡精矿、铅精矿、锌精矿、稀土氧化物、萤石矿、合成氨、塑料、纸张、服装、水泥、木材及木制品、中成药等。企业经济类型也以国有、集体单一公有制类型为主。河源建市后，工业生产规模不断扩大，工业经济结构逐步改善，形成以矿产冶金业、食品饮料业、机械制造业、纺织服装业、建材业、电子电器制造业、制药业、电力生产供应业、塑料制品业等行业为主体的门类较为齐全的工业体系(《河源市志》，2012)。

河源市地处南岭和武夷山成矿带交接部位，成矿地质条件较好。截至 2020 年年底，已发现主要矿产 64 种，查明资源量的有 34 种，矿产地（矿点）422 处，其中金属矿产 12 种，矿产地（矿点）139 处；非金属矿产 19 种，矿产地 245 处；水气矿产 2 种，矿产地 38 处。

金属矿产主要有铁、钨、锡、铷、稀土等，主要分布在东源、紫金、连平等县，其中铁矿产地 18 处，保有资源量约 12800 万 t，占全省总资源量 25%；钨矿产地 6 处，保有资源量约 12.18 万 t，占全省总资源量 23.3%；铷锡矿产地 1 处，天堂山矿区铷锡多金属矿已查明铷氧化物量 17.5 万 t，锡金属量 0.58 万 t，铷矿规模为超大型；稀土矿产地（矿点）28 处，预测离子型稀土氧化物资源量约 1000 万 t。

非金属矿产主要有玻璃用硅质原料、建筑用石料，其次为高岭土、水泥用灰岩等，分布范围广，资源量丰富。其中玻璃用硅质原料大部分集中分布在东源县，矿产地 11 处，保有资源量约 8271 万 t；高岭土主要分布在和平、紫金等县，矿产地 68 处，保有资源量约 3200 万 t；建筑用石料矿产地 57 处，保有资源量约 2400 万 m³；水泥用灰岩矿产地 18 处，保有资源量约 5504 万 t。地热（温泉）资源较为丰富，目前查明温泉矿产地（矿点）34 处，主要分布在东源、和平、紫金等县，温度在 26～91℃ 之间，允许开采量约 11897 m³/日；矿泉水 4 处，允许开采量约 725 m³/日。

全市截至 2020 年年底已登记探矿权总数 107 个。勘查矿种包括铁、铜、铅、锌、钼、金、银、铌钽、萤石等。有效期限内探矿权 19 个，有效期限外探矿权 88 个。矿产资源开发利用。截至 2020 年年底，全市登记采矿权 306 个，有效期限内采矿权 96 个，其中金属矿 16 个、非金属矿 72 个、地热 4 个、水气 4 个（《河源市矿产资源总体规划（2021—2025 年》）。

四、文化产业

河源历史悠久，文化底蕴深厚，是岭南文化发源地之一。2200 多年前，客家先民就在河源落居下来，带来了先进的中原文化，与当地土著文化相结合，开启了岭南文化的新篇章。秦朝时候设置龙川县，疆域辽阔，河源古属龙川县境，南越王赵佗是第一任龙川县令。现龙川县佗城镇是古龙川的县治所在地，留有越王井、越王山、通衢古寨等大量的珍贵古迹。众多的古村落、古民居，源城区陂角村入选第一批全国乡村旅游重点村，全市 25 个古村落被评定为广东省古村落，其中林寨古村是中国最大的四角楼之乡。河源市源城区高埔岗街道被称为"广东省风情小镇"。"广东省文化和旅游特色村"有源城区埔前镇上村村、东源县康禾镇仙坑村、和平县热水镇南湖村、连平县大湖镇湖东村、紫金县南岭镇彩头村等。

全市现有全国重点文物保护单位 2 处（龟峰塔、香港文化名人大营救指挥部旧址），省级文物保护单位 28 处，市级文物保护单位 72 处，县级文物保护单位 279 处。全市 13 家国有收藏单位共登记可移动文物 19561 件（套），化石标本 4466 套。

河源是中国革命策源地之一，红色文化底蕴厚重丰富，全市革命遗址总数为 759 处。龙川县是中央苏区县，其他 5 个县区均为革命老区。

　　千百年来，河源客家人不仅保留了古老汉民族固有的优秀文化传统，而且以东江流域为客家聚居地，形成了以东江为情感纽带的独具个性的客家文化，历史遗迹和民间艺术丰富。客家山歌、紫金花朝戏、和平传统婚嫁、龙川杂技和打马灯、连平忠信花灯等富有地方特色的民间艺术，处处闪耀着客家人智慧的光芒。目前，有 2 项入选国家级非物质文化遗产代表性项目名录，分别是"紫金花朝戏"和"忠信花灯"，17 项入选省级代表性项目名录。龙川县杂技木偶山歌艺术团是全国首个县级杂技团。

　　河源旅游资源类型丰富，拥有旅游资源主类 7 项，亚类 23 项，基本类型 46 项，近400 个代表性旅游资源单体。巴伐利亚庄园是河源拥有的国家级旅游度假区。全市旅游资源类型全、数量多、覆盖面广，其中以生态资源、恐龙遗迹、温泉资源、东江客家古邑文化及红色资源最为丰富独特。"万绿河源"，四季常绿、处处皆绿，森林覆盖率达 72.8%，河源大气质量常年保持在优质水平，是全国 13 个大气环境质量达国家 I 类标准的城市之一，也是广东省环境保护教育基地。拥有华南最大的人工湖——万绿湖，水质常年保持国家地表水 I 类水标准；"中华恐龙之乡"河源，拥有世界上唯一集恐龙蛋化石、恐龙骨骼化石和恐龙足印化石"三位一体"的恐龙资源，已挖掘恐龙蛋化石 18000 多枚，获得吉尼斯世界纪录；"温泉之都"河源，地热资源丰富，已探明的温泉资源有 34 处，水质好、水温高、水量大；此外，河源有以赵佗故城、苏家围、林寨古村等为主要代表，以客家民居、客家饮食、客家山歌、客家民俗等为主要载体的客家文化旅游资源和苏区革命遗址群、阮啸仙烈士故居、东江纵队遗址等一批革命遗址及纪念建筑物（河源市人民政府网，2023）。

第二章
土壤形成条件及分布状况

第一节　土壤成土条件

一、气候

　　根据气候带的区划指标，广东省从北向南跨越了中亚热带、南亚热带、边缘热带三个气候带。河源地处东江中上游，龙川县、源城区、紫金县主要属南亚热带季风气候，河源北部的和平县、连平县主要属于中亚热带(《中国土系志》，2017)。河源市整体气候温和，雨量充沛，冬半年盛行东北季风，天气较为干冷；夏半年盛行西南和东南季风，高温多雨。常年平均气温 20.7℃，2021 年市平均气温 22.1℃；常年总降水量 1767.2 mm，2021 年总降水量 1031.0 mm；常年日照时数 1687.0 h，2021 年日照时数为 2188.1 h。(河源市人民政府门户网站，2023)

　　河源年平均气温 20.7℃，1 月平均气温最低，为 11.6℃；7 月平均气温最高，达 28.0℃。根据全市气象站 50 余年观测记录，全市极端最高气温为 39.6℃，出现于 1990 年 7 月 10 日的龙川县；极端最低气温为 -5.4℃，出现于 1963 年 1 月 15 日的连平县。高温日数呈增加趋势，低温日数呈减少趋势。

　　河源年平均降水量为 1768.9 mm，降水量年际变化较大，源城区 1959 年的年降水量为 3002.2 mm，创全市最多年降水量记录，紫金县 1963 年的年降水量为 935.9 mm，创全市最少年降水量记录。全年 76% 降水量在 4~9 月，其中 4~6 月平均降水量达 783.8 mm，占全年的 44.3%，主要由锋面低槽造成。7~9 月平均降水量为 561.8 mm，占全年降水量的 31.8%，主要由热带气旋、热带辐合带、热带低压等热带天气系统造成。一年中各月降水量变化北部呈单峰形，中南部呈双峰形，6 月月平均降水量最多，达 307.8 mm，12 月最少，平均只有 36.5 mm。年平均降水($\geq$0.1 mm)日数为 154.3 天，空间上呈现北多南少、西多东少的形式。

　　河源年平均日照时数为 1687.0 h，日照最多的年份为 2552.2 h，最少的年份为 1179.8 h，空间分布上自南向北逐渐减少。全年中 2~4 月的日照时数相对较少，7 月的日照时数为全年最多，平均 207.4 h。

　　河源年平均相对湿度为 77.4%，空间分布上呈东高西低。一年中 3~8 月平均相对湿度较大,其中又以6月湿度最大,为82.8%,而12月湿度最小,为69.6%。

二、土壤分布情况及其成土母质(岩)

1. 河源市土壤分布情况

河源市土壤主要以赤红壤为主,红壤为次,黄壤、山地草甸土、潴育水稻土和酸性紫色土分布范围较小(《广东土壤》,1993)。

(1)赤红壤:赤红壤主要分布在海拔300~450 m以下的丘陵台地,地势较低,是河源市分布面积最大的土壤,分布于全市每个区,紫金县、源城区、东源县分布最广。成土过程的特点是强烈的脱硅富铁铝化作用和旺盛的生物循环。

赤红壤岩石组成种类多,成土母质以花岗岩为主,次有砂页岩、红色砂页岩、片(板)岩、第四纪红土及石灰岩等,局部地区有玄武岩分布。

(2)红壤:红壤主要分布在广东省北纬北部的中亚热带海拔700 m以下和广东省中部南亚热带垂直带谱海拔300~800 m的低山丘陵区,在河源市的分布面积仅次于赤红壤,主要分布在处于中亚热带的连平县、和平县。成土过程主要是脱硅富铁铝化过程和生物累积。

成土母质主要有花岗岩、砂页岩、变质岩、红色砂砾岩、第四纪红色黏土以及石灰岩风化物及其坡积物等。

(3)黄壤:黄壤分布在海拔600~700 m以上低、中山地,地形复杂,山高谷深,谷地切割强烈,谷坡陡峭。在河源市分布面积较小,主要分布在连平县,小部分在东源县。成土母质以花岗岩为主,多呈大片分布,砂岩、砂页岩和片(板)岩面积很少,多零星分布。

关于黄壤的成土过程,总的趋势是富铝铁和生物富集过程比其基带土壤弱,但一般比山地草甸土的成土作用强。暖湿环境使黄壤的原生矿物风化过程、富铝铁化作用比红壤弱,盐基离子淋失比红壤低,铁铝富集仍很明显。黄化作用是黄壤特有的成土过程,作用显著,土体经常潮湿,土壤矿物水解和水化作用强烈。

(4)山地草甸土:山地草甸土在广东省多分布在南亚热带和中亚热带低山、中山的顶部。并非所有山顶都有分布,它只是星散分布在海拔800 m以上个别较高的山顶迎风面或局部山凹,如龙川县的野猪峰、七目嶂、大帽山、玳帽山、惠东紫金两县交界的五子嶂。成土过程的特点是有机质累积强,富铝铁化过程弱,成土母质多为花岗岩风化的残积物、坡积物和砂页岩。

(5)酸性紫色土:面积较小,分布在连平县东南部、和平县西南部交界处。紫色土是深受紫色岩层影响的岩成土。紫色土因受母岩深刻影响以及频繁的侵蚀和堆积,使其成土过程具有强烈的物理风化和微弱的化学风化特点。土壤主要是继承母质特性的幼年土。广东省紫色土母岩是白圣纪到老三纪的红色岩系,主要为紫红色的砂岩、页岩或砾岩,富含钙质和高价铁(达5%)(《广东土壤》,1993)。

2. 成土母质

河源市成土母质主要由花岗岩、砂页岩、红色砂页岩、第四纪红土及石灰岩等六大类岩石构成。

（1）花岗岩：包括花岗岩、花岗斑岩、花岗闪长岩等。本区域花岗岩，大体有 2 种：一为普通花岗岩，中粒至粗粒结晶，主要成分为石英 24%～35%，斜长石 25%～30%，钾长石 35%～45%，黑云母 3%～10%，晶粒大小均匀，节理发育，风化崩解强烈，山丘上多石蛋；另一种为斑状花岗岩，矿物组成与普通花岗岩相同，但长石晶体较大，多为青灰色斑晶。

（2）砂页岩：包括砂岩、砾岩、页岩和砂页岩等，分布较为广泛，各个地质时期均有，岩性比较复杂。

（3）红色砂页岩：包括紫红色砂岩和紫红色页岩。主要分布在低丘和盆地，例如河源的灯塔盆地。整个岩层可分上、中、下三层，下层为砾岩，中层为砂岩，上层为砂岩、页岩互层，红色或紫红色，层理平整，形成不整合覆于其他岩层之上。红色砂页岩由不同粒径的砾石、砂、黏土组成，成分以石英为主，由泥质和氧化铁及钙质胶结。岩体疏松，有裂隙，遇水软化或崩解，易风化侵蚀，特别是紫红色砂页岩，颜色紫色深暗，岩体表面和内部吸热和散热速度差异大，热胀冷缩的速度也不一致，在高温和多雨的条件下，使岩体更快分离崩裂。

（4）第四纪红土：第四纪红土在广东省主要分布于东江、西江、北江流域及沿海一带。在河源也有零星分布，分布地地势平缓，红土层深厚，在其母质上形成的土壤，质地黏重，有卵石或砂石层出露地表，形成砂质、砾质土壤。典型的第四纪红土有黏土层、网纹层和砾石层。在表层的黏土层下，一般有红、黄、白色相间网纹层。网纹层下是经水流搬运磨圆的卵石层，间有铁锰结核，甚至有呈块状分布的铁磐层。

（5）石灰岩：河源分布不多，喀斯特地形区分布在连平县陂头镇。石灰岩主要形成于泥盆纪、石炭纪、二叠纪、三叠纪，此外奥陶纪—志留纪亦有形成。石灰岩岩性软，灰色或灰黑色，绝大部分组分是碳酸钙，高温多雨条件下，多被溶蚀、侵蚀形成峰林及溶洞等岩溶地形（《中国土系志（广东卷）》，2017）。

三、森林植被

河源市光、热、水资源丰富，植物种类繁多。有野生植物 280 科 1645 属 7055 种；有栽培植物 633 种，分隶于 111 科 361 属；有真菌 1959 种，其中食用菌 185 种，药用真菌 97 种。

国家一级保护野生植物有南方红豆杉、伯乐树等，国家二级保护野生植物有桫椤、半枫荷等。河源市主要森林植被类型有属于地带性植被的南亚热带季风常绿阔叶林和中亚热带典型常绿阔叶林（河源市林业局，2019）。

1. 南亚热带季风常绿阔叶林

亚热带季风常绿阔叶林是南亚热带的地带性典型植被，也是热带雨林、季雨林向中亚热带典型常绿阔叶林的过渡类型，在河源市主要分布于北纬 23°10′～24°30′。原生南亚热带季风常绿阔叶林由于长期人为活动影响，大部分已经消失，现存较大面积的有肇庆鼎湖区的鼎湖山，封开县的黑石顶、七星，惠州龙门县的南昆山，河源的新丰江以及粤东的莲花山等地。

组成亚热带季风常绿阔叶林的乔木种类以樟科、壳斗科、山茶科、桃金娘科、大戟科、豆科、桑科、梧桐科、芸香科、五加科、山矾科、冬青科等为主，常见的有华润楠(*Machilus chinensis*)、厚壳桂(*Cryptocarya chinensis*)、锥栗(*Castanea henryi*)、黎蒴锥(*Castanopsis fissa*)、荷木(*Schima superba*)、红枝蒲桃(*Syzygium rehderianum*)、银柴(*Aporosa dioica*)、云南银柴(*Aporosa yunnanensis*)、黄桐(*Endospermum chinense*)、光叶红豆(*Ormosia glaberrima*)、猴耳环(*Archidendron clypearia*)、水同木(*Ficus fistulosa*)、假苹婆(*Sterculia lanceolata*)、鸭脚木(*Heptapleurum heptaphyllum*)、山矾(*Symplocos sumuntia*)、冬青(*Ilex chinensis*)等。林下的灌木以茜草科、紫金牛科、番荔枝科、野牡丹科、菝葜科、棕榈科等为主，如朱砂根(*Ardisia crenata*)、九节(*Psychotria asiatica*)、粗叶木(*Lasianthus chinensis*)、柏拉木(*Blastus cochinchinensis*)、菝葜(*Smilax china*)、杖藤(*Calamus rhabdocladus*)等。林下的草本植物有沙皮蕨(*Tectaria harlandii*)、金毛狗(*Cibotium barometz*)、山姜(*Alpinia japonica*)等(《广东省志—林业志》，1998)。

2. 中亚热带典型常绿阔叶林

典型常绿阔叶林是中亚热带地带性植被类型，河源市主要分布于北纬24°30′以北，南岭山脉一带800m以下低海拔地区。在河源市的和平县及连平县的九连山等地，多呈零星状分布。植物组成丰富，以亚热带常绿阔叶树种为主，也混有热带和温带的树种，主要有壳斗科、樟科、木兰科、杜英科、金缕梅科、茶科、安息香科、山矾科、杜鹃花科等，多数是在本地发生发展起来的华南区系植物。由于地质古老，且受第四纪冰川影响小，因此，还保存不少古老特有植物，如特有科有钟萼木科，特有属有观光木属，特有种有厚皮栲(*Castanopsis chunii*)、帽峰椴(*Tilia mofungensis*)等。珍稀、濒危树种很多，如国家二级保护野生植物篦子三尖杉(*Cephalotaxus oliveri*)、伞花木(*Eurycorymbus cavaleriei*)等。单位面积上的植物种类少于热带雨林，乔木也较低矮，一般15~20 m，只有二层，树冠一般呈广伞形，分枝低矮，附生植物很少。原生植被多已受破坏，大部分已演变成次生林(《中国土系志(广东卷)》，2017)。

四、地形地貌

河源市处于粤东北山区与珠江三角洲平原地区的结合部，属山地丘陵地区。地势由北向南倾斜，地貌包括山地、丘陵、平原，其中山地面积占总面积的54%，丘陵面积占43.2%，平原面积占2.1%。粤赣边境山高岭峻，最高峰为连平县黄牛石，海拔1430 m。山脉多北东走向，主要山脉有北西部九连山脉，斜贯中部的罗浮山脉及南东边缘的莲花山脉。东江、新丰江纵贯全境，山岭与盆地相间，在山间和东江边分布着冲积小平原和宽广的谷地。河源的山地、丘陵大部分海拔较低，坡度在30°以下，宜植面积90%以上。全市有三大台地平原：一是灯塔盆地，位于东源县中部、连平县东南部、和平县西南部，面积1941 km²；二是川南盆地，位于龙川县南部、东源县东北部，面积1000 km²；三是源城盆地，位于源城区及紫金县西北部，面积1230 km²。丘陵主要分布在三大盆地四周。

五、时间因素

土壤不仅随着空间条件的不同而变化，而且随着时间的推移而演变。从地形演替的角度上看，本区土壤年龄有从北部丘陵台地向南部由老到新发展的趋势，不同阶地上成土年龄的差别，在土壤的性质上亦得到反映；从剖面形态看，土壤年龄由幼年向老年发育，土壤质地由粗变细，土壤颜色由灰黄、红黄、红色至暗棕红色，pH值随之降低；从黏土矿物组成看，随着阶地升高，土壤年龄愈老，黏粒含量增加，钾含量、硅铝率、硅铁铝率和阳离子交换量下降。黏土矿物以高岭石为主。风化强度愈大，水云母脱钾愈多，进一步风化，脱硅形成高岭石，于是水云母数量减少，高岭石相对增加；根据原生矿物分析，土壤年龄愈大，土壤矿物风化系数亦随之增加，其风化强度愈大。由此可见，不同地质历史所形成的阶地，在其基础上所成的土壤年龄是不同的，反映在同一土壤类型发育阶段上，其所成的土壤性质亦有差异。

六、人类活动

人类活动与其他自然因素有着本质的不同，在土壤形成过程中具有独特的作用。人为活动对土壤形成、演化的影响是十分强烈的，其演变速度远远超过自然成土因素的演化过程。人们可以有目的、定向地加快土壤的发育过程和熟化过程，提高土壤肥力，如恢复和抚育植被、合理耕作和施肥等，能够加快土壤有机质的积累，改良土壤结构，提高养分含量；也可以在很短时间内将成千上万年形成的土壤毁于一旦，如破坏森林植被，盲目地掠夺式开荒，导致水土流失，不仅表层土壤流失，严重的还会深切母质层，形成植被难以恢复的光板地。

第二节　成土过程

一、脱硅富铁铝化过程

在湿热的生物气候条件下，由于矿物的风化形成弱碱性条件，随着可溶性盐、碱金属和碱土金属盐基及硅酸的大量流失，铁、铝在土体内相对富集，称之为脱硅富铁铝化过程（龚子同等，2007）。

本区域大部分地处我国南亚热带季风气候区，小部分地处中亚热带季风气候。气候温暖湿润，在高温多雨、湿热同季的气候条件下，岩石矿物风化和盐基离子淋溶强烈，原生矿物强烈风化，基性岩类矿物和硅酸盐物质彻底分解，形成了以高岭石和游离铁氧化物为主等次生黏土矿物，盐基和硅酸盐物质被溶解并遭受强烈的淋失，而铁铝氧化物相对富集。在强烈淋溶作用下，表土层因盐基淋失而呈酸性时，铁铝氧化物受到溶解而具有流动性，表土层下部盐基含量相对高导致酸度有所降低，使下淋的铁铝氢氧化物达到一定深度而发生凝聚沉淀；干旱季节来临，铁铝氢氧化物随毛管水上升到地表，在炎热干燥条件下失去水分形成难溶性的 Fe_2O_3 和 Al_2O_3，在长期反复干湿季节交替作用下，使土体上层铁铝氧化物愈积愈多，以致形成铁锰结核或铁磐。

二、有机质积累过程

在木本或草本植被下有机质在土体上部积累称之为有机质积累过程。在高温多雨、湿热同季的热带、亚热带气候条件下，岩石、母质强烈地进行着盐基和硅酸盐淋失和铁铝富集的过程，母质的不断风化使养分元素不断释放为各种植物生长提供了丰富的物质基础。因此，植物生长迅速，种类繁多，在强烈光合作用下合成大量有机物质，生物量大，每年形成大量的凋落物参与土壤生物循环，促进了土壤中有机质的积累。林下地表凋落物中微生物和土壤动物丰富，特别是对植物残体起着分解任务的土壤微生物数量巨大，种类多样和数量巨大的微生物群，加速了凋落物的矿化、灰分富集和植物吸收，土壤的生物物质循环和富集作用十分强烈。

三、黏化过程

原生硅铝酸盐不断变质而形成次生硅铝酸盐，由此产生黏粒积聚，称之为黏化过程。黏化过程可进一步分为残积黏化、淀积黏化和残积—淀积黏化 3 种。

残积黏化指就地黏化，为土壤形成中的普遍现象之一。残积黏化主要特点：土壤颗粒只表现为由粗变细，不涉及黏土物质的移动或淋失；化学组成中除 CaO、Na_2O 稍有移动外，其他活动性小的元素皆有不同程度的积累；黏化层无光性定向黏粒出现。

淀积黏化是指新形成的黏粒发生淋溶和淀积。这种作用均发生在碳酸盐从土层上部淋失，土壤中呈中性或微酸性反应，新形成的黏粒失去了与钙相固结的能力，发生淋溶并在底层淀积，形成黏化层。土体化学组成沿剖面不一致，淀积层中铁铝氧化物显著增加，但胶体组成无明显变化，黏土矿物尚未遭分解或破坏，仍处于开始脱钾阶段。淀积黏化层出现明显的光性定向黏粒，淀积黏化仅限于黏粒的机械移动。

残积—淀积黏化系残积和淀积黏化的综合表现形式。在实际工作中很难将上述 3 种黏化过程截然分开，常是几种黏化作用相伴在一起。

四、潜育化过程和脱潜育化过程

土壤长期渍水，有机质嫌气分解使铁锰强烈还原，形成灰蓝—青灰色土体，是潜育土主要成土过程。当土壤常年处于淹水状态时，土壤中水、气比例失调，几乎完全处于闭气状态，土壤氧化还原电位低，Eh 一般都在 250mV 以下，因而发生潜育化过程，形成具有潜育特征的土层。土层中氧化还原电位低，还原性物质富集，铁、锰以离子或络合物状态淋失，产生还原淋溶。

脱潜育化过程是指渍水或水分饱和的土壤在采取排水措施后，土壤含水量降低、氧化还原电位增加的过程。在低洼渍水区域，通过开沟排水，使地下水位降低，渍水土壤发生脱沼泽脱潜育化，土壤氧化还原电位明显提高。

五、脱钙过程和复钙过程

本区的石灰岩地区，由于特殊的岩溶地貌条件及生物吸收与归还特点，制约着土壤中钙的迁移和富集。无论是大区域还是微地形上都可发现土壤中同时进行着淋溶脱钙和富集复钙过程。从大区域看，正地形地区是脱钙地区，负地形地区是钙的富集地区。从岩溶发育阶段来说，幼年期为脱钙地区，中年期为脱钙和复钙同时进行的地区，老年期主要是复钙地区。因此，在富含钙质的水文条件及喜钙植物的综合作用下，土壤形成经历强烈脱钙同时，又不断接受从高处流下的含重碳酸盐的新水溶液，以及受喜钙植物生物富集作用的影响，这种淋溶脱钙和富集复钙作用反复活跃进行，土壤中钙不断得到补充。

第三节　土壤分类

依据土壤性状质与量的差异，系统地划分土壤类型及其相应的分类级别，土壤分类能反映不同土壤类型间的自然发育联系。我国现行的土壤分类系统是在学习和借鉴苏联土壤分类系统基础上，结合我国土壤具体特点建立起来的，属于地理发生学土壤分类体系。在我国现行土壤分类系统建立过程中，结合我国 1978 年以来的全国第二次土壤普查，其间对其进行多次修改和完善。我国现行的土壤分类系统采用土纲、亚纲、土类、亚类、土属、土种、亚种 7 级分类制，其中土类和土种作为基本分类单元，共分了 12 个土纲，32 个亚纲，61 个土类，200 多个亚类（关连珠，2016）。

1. 土纲

土纲是土壤分类系统的最高单元，是土类共性的归纳，其划分突出土壤的成土过程、属性的某些共性，以及重大环境因素对土壤发生性状的影响。

2. 亚纲

亚纲是在同土纲内根据土壤明显水热条件差别所形成的土壤属性的重大差异来划分的。如，半淋溶土纲中半湿热境的燥红土、半湿暖境的褐土、半湿温境的灰褐土、灰色森林土，其共性是半淋溶土范畴，但属性上有明显差异。

3. 土类

土类是土壤高级分类的基本分类单元，它是根据土壤主要成土条件、成土过程和由此发生的土壤属性来划分的，同土类土壤应具有某些突出的、共同的发生属性与层段，因此其也应具土、栗钙土、棕钙土，虽同具有土壤腐殖质层和钙积层，但其腐殖质层的厚度、有机质的含量、钙积层出现的深度与厚度、碳酸钙的含量均有明显差异。

4. 亚类

亚类是反映土类范围内较大的差异性。它是依据在同一土类范围内土壤处于不同的发育阶段或土类之间的过渡类型来划分的。后者在主导成土过程以外尚有一个附加的次要成土过程。

5. 土属

土属是由高级分类单元过渡到基层分类单元的一个中级分类单元，具有承上启下的作用。它是依据某些地方性因素不同而使土壤亚类的性质发生分异来划分的。

6. 土种

土种是土壤分类系统中基层分类的基本单元。同一土种处于相同或相似的景观部位，其剖面性态特征在数量上基本一致。所以同土种土壤应占有相同或近似的小地形部位，水热条件也近似，具有相同的土层层段类型，各土层的厚度、层位、层序也相一致，剖面形态特征、理化性质相同或近似。

7. 亚种

亚种过去称为变种，它是土种范围内的细分，是土种某些性状上的变异，一般以表层或耕作层某些变化，如耕性、养分含量、质地变异来划分，这些变异要具有一定相对的稳定性。

第四节　土壤分布规律

河源市土壤分布于中亚热带与南亚热带过渡地带，土壤有一定的水平地带性，同时地势北高南低，山地、丘陵、台地等多种地貌广泛发育，因而土壤还有垂直地带性和区域性分布的特点。

一、土壤的水平分布

河源市热量丰富，雨量充沛，成土过程以脱硅富铁铝化作用为主，热量由北向南增加，相应形成由北而南出现红壤、赤红壤的纬度带分布。赤红壤分布于全市每个区(县)，南部的紫金县和中部的源城区、东源县分布最广。红壤主要分布在西北部的连平县、中北部的和平县。黄壤在河源市分布面积较小，主要分布在西北部的连平县。同时还存在东西差异分布，自西向东的土壤分布为赤红壤、红壤、面积分布较小的潴育水稻土。

1. 红壤带

红壤是中亚热带典型的地带性土壤。河源市的龙川县新田镇、车田镇，和平县贝墩镇、优胜镇、大坝镇、合水镇，连平县高莞镇、油溪镇，东源县半江镇都位于红壤带。该带内年平均气温 17~20℃，≥10℃稳定积温 5800~6850℃，连续期 250~280 天，年温差 17~21℃，最热月平均气温 28~29℃，极端高温多年平均 38℃左右，高温极值可达 40℃以上，这较南亚热带甚至热带更高。最冷月平均气温 8~10℃，极端低温多年平均低于 0℃，霜期一个月左右，偶有微雪。降水尚充沛，年雨量一般为 1500~1800 mm。自然植被以中亚热带常绿阔叶树为主，自然植被破坏后常出现马尾松、鸭脚木、杜鹃等次生林。栽培作物有杉、茅竹、油茶、油桐等经济林及桃、梨、柿、枇杷等果树。

土壤富铝化程度较赤红壤弱，土体中保存有难于风化的正长石和斜长石等原生矿物。黏粒矿物组成以高岭石、埃洛石为主，次为水云母、蛭石、三水铝石、蒙脱石等，黏粒的 SiO_2/Al_2O_3 一般为 2.0~2.2，SiO_2/R_2O_3 为 1.51~1.82，而南亚热带赤红壤则分别为 1.64~1.9 和 1.39~1.60。可见，红壤和赤红壤的富铝化程度有明显差异性。同时，距海远近，受季风影响强弱，也会给红壤富铝化程度造成差异。

2. 赤红壤带

赤红壤是南亚热带典型的地带性土壤。该带处于广东省中部，北与红壤带南界相接，南与砖红壤相邻，是热带与亚热带的过渡地带，热量较中亚热带丰富，年平均气温 20~23℃，≥10℃ 稳定积温 6500~7900℃，连续期 270~320 天，最热月平均气温 28~29℃，最冷月平均气温 10~15℃，极端最低气温多年处于 0~5℃ 左右，年温差 13~17℃，无霜期 300~365 天，或有霜冻，雨量 1648~1747 mm 左右。自然植被具有独特性的南亚热带常绿季雨林，以常绿阔叶树为主，热带成分占重要地位。沿海岸生长热带海岸独特的红树林。热带果树(荔枝、龙眼、香蕉、番木瓜等)普遍分布，菠萝蜜生长结实，冬种番薯能够越冬，与双季稻三熟轮作，在局部避寒的地方可以种植橡胶、胡椒、咖啡等。赤红壤是红壤与砖红壤之间过渡类型土壤，其富铁铝化作用较砖红壤弱，而较红壤强烈。原生矿物风化淋溶比较强烈、彻底，黏粒矿物组成以高岭石为主，次有伊利石、蛭石、三水铝石、埃洛石及其过渡矿物，少量针铁矿、赤铁矿、石英等。游离铁含量达 43%~57%，较红壤(33%~35%)高，但低于砖红壤(64%~71%)。黏粒 SiO_2/Al_2O_3 一般为 1.64~1.9，SiO_2/R_2O_3 一般为 1.39~1.60。

二、土壤的垂直分布

土壤分布除有较明显的水平地带性外，还有较明显的垂直地带性。因垂直地带是地带性在山地的一定反映，垂直地带谱决定于所在纬度地带，最低的一个带(基带)与所处纬度地带相适应，垂直地带数目决定于地带纬度和海拔。

山地一般随高度增加而有温度降低(0.6~1.0℃/100 m)、降水增加(36.9~107.9 mm/100 m)的变化，影响其植物群落和土壤发育发生相应的更替，形成山地的垂直地带性。

河源市属山地丘陵地区，丘陵面积占 43.2%，最高峰是连平县黄牛石顶，海拔 1430 m，因此本区域土壤在山地的垂直分布是比较广泛而且明显。因垂直地带是地带性在山地的一定反映，垂直地带谱决定于所在纬度地带，最低的一个带(基带)与所处纬度地带相适应，垂直地带数目决定于地带纬度和海拔高度。河源市土壤水平地带有赤红壤和红壤基带的垂直地带谱，每个垂直地带仅有 3 或 4 个土壤垂直带(《广东土壤》，1993)。

(1)红壤垂直地带谱。红壤(海拔 700 m 以下)—黄壤(海拔 600~1700 m)—山地草甸土(海拔 800~1600 m 以上局部地区)。其中山地草甸土多零星分布在山地上部潮湿、风大仅有矮灌木和芒草生长的局部地区。

(2)赤红壤垂直地带谱。赤红壤的垂直分布规律：赤红壤(海拔 300 m 或 650 m 以下)—红壤(南亚热带海拔 300~700 m，中亚热带在海拔 700 m 以下)—黄壤(海拔 700~1700 m)—山地草甸土(一般零星分布在 1000 m 以上)。赤红壤地区山地土壤除具上述分布规律外，其土壤发育规律亦与土壤垂直带谱相似，但赤红壤的富铝化程度较红壤、黄壤强烈，黏粒矿物组成以高岭石为主，但赤红壤的高岭石含量高而且结晶好，黄壤的三水铝石含量高，高岭石含量则较赤红壤低。

同一纬度内甚至同一山地因坡向、坡度或局部环境差异，常引起土壤类型及分布高度不同，如九连山最高峰黄牛石顶(1430 m)地处广东省北部，气候寒冷，雨量较少，同一类型出现高度比南部山区低 200 m，山势陡，山顶多为石质土，其垂直分布为红壤(500 m)—黄壤(700 m)—石质(700 m 以上)。

三、土壤的区域性分布

除上述纬度和垂直地带性土壤分布的特点外，还因多种多样的中、小型地貌类型及成土母质、复杂的水文地质条件、植物以及频繁的人类活动的影响，使河源市土壤还有多种类型的区域分布规律(即土壤组合)。

河源市属山地丘陵地区。地势由北向南倾斜，地貌包括山地、丘陵、平原，其中山地面积占总面积的54%，丘陵面积占43.2%，平原面积占2.1%，主要土壤组合有低丘台地的土壤组合和山地丘陵的土壤组合。

1. 低丘台地的土壤组合

低丘台地，海拔多在250 m以下，呈切割破碎的形态，台地是低平的完整的古剥蚀面，呈缓坡起伏而顶面齐平。因组成岩石不同，河源市土壤发育及分布亦异，河源的土壤组合：①红色岩系低丘台地的紫色土壤组合。成土母岩是紫色砂页岩，形成了以紫色土为主的颇具特色的区域性土壤组合，在平缓低矮的丘陵台地上分布着碱性、中性和酸性紫色土，开垦种旱作后则成碱性、中性或酸性生肝地；在其坡脚种植水稻后演变为水稻土的紫泥田(酸性、碱性牛肝土田或牛肝土田等)。②第四纪红土低丘台地第四纪红土赤红壤、红壤组合。第四纪红土赤红壤在广东省主要分布于英德、翁源县南部沿北江、翁江、小北江等河流两岸的一、二、三级阶地的浅丘缓坡上，在河源也有小部分分布。这些组合呈大面积连片分布，海拔多在100 m以下，坡度较小(<15°)，地势平坦、开阔，有利于垦植，开垦后种植茶叶及旱作后则发育成第四纪红土赤红泥地，目前是广东省著名茶叶生产基地。第四纪红土红壤主要分布在始兴、南雄、曲江、乐昌等县北江及其支流两岸河谷盆地的丘陵岗地，种植旱作的地区分布着第四纪红土红泥地。

2. 山地丘陵的土壤组合

河源市属山地丘陵地区，丘陵面积占43.2%，其山地丘陵的土壤组合也较为常见。海拔300~1000 m及以上的山地丘陵，山地和丘陵相连，并有谷地和盆地相间，因其岩石组成类型多，各种岩石风化的坡积物、残积物及洪积冲积物等形成的土壤组合也多种多样，主要分布于粤北南部一列弧形山地，其上中部有发育于花岗岩、砂页岩、红色岩系、片(板)岩等的黄壤、红壤、山脚的赤红壤，及其耕型土壤(黄泥地、红泥地、赤泥地等)，局部山地草甸土。

其次，石灰岩山地丘陵以石灰土为主的组合，因既有石灰岩中山、低山、高原、丘陵、台地，又有石灰岩的溶蚀平原及溶蚀洼地，故其区域性土壤组合在这一地区非常具有特色，在海拔300~600 m及以上局部山地植被生长良好，有黑色石灰土分布。岩石暴露较多的石隙、石窿形成黑色石窿土。海拔500~600 m及以下则多为红色石灰土和红色石窿土。有的淋溶强烈，盐基大量淋失，而有酸性红色石灰土形成。

3. 梯地梯田式的土壤复域

山地丘陵地区为了防止水土流失，在有水源地方开成梯田，水源缺乏地方开成梯地。其土壤组合的类型则随地区而异，河源市的和平县也有少量梯田分布。红壤地区的山区，山高谷深，坡度较陡，谷坡上部为红壤或黄壤，谷坡下部梯田田块小，坡度大，多为淹育型水稻土，谷底多为山荫水冷的潜育型水稻土。

第三章
森林土壤剖面

河源市森林土壤养分指标（包括有机碳、全氮、全磷和全钾）含量平均值分别为 10.486 g/kg、0.837 g/kg、0.271 g/kg 和 19.458 g/kg。河源市森林土壤 pH 值平均值为 4.590。河源市森林土壤重金属元素（包括镍、铅、铜、锌、汞、镉、砷和铬）平均含量分别为 7.000 mg/kg、34.683 mg/kg、13.925 mg/kg、40.491 mg/kg、0.091 mg/kg、0.024 mg/kg、21.796 mg/kg 和 29.243 mg/kg。

以下将河源市各区县分章节，研究当地不同土壤类型典型剖面的成土环境、土壤形态特征及主要理化性质等。

第一节　源城区森林土壤剖面

源城区森林土壤养分指标（包括有机碳、全氮、全磷和全钾）含量平均值分别为 14.076 g/kg、1.156 g/kg、0.330 g/kg 和 22.876 g/kg。源城区森林土壤 pH 值平均值为 4.570。源城区森林土壤重金属元素（包括镍、铅、铜、锌、汞、镉、砷和铬）平均含量分别为 4.572 mg/kg、28.751 mg/kg、7.939 mg/kg、39.239 mg/kg、0.101 mg/kg、0.020 mg/kg、10.329 mg/kg 和 19.836 mg/kg。

一、剖面 1：赤红壤亚类

1. 剖面位置

地籍号：441602001001000102001；

地理坐标：北纬 23.6823°，东经 114.656741°；

地区：广东省河源市源城区源南镇榄坝村。

2. 剖面特征

源城区典型森林赤红壤剖面 1（图 3-1，左图）采自源南镇榄坝村，海拔 75 m，丘陵地貌，南坡向，坡度为 30°，上坡坡位，无侵蚀，凋落物层厚度为 7 cm，腐殖质层厚度为 20 cm，植被类型为常绿阔叶林，优势树种为桉树（图 3-1，右图）。

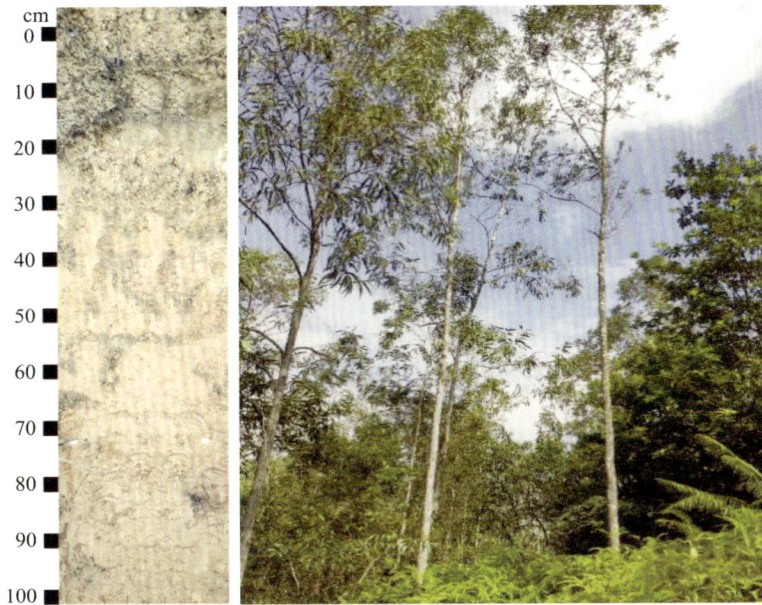

图 3-1　源城区赤红壤剖面 1(左图)及植被(右图)

3. 主要性状

源城区典型赤红壤剖面 1 的土壤理化性质如表 3-1、3-2 所示。

土壤养分包括有机碳、全氮、全磷和全钾，表层土壤(0~20 cm)中，其含量分别为 8.197g/kg、0.585 g/kg、0.102 g/kg 和 10.633 g/kg，依据土壤养分分级标准，分别属于Ⅳ级、Ⅴ级、Ⅵ级和Ⅳ级。表层土壤 pH 值为 4.583，容重为 1.502 g/cm³。其余各土壤层(20~40 cm、40~60 cm、60~80 cm、80~100 cm)的土壤养分含量、土壤 pH 值和容重值见表 3-1。

重金属元素包括镍、铅、铜、锌、汞、镉、砷和铬，表层土壤(0~20cm)中，其含量分别为未检出、18.600 mg/kg、4.033 mg/kg、15.935 mg/kg、0.057 mg/kg、未检出、4.348 mg/kg 和 13.000 mg/kg。所有重金属元素均低于农用地土壤污染风险筛选值。其余各土壤层(20~40 cm、40~60 cm、60~80 cm、80~100 cm)的重金属元素含量见表 3-2。

表 3-1　源城区赤红壤剖面 1 pH 值及养分含量统计表

深度 (cm)	pH (H₂O)	有机碳(SOC) (g/kg)	全氮(N) (g/kg)	全磷(P) (g/kg)	全钾(K) (g/kg)	容重 (g/cm³)
0~20	4.583±0.031	8.197±0.230	0.585±0.011	0.102±0.002	10.633±0.681	1.502±0.318
20~40	4.477±0.035	4.957±0.131	0.542±0.010	0.124±0.004	11.333±0.764	1.010±0.300
40~60	4.543±0.035	2.910±0.080	0.421±0.010	0.137±0.005	10.600±0.500	1.209±0.544
60~80	4.623±0.040	2.367±0.060	0.387±0.010	0.142±0.005	13.633±0.681	1.341±0.306
80~100	4.973±0.031	1.660±0.050	0.343±0.010	0.138±0.004	12.467±2.001	1.434±0.320

表 3-2　源城区赤红壤剖面 1 重金属元素含量统计表

深度 (cm)	铅(Pb) (mg/kg)	铜(Cu) (mg/kg)	锌(Zn) (mg/kg)	汞(Hg) (mg/kg)	砷(As) (mg/kg)	铬(Cr) (mg/kg)
0~20	18.600±1.510	4.033±0.115	15.935±1.006	0.057±0.005	4.348±0.050	13.000±1.000
20~40	15.254±1.092	5.591±0.365	15.366±1.099	0.058±0.004	6.493±0.461	14.518±0.501
40~60	15.333±0.577	5.317±0.126	15.013±1.000	0.064±0.003	6.577±0.333	15.275±0.476
60~80	17.667±1.528	6.600±0.557	16.333±0.577	0.068±0.006	6.441±0.609	15.667±1.528
80~100	17.667±1.155	6.447±0.185	17.391±2.507	0.063±0.004	7.333±0.209	15.582±1.507

二、剖面 2：赤红壤亚类

1. 剖面位置

地籍号：441602004008000101100；

地理坐标：北纬 23.60499°，东经 114.577779°；

地区：广东省河源市源城区埔前镇上村村。

2. 剖面特征

源城区典型森林赤红壤剖面 2(图 3-2，左图)采自埔前镇上村村，海拔 165 m，丘陵地貌，南坡向，坡度为 38°，上坡坡位，无侵蚀，凋落物层厚度为 4 cm，腐殖质层厚度为 3 cm，植被类型为常绿阔叶林，优势树种为桉树(图 3-2，右图)。

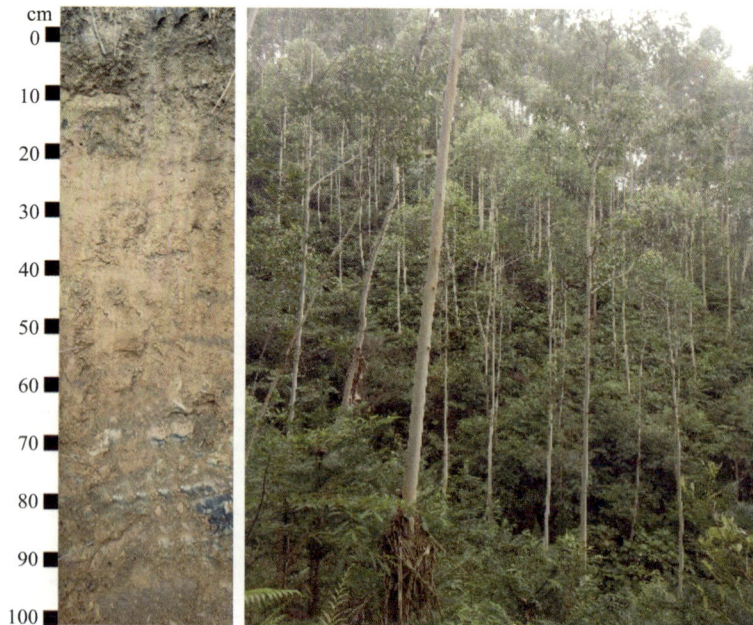

图 3-2　源城区赤红壤剖面 2(左图)及植被(右图)

3. 主要性状

源城区典型赤红壤剖面 2 的土壤理化性质如表 3-3、3-4 所示。

土壤养分包括有机碳、全氮、全磷和全钾，表层土壤（0～20 cm）中，其含量分别为 17.067 g/kg、1.160 g/kg、0.274 g/kg 和 14.267 g/kg，依据土壤养分分级标准，分别属于 Ⅱ级、Ⅲ级、Ⅴ级和Ⅳ级。表层土壤 pH 值为 4.073，容重为 1.333 g/cm³。其余各土壤层（20～40 cm、40～60 cm、60～80 cm、80～100 cm）的土壤养分含量、土壤 pH 值和容重值见表 3-3。

重金属元素包括镍、铅、铜、锌、汞、镉、砷和铬，表层土壤（0～20 cm）中，其含量分别为 5.453 mg/kg、18.859 mg/kg、9.494 mg/kg、25.145 mg/kg、0.051 mg/kg、未检出、12.463 mg/kg 和 17.652 mg/kg。所有重金属元素均低于农用地土壤污染风险筛选值。其余各土壤层（20～40 cm、40～60 cm、60～80 cm、80～100 cm）的重金属元素含量见表 3-4。

表 3-3　源城区赤红壤剖面 2 pH 值及养分含量统计表

深度 （cm）	pH （H₂O）	有机碳（SOC） （g/kg）	全氮（N） （g/kg）	全磷（P） （g/kg）	全钾（K） （g/kg）	容重 （g/cm³）
0～20	4.073±0.031	17.067±0.451	1.160±0.020	0.274±0.010	14.267±0.153	1.333±0.370
20～40	4.167±0.035	11.167±0.252	0.976±0.019	0.264±0.009	15.667±1.124	1.419±0.213
40～60	4.213±0.035	9.430±0.260	0.893±0.020	0.253±0.009	14.633±0.737	1.235±0.195
60～80	4.323±0.040	7.093±0.180	0.839±0.022	0.270±0.009	15.567±1.484	0.960±0.290
80～100	4.323±0.031	6.953±0.200	0.761±0.021	0.282±0.008	16.400±0.436	1.186±0.356

表 3-4　源城区赤红壤剖面 2 重金属元素含量统计表

深度 （cm）	镍（Ni） （mg/kg）	铅（Pb） （mg/kg）	铜（Cu） （mg/kg）	锌（Zn） （mg/kg）	汞（Hg） （mg/kg）	砷（As） （mg/kg）	铬（Cr） （mg/kg）
0～20	5.453±0.507	18.859±0.798	9.494±0.101	25.145±1.871	0.051±0.005	12.463±1.105	17.652±0.565
20～40	5.325±0.585	19.621±1.196	9.846±0.674	26.312±2.521	0.049±0.004	13.570±0.947	18.386±1.513
40～60	4.568±0.514	18.333±1.528	9.276±0.428	23.643±1.496	0.044±0.002	13.225±0.572	17.333±0.577
60～80	4.947±0.091	21.667±1.528	10.379±1.022	25.721±2.058	0.050±0.004	15.694±1.246	19.000±2.000
80～100	5.010±1.000	20.333±1.528	11.200±0.265	27.333±4.509	0.049±0.004	15.161±0.920	19.669±0.573

第二节　东源县森林土壤剖面

东源县森林土壤养分指标（包括有机碳、全氮、全磷和全钾）含量平均值分别为 10.544 g/kg、0.838 g/kg、0.182 g/kg 和 21.133 g/kg。东源县森林土壤 pH 值平均值为 4.620。东源县森林土壤重金属元素（包括镍、铅、铜、锌、汞、镉、砷和铬）平均含量分别为 6.884 mg/kg、48.622 mg/kg、10.964 mg/kg、44.419 mg/kg、0.089 mg/kg、0.034 mg/

kg、13.743 mg/kg 和 23.508 mg/kg。

一、剖面1：赤红壤亚类

1. 剖面位置

地籍号：441625001005000300500；

地理坐标：北纬 23.84345°，东经 114.754582°；

地区：广东省河源市东源县仙塘镇仙塘村。

2. 剖面特征

东源县典型森林赤红壤剖面 1(图 3-3，左图)采自仙塘镇仙塘村，海拔 132.5 m，低山地貌，无坡向，缓坡，下坡坡位，无侵蚀，凋落物层厚度为 15 cm，腐殖质层厚度为 4 cm，植被类型为热性针阔混交林，优势树种为马尾松(含广东松)(图 3-3，右图)。

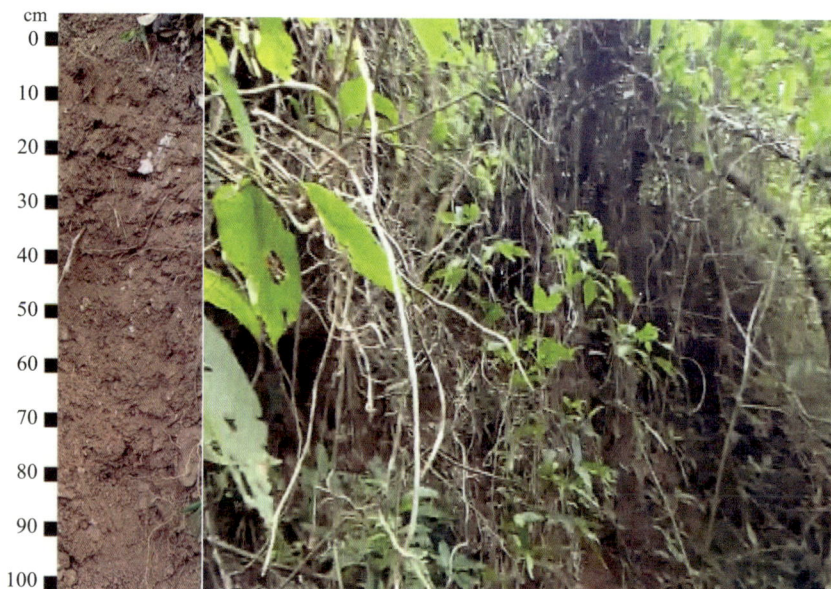

图 3-3　东源县赤红壤剖面 1(左图)及植被(右图)

3. 主要性状

东源县典型赤红壤剖面 1 的土壤理化性质如表 3-5、3-6 所示。

土壤养分包括有机碳、全氮、全磷和全钾，表层土壤(0~20 cm)中，其含量分别为17.500 g/kg、1.597 g/kg、0.270 g/kg 和 26.467 g/kg，依据土壤养分分级标准，分别属于Ⅱ级、Ⅱ级、Ⅴ级和Ⅰ级。表层土壤 pH 值为 4.350，容重未知。其余各土壤层(20~40 cm、40~60 cm、60~80 cm、80~100 cm)的土壤养分含量、土壤 pH 值见表 3-5。

重金属元素包括镍、铅、铜、锌、汞、镉、砷和铬，表层土壤(0~20 cm)中，其含量分别为 11.670 mg/kg、32.000 mg/kg、14.300 mg/kg、67.000 mg/kg、0.094 mg/kg、0.080 mg/kg、19.630 mg/kg 和 30.670 mg/kg。所有重金属元素均低于农用地土壤污染风险筛选值。其余各土壤层(20~40 cm、40~60 cm、60~80 cm、80~100 cm)的重金属元素含量详情见表 3-6。

表 3-5　东源县赤红壤剖面 1 pH 值及养分含量统计表

深度 (cm)	pH (H₂O)	有机碳(SOC) (g/kg)	全氮(N) (g/kg)	全磷(P) (g/kg)	全钾(K) (g/kg)
0~20	4.350±0.050	17.500±4.420	1.597±0.275	0.270±0.006	26.467±0.252
20~40	4.430±0.130	16.100±2.690	1.530±0.156	0.264±0.008	28.133±0.153
40~60	4.490±0.050	12.170±1.420	1.283±0.102	0.264±0.010	30.000±0.300
60~80	4.400±0.040	13.430±2.200	1.350±0.148	0.257±0.004	27.467±0.252
80~100	4.370±0.000	12.100±0.000	1.250±0.000	0.258±0.000	32.300±0.000

表 3-6　东源县赤红壤剖面 1 重金属元素含量统计表

深度 (cm)	镍(Ni) (mg/kg)	铅(Pb) (mg/kg)	铜(Cu) (mg/kg)	锌(Zn) (mg/kg)	汞(Hg) (mg/kg)	镉(Cd) (mg/kg)	砷(As) (mg/kg)	铬(Cr) (mg/kg)
0~20	11.670±1.530	32.000±0.000	14.300±0.000	67.000±1.000	0.094±0.004	0.080±0.000	19.630±1.110	30.670±0.580
20~40	15.670±2.080	32.670±1.150	15.270±0.250	66.670±2.080	0.074±0.001	未检出	24.430±0.150	34.000±2.000
40~60	18.330±2.080	33.330±2.520	16.870±0.150	70.000±2.000	0.079±0.004	未检出	29.100±0.400	42.670±2.080
60~80	18.330±1.530	32.670±0.580	16.470±0.210	69.330±2.080	0.082±0.002	0.083±0.006	27.430±0.250	40.330±0.580
80~100	15.000±0.000	31.000±0.000	19.000±0.000	73.000±0.000	0.078±0.000	未检出	35.700±0.000	31.000±0

二、剖面 2：赤红壤亚类

1. 剖面位置

地籍号：441625001006000400100；

地理坐标：北纬 23.844005°，东经 114.730663°；

地区：广东省河源市东源县仙塘镇徐洞村。

2. 剖面特征

东源县典型森林赤红壤剖面 2（图 3-4，左图）采自仙塘镇徐洞村，海拔 194.7 m，低山地貌，东南坡向，坡度为 36°，上坡坡位，无侵蚀，凋落物层厚度为 10 cm，腐殖质层厚度为 0 cm，植被类型为暖性常绿针叶林，优势树种为杉木（图 3-4，右图）。

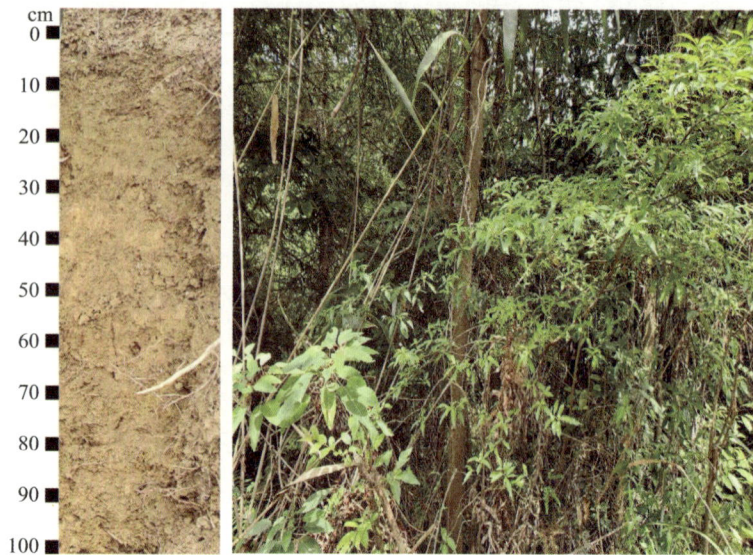

图 3-4　东源县赤红壤剖面 2(左图)及植被(右图)

3. 主要性状

东源县典型赤红壤剖面 2 的土壤理化性质如表 3-7、3-8 所示。

土壤养分包括有机碳、全氮、全磷和全钾,表层土壤(0~20 cm)中,其含量分别为 18.330 g/kg、1.040 g/kg、0.211 g/kg 和 41.400 g/kg,依据土壤养分分级标准,分别属于 Ⅱ级、Ⅲ级、Ⅴ级和Ⅰ级。表层土壤 pH 值为 4.540,容重未知。其余各土壤层(20~40 cm、40~60 cm、60~80 cm、80~100 cm)的土壤养分含量、土壤 pH 值见表 3-7。

重金属元素包括镍、铅、铜、锌、汞、镉、砷和铬,表层土壤(0~20 cm)中,其含量分别为 9.670 mg/kg、43.670 mg/kg、3.930 mg/kg、41.670 mg/kg、0.089 mg/kg、0.123 mg/kg、4.730 mg/kg 和 23.670 mg/kg。所有重金属元素均低于农用地土壤污染风险筛选值。其余各土壤层(20~40 cm、40~60 cm、60~80 cm、80~100 cm)的重金属元素含量见表 3-8。

表 3-7　东源县赤红壤剖面 2 pH 值及养分含量统计表

深度 (cm)	pH (H₂O)	有机碳(SOC) (g/kg)	全氮(N) (g/kg)	全磷(P) (g/kg)	全钾(K) (g/kg)
0~20	4.540±0.130	18.330±1.310	1.040±0.030	0.211±0.013	41.400±0.800
20~40	4.600±0.080	20.870±1.400	1.560±0.046	0.238±0.015	36.400±0.656
40~60	4.610±0.070	7.590±0.180	0.649±0.015	0.167±0.010	31.133±0.651
60~80	4.570±0.150	8.240±0.170	0.661±0.016	0.168±0.011	25.100±0.600
80~100	4.580±0.120	7.610±0.180	0.657±0.016	0.095±0.006	29.000±0.656

表 3-8　东源县赤红壤剖面 2 重金属元素含量统计表

深度 (cm)	镍(Ni) (mg/kg)	铅(Pb) (mg/kg)	铜(Cu) (mg/kg)	锌(Zn) (mg/kg)	汞(Hg) (mg/kg)	镉(Cd) (mg/kg)	砷(As) (mg/kg)	铬(Cr) (mg/kg)
0~20	9.670±2.520	43.670±1.530	3.930±0.470	41.670±4.160	0.089±0.003	0.123±0.006	4.730±0.380	23.670±3.510
20~40	3.330±0.580	34.000±2.000	4.630±0.350	77.330±3.510	0.129±0.003	0.083±0.006	4.170±0.400	8.330±1.530
40~60	10.670±1.150	42.330±1.530	2.730±0.250	48.000±2.650	0.067±0.002	未检出	4.970±0.310	26.330±1.530
60~80	9.330±0.580	49.330±2.520	3.900±0.260	47.330±3.060	0.087±0.002	未检出	5.570±0.350	26.330±1.530
80~100	10.000±1.000	47.670±3.060	3.500±0.300	45.330±3.510	0.080±0.002	未检出	5.470±0.400	28.000±2.000

三、剖面 3：赤红壤亚类

1. 剖面位置

地籍号：4416250010100000500700；

地理坐标：北纬 23.782687°，东经 114.807903°；

地区：广东省河源市东源县仙塘镇古云村。

2. 剖面特征

东源县典型森林土壤剖面 3（图 3-5，左图）土壤类型为赤红壤亚类、麻赤红壤土属。该剖面采自仙塘镇古云村，海拔 106.8 m，低山地貌，西北坡向，坡度为 25°，下坡坡位，无侵蚀，凋落物层厚度为 10 cm，腐殖质层厚度为 3 cm，植被类型为常绿阔叶林，优势树种为桉树（图 3-5，右图）。

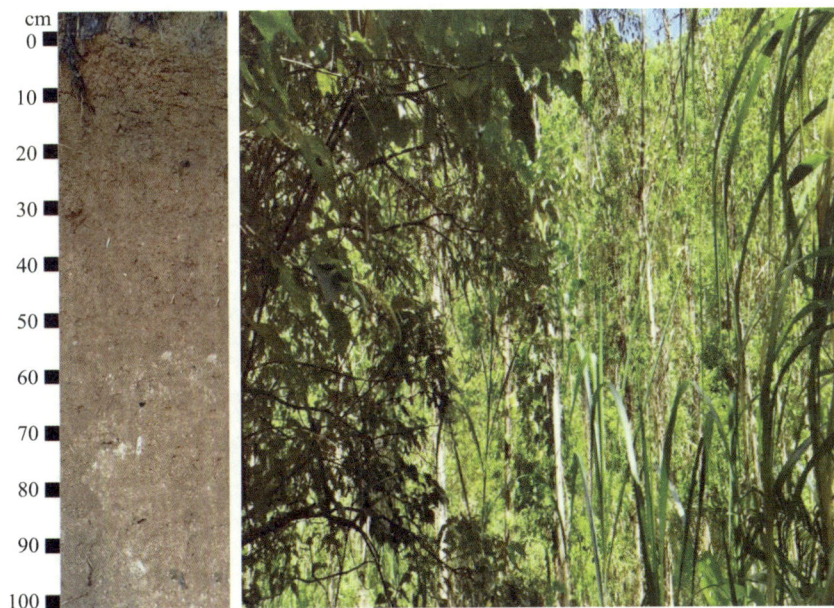

图 3-5　东源县赤红壤剖面 3（左图）及植被（右图）

3. 主要性状

东源县典型赤红壤剖面 3 的土壤理化性质如表 3-9、3-10 所示。

土壤养分包括有机碳、全氮、全磷和全钾，表层土壤（0～20 cm）中，其含量分别为 11.570 g/kg、0.971 g/kg、0.333 g/kg 和 23.200 g/kg，依据土壤养分分级标准，分别属于 IV 级、IV 级、V 级和 II 级。表层土壤 pH 值为 4.650，容重未知。其余各土壤层（20～40 cm、40～60 cm、60～80 cm、80～100 cm）的土壤养分含量、土壤 pH 值见表 3-9。

重金属元素包括镍、铅、铜、锌、汞、镉、砷和铬，表层土壤（0～20 cm）中，其含量分别为 6.670 mg/kg、73.330 mg/kg、5.270 mg/kg、54.000 mg/kg、0.089 mg/kg、0.090 mg/kg、3.530 mg/kg 和 17.330 mg/kg。其中，铅元素超过农用地土壤污染风险值，其他重金属元素均低于农用地土壤污染风险筛选值。其余各土壤层（20～40 cm、40～60 cm、60～80 cm、80～100 cm）的重金属元素含量见表 3-10。

表 3-9　东源县赤红壤剖面 3 pH 值及养分含量统计表

深度 （cm）	pH （H_2O）	有机碳（SOC） （g/kg）	全氮（N） （g/kg）	全磷（P） （g/kg）	全钾（K） （g/kg）
0～20	4.650±0.090	11.570±0.850	0.971±0.027	0.333±0.012	23.200±0.954
20～40	4.700±0.070	7.270±0.160	0.703±0.015	0.334±0.008	28.533±0.651
40～60	4.710±0.050	6.900±0.390	0.683±0.013	0.326±0.012	17.967±0.961
60～80	4.670±0.090	6.770±0.380	0.759±0.020	0.345±0.007	20.467±0.802
80～100	4.680±0.120	6.210±0.310	0.648±0.017	0.374±0.009	18.333±0.603

表 3-10　东源县赤红壤剖面 3 重金属元素含量统计表

深度 （cm）	镍（Ni） （mg/kg）	铅（Pb） （mg/kg）	铜（Cu） （mg/kg）	锌（Zn） （mg/kg）	汞（Hg） （mg/kg）	镉（Cd） （mg/kg）	砷（As） （mg/kg）	铬（Cr） （mg/kg）
0～20	6.670±0.580	73.330±1.530	5.270±0.250	54.000±3.000	0.089±0.003	0.090±0.010	3.530±0.250	17.330±2.080
20～40	6.330±1.530	63.330±2.520	7.830±0.400	55.330±3.510	0.075±0.004	未检出	3.400±0.440	17.670±1.530
40～60	6.330±0.580	81.330±3.210	6.670±0.210	55.330±2.520	0.088±0.004	未检出	3.270±0.150	16.670±2.080
60～80	7.330±1.150	75.330±2.520	7.900±0.360	64.670±4.040	0.090±0.004	未检出	3.230±0.250	18.670±1.530
80～100	7.000±1.000	90.670±1.530	7.200±0.260	63.000±4.000	0.097±0.006	未检出	3.430±0.250	19.000±3.000

四、剖面 4：赤红壤亚类

1. 剖面位置

地籍号：441625005001000200800；

地理坐标：北纬 23.828734°，东经 114.939082°；

地区：广东省河源市东源县义合镇超阳村。

2. 剖面特征

东源县典型森林土壤剖面 4(图 3-6,左图)土壤类型为赤红壤亚类、麻赤红壤土属。该剖面采自义合镇超阳村,海拔 108 m,低山地貌,东北坡向,坡度为 40°,下坡坡位,无侵蚀,凋落物层厚度为 3 cm,腐殖质层厚度为 1 cm,植被类型为常绿阔叶林,优势树种为桉树(图 3-6,右图)。

图 3-6　东源县赤红壤剖面 4(左图)及植被(右图)

3. 主要性状

东源县典型赤红壤剖面 4 的土壤理化性质如表 3-11、3-12 所示。

土壤养分包括有机碳、全氮、全磷和全钾,表层土壤(0~20 cm)中,其含量分别为 9.540 g/kg、0.726 g/kg、0.187 g/kg 和 44.033 g/kg,依据土壤养分分级标准,分别属于Ⅳ级、Ⅴ级、Ⅵ级和Ⅰ级。表层土壤 pH 值为 4.900,容重未知。其余各土壤层(20~40 cm、40~60 cm、60~80 cm、80~100 cm)的土壤养分含量、土壤 pH 值见表 3-11。

重金属元素包括镍、铅、铜、锌、汞、镉、砷和铬,表层土壤(0~20 cm)中,其含量分别为 6.330 mg/kg、124.330 mg/kg、4.930 mg/kg、46.330 mg/kg、0.061 mg/kg、未检出、2.770 mg/kg 和 15.330 mg/kg。其中,铅元素超过农用地土壤污染风险值,其他重金属元素均低于农用地土壤污染风险筛选值。其余各土壤层(20~40 cm、40~60 cm、60~80 cm、80~100 cm)的重金属元素含量见表 3-12。

表 3-11　东源县赤红壤剖面 4 pH 值及养分含量统计表

深度 (cm)	pH (H₂O)	有机碳(SOC) (g/kg)	全氮(N) (g/kg)	全磷(P) (g/kg)	全钾(K) (g/kg)
0~20	4.900±0.160	9.540±0.810	0.726±0.011	0.187±0.008	44.033±1.106
20~40	4.920±0.080	6.950±0.150	0.555±0.013	0.214±0.011	38.400±1.637
40~60	4.940±0.140	8.140±0.370	0.584±0.012	0.203±0.015	42.567±1.206
60~80	4.940±0.190	3.330±0.130	0.364±0.016	0.152±0.015	46.833±1.501
80~100	4.920±0.200	3.110±0.100	0.328±0.010	0.169±0.013	39.933±1.266

表 3-12　东源县赤红壤剖面 4 重金属元素含量统计表

深度 (cm)	镍(Ni) (mg/kg)	铅(Pb) (mg/kg)	铜(Cu) (mg/kg)	锌(Zn) (mg/kg)	汞(Hg) (mg/kg)	镉(Cd) (mg/kg)	砷(As) (mg/kg)	铬(Cr) (mg/kg)
0~20	6.330±1.150	124.330±5.510	4.930±0.380	46.330±2.520	0.061±0.004	未检出	2.770±0.150	15.330±1.530
20~40	6.330±1.530	104.000±3.000	2.870±0.250	44.670±4.730	0.065±0.005	未检出	2.830±0.150	16.000±1.730
40~60	9.330±1.150	91.000±3.000	3.130±0.250	40.670±2.310	0.056±0.005	未检出	3.330±0.250	18.330±2.080
60~80	6.330±0.580	105.670±4.730	3.200±0.260	52.330±2.520	0.066±0.004	未检出	2.270±0.210	14.670±2.080
80~100	5.670±1.150	111.000±6.000	3.300±0.260	44.670±3.210	0.058±0.006	0.170±0.026	3.030±0.250	12.330±2.080

五、剖面 5：赤红壤亚类

1. 剖面位置
地籍号：441625005002000500100；
地理坐标：北纬 23.80827°，东经 114.921147°；
地区：广东省河源市东源县义合镇中洞村。

2. 剖面特征
东源县典型森林赤红壤剖面 5(图 3-7，左图)采自义合镇中洞村，海拔 118 m，低山地貌，西坡向，坡度为 30°，上坡坡位，无侵蚀，凋落物层厚度为 16 cm，腐殖质层厚度为 10 cm，植被类型为热性针阔混交林，优势树种为衫木、马尾松(图 3-7，右图)。

图 3-7　东源县赤红壤剖面 5(左图)及植被(右图)

3. 主要性状

东源县典型赤红壤剖面 5 的土壤理化性质如表 3-13、3-14 所示。

土壤养分包括有机碳、全氮、全磷和全钾，表层土壤(0~20 cm)中，其含量分别为22.670 g/kg、1.260 g/kg、0.149 g/kg 和 39.500 g/kg，依据土壤养分分级标准，分别属于Ⅱ级、Ⅲ级、Ⅵ级和Ⅰ级。表层土壤 pH 值为 4.610，容重未知。其余各土壤层(20~40 cm、40~60 cm、60~80 cm、80~100 cm)的土壤养分含量、土壤 pH 值见表 3-13。

重金属元素包括镍、铅、铜、锌、汞、镉、砷和铬，表层土壤(0~20 cm)中，其含量分别为 3.670 mg/kg、43.000 mg/kg、3.730 mg/kg、38.000 mg/kg、0.083 mg/kg、0.090 mg/kg、4.600 mg/kg 和 18.000 mg/kg。所有重金属元素均低于农用地土壤污染风险筛选值。其余各土壤层(20~40 cm、40~60 cm、60~80 cm、80~100 cm)的重金属元素含量见表 3-14。

表 3-13　东源县赤红壤剖面 5 pH 值及养分含量统计表

深度 (cm)	pH (H_2O)	有机碳(SOC) (g/kg)	全氮(N) (g/kg)	全磷(P) (g/kg)	全钾(K) (g/kg)
0~20	4.610±0.230	22.670±0.860	1.260±0.060	0.149±0.017	39.500±0.900
20~40	4.650±0.150	12.400±1.080	0.846±0.010	0.123±0.011	29.000±0.917
40~60	4.620±0.140	8.500±0.550	0.675±0.009	0.120±0.011	25.533±1.301
60~80	4.700±0.080	9.670±0.480	0.588±0.011	0.093±0.002	19.800±0.755
80~100	4.720±0.070	6.130±0.110	0.517±0.014	0.097±0.002	19.833±1.106

表 3-14　东源县赤红壤剖面 5 重金属元素含量统计表

深度 (cm)	镍(Ni) (mg/kg)	铅(Pb) (mg/kg)	铜(Cu) (mg/kg)	锌(Zn) (mg/kg)	汞(Hg) (mg/kg)	镉(Cd) (mg/kg)	砷(As) (mg/kg)	铬(Cr) (mg/kg)
0~20	3.670±1.150	43.000±1.730	3.730±0.210	38.000±2.000	0.083±0.004	0.090±0.010	4.600±0.260	18.000±2.650
20~40	3.670±0.580	36.330±2.080	3.270±0.150	42.670±2.080	0.072±0.002	0.083±0.006	4.830±0.250	18.000±2.650
40~60	4.000±1.000	41.000±1.730	3.230±0.210	45.000±1.730	0.075±0.004	未检出	5.530±0.150	23.670±2.310
60~80	3.670±1.150	49.330±1.530	4.470±0.230	42.670±2.520	0.079±0.005	0.097±0.006	5.930±0.250	20.670±1.530
80~100	6.330±1.150	61.330±1.150	2.730±0.150	41.670±2.080	0.097±0.003	未检出	6.400±0.170	25.670±1.150

六、剖面 6：赤红壤亚类

1. 剖面位置

地籍号：44162500500300020090 0；

地理坐标：北纬 23.773172°，东经 114.851633°；

地区：广东省河源市东源县义合镇南浩村。

2. 剖面特征

东源县典型森林土壤剖面 6(图 3-8，左图)土壤类型为赤红壤亚类、麻赤红壤土属。该剖面采自义合镇南浩村，海拔 323.7 m，中山地貌，东南坡向，坡度为 38°，中坡坡位，无侵蚀，凋落物层厚度为 11 cm，腐殖质层厚度为 2 cm，植被类型为常绿阔叶林，优势树种为桉树(图 3-8，右图)。

图 3-8　东源县赤红壤剖面 6(左图)及植被(右图)

3. 主要性状

东源县典型赤红壤剖面 6 的土壤理化性质如表 3-15、3-16 所示。

土壤养分包括有机碳、全氮、全磷和全钾，表层土壤（0~20 cm）中，其含量分别为 30.100 g/kg、1.473 g/kg、0.225 g/kg 和 18.067 g/kg，依据土壤养分分级标准，分别属于I 级、Ⅲ级、Ⅴ级和Ⅲ级。表层土壤 pH 值为 4.650，容重未知。其余各土壤层（20~40 cm、40~60 cm、60~80 cm、80~100 cm）的土壤养分含量、土壤 pH 值见表 3-15。

重金属元素包括镍、铅、铜、锌、汞、镉、砷和铬，表层土壤（0~20 cm）中，其含量分别为 4.670 mg/kg、24.330 mg/kg、5.670 mg/kg、38.330 mg/kg、0.097 mg/kg、0.113 mg/kg、11.200 mg/kg 和 17.330 mg/kg。所有重金属元素均低于农用地土壤污染风险筛选值。其余各土壤层（20~40 cm、40~60 cm、60~80 cm、80~100 cm）的重金属元素含量见表 3-16。

表 3-15　东源县赤红壤剖面 6 pH 值及养分含量统计表

深度 （cm）	pH （H$_2$O）	有机碳（SOC） （g/kg）	全氮（N） （g/kg）	全磷（P） （g/kg）	全钾（K） （g/kg）
0~20	4.650±0.060	30.100±1.350	1.473±0.075	0.225±0.007	18.067±0.551
20~40	4.650±0.020	17.330±0.760	1.073±0.040	0.170±0.011	17.533±0.551
40~60	4.770±0.110	9.420±0.340	0.862±0.012	0.122±0.010	12.400±0.500
60~80	4.680±0.180	5.070±0.150	0.635±0.013	0.114±0.012	12.900±0.500
80~100	4.700±0.190	5.100±0.230	0.546±0.009	0.102±0.005	11.800±0.656

表 3-16　东源县赤红壤剖面 6 重金属元素含量统计表

深度 （cm）	镍（Ni） （mg/kg）	铅（Pb） （mg/kg）	铜（Cu） （mg/kg）	锌（Zn） （mg/kg）	汞（Hg） （mg/kg）	镉（Cd） （mg/kg）	砷（As） （mg/kg）	铬（Cr） （mg/kg）
0~20	4.670±1.150	24.330±1.530	5.670±0.210	38.330±2.520	0.097±0.003	0.113±0.015	11.200±0.460	17.330±1.530
20~40	5.670±0.580	22.670±1.530	5.230±0.250	42.670±1.530	0.084±0.002	未检出	11.670±0.250	20.330±1.530
40~60	8.330±1.530	23.670±1.530	6.030±0.250	42.330±1.530	0.082±0.002	0.083±0.006	12.170±0.310	24.000±1.000
60~80	12.670±1.530	31.330±1.530	7.330±0.320	60.000±2.000	0.109±0.004	未检出	12.400±0.300	28.330±1.530
80~100	9.670±1.150	45.330±1.530	8.230±0.350	46.670±1.530	0.123±0.004	未检出	13.330±0.350	25.330±1.530

七、剖面 7：赤红壤亚类

1. 剖面位置

地籍号：441625005003000400500；

地理坐标：北纬 23.773933°，东经 114.886317°；

地区：广东省河源市东源县义合镇高楼村。

2. 剖面特征

东源县典型森林赤红壤剖面 7（图 3-9，左图）采自义合镇高楼村，海拔 146 m，低山地貌，西坡向，坡度为 35°，中坡坡位，无侵蚀，凋落物层厚度为 10 cm，腐殖质层厚度为 2 cm，植被类型为常绿阔叶林，优势树种为桉树(图 3-9，右图)。

图 3-9　东源县赤红壤剖面 7(左图)及植被(右图)

3. 主要性状

东源县典型赤红壤剖面 7 的土壤理化性质如表 3-17、3-18 所示。

土壤养分包括有机碳、全氮、全磷和全钾，表层土壤(0~20 cm)中，其含量分别为 26.370 g/kg、1.467 g/kg、0.233 g/kg 和 12.200 g/kg，依据土壤养分分级标准，分别属于 I 级、Ⅲ级、Ⅴ级和Ⅳ级。表层土壤 pH 值为 4.640，容重未知。其余各土壤层(20~40 cm、40~60 cm、60~80 cm、80~100 cm)的土壤养分含量、土壤 pH 值见表 3-17。

重金属元素包括镍、铅、铜、锌、汞、镉、砷和铬，表层土壤(0~20 cm)中，其含量分别为 8.000 mg/kg、54.670 mg/kg、4.130 mg/kg、50.670 mg/kg、0.101 mg/kg、0.087 mg/kg、12.430 mg/kg 和 25.000 mg/kg。所有重金属元素均低于农用地土壤污染风险筛选值。其余各土壤层(20~40 cm、40~60 cm、60~80 cm、80~100 cm)的重金属元素含量见表 3-18。

表 3-17 东源县赤红壤剖面 7 pH 值及养分含量统计表

深度 （cm）	pH （H₂O）	有机碳（SOC） （g/kg）	全氮（N） （g/kg）	全磷（P） （g/kg）	全钾（K） （g/kg）
0～20	4.640±0.200	26.370±1.060	1.467±0.087	0.233±0.015	12.200±0.755
20～40	4.640±0.210	8.270±0.420	0.919±0.017	0.143±0.013	11.367±0.551
40～60	4.580±0.100	11.570±0.670	1.037±0.038	0.162±0.016	12.200±0.755
60～80	4.660±0.070	6.130±0.200	0.580±0.015	0.141±0.014	10.433±0.416
80～100	4.750±0.040	5.840±0.110	0.577±0.010	0.131±0.012	11.867±0.611

表 3-18 东源县赤红壤剖面 7 重金属元素含量统计表

深度 （cm）	镍（Ni） （mg/kg）	铅（Pb） （mg/kg）	铜（Cu） （mg/kg）	锌（Zn） （mg/kg）	汞（Hg） （mg/kg）	镉（Cd） （mg/kg）	砷（As） （mg/kg）	铬（Cr） （mg/kg）
0～20	8.000±1.000	54.670±1.530	4.130±0.210	50.670±2.080	0.101±0.003	0.087±0.006	12.430±0.310	25.000±1.000
20～40	11.670±1.150	42.330±2.520	3.530±0.150	44.670±2.080	0.079±0.002	未检出	13.130±0.250	29.330±1.530
40～60	11.330±1.150	37.670±2.520	3.530±00.21	43.330±2.080	0.080±0.002	未检出	13.470±0.250	28.330±1.530
60～80	11.330±0.580	45.670±2.080	3.770±0.210	75.000±3.000	0.076±0.002	未检出	13.470±0.210	30.670±2.080
80～100	10.000±0.000	51.330±1.530	4.030±0.250	49.330±2.520	0.088±0.003	未检出	13.370±0.310	27.670±1.530

八、剖面 8：赤红壤亚类

1. 剖面位置

地籍号：441625005003000700100；

地理坐标：北纬 23.769156°，东经 114.879147°；

地区：广东省河源市东源县义合镇高楼村。

2. 剖面特征

东源县典型森林土壤剖面 8（图 3-10，左图）土壤类型为赤红壤亚类、麻赤红壤土属。该剖面采自义合镇高楼村，海拔 157 m，低山地貌，东坡向，坡度为 60°，中坡坡位，无侵蚀，凋落物层厚度为 6 cm，腐殖质层厚度为 2 cm，植被类型为常绿阔叶林，优势树种为桉树（图 3-10，右图）。

图 3-10　东源县赤红壤剖面 8(左图)及植被(右图)

3. 主要性状

东源县典型赤红壤剖面 8 的土壤理化性质如表 3-19、3-20 所示。

土壤养分包括有机碳、全氮、全磷和全钾,表层土壤(0~20 cm)中,其含量分别为 27.470 g/kg、1.607 g/kg、0.196 g/kg 和 7.890 g/kg,依据土壤养分分级标准,分别属于 I 级、II级、VI级和V级。表层土壤 pH 值为 4.550,容重未知。其余各土壤层(20~40 cm、40~60 cm、60~80 cm、80~100 cm)的土壤养分含量、土壤 pH 值见表 3-19。

重金属元素包括镍、铅、铜、锌、汞、镉、砷和铬,表层土壤(0~20 cm)中,其含量分别为 5.670 mg/kg、61.670 mg/kg、4.870 mg/kg、56.000 mg/kg、0.137 mg/kg、未检出、8.930 mg/kg 和 13.330 mg/kg。所有重金属元素均低于农用地土壤污染风险筛选值。其余各土壤层(20~40 cm、40~60 cm、60~80 cm、80~100 cm)的重金属元素含量见表 3-20。

表 3-19　东源县赤红壤剖面 8 pH 值及养分含量统计表

深度 (cm)	pH (H₂O)	有机碳(SOC) (g/kg)	全氮(N) (g/kg)	全磷(P) (g/kg)	全钾(K) (g/kg)
0~20	4.550±0.060	27.470±2.500	1.607±0.156	0.196±0.013	7.890±0.070
20~40	4.540±0.040	13.230±1.100	0.863±0.018	0.135±0.016	8.557±0.125
40~60	4.630±0.030	8.080±0.310	0.686±0.016	0.123±0.016	11.133±0.306
60~80	4.590±0.120	5.440±0.190	0.448±0.018	0.135±0.018	12.767±0.379
80~100	4.610±0.120	4.890±0.160	0.385±0.020	0.106±0.009	16.433±0.737

表 3-20　东源县赤红壤剖面 8 重金属元素含量统计表

深度 （cm）	镍（Ni） （mg/kg）	铅（Pb） （mg/kg）	铜（Cu） （mg/kg）	锌（Zn） （mg/kg）	汞（Hg） （mg/kg）	砷（As） （mg/kg）	铬（Cr） （mg/kg）
0~20	5.670±0.580	61.670±2.080	4.870±0.450	56.000±2.000	0.137±0.004	8.930±0.350	13.330±1.530
20~40	6.330±0.580	36.670±1.530	5.000±0.460	45.330±1.530	0.096±0.004	8.030±0.310	13.670±0.580
40~60	6.670±0.580	47.670±1.150	3.930±0.350	47.670±1.530	0.101±0.004	7.530±0.350	12.330±0.580
60~80	6.330±0.580	54.330±1.530	3.900±0.170	45.330±1.530	0.109±0.004	7.530±0.400	12.000±1.000
80~100	5.330±0.580	211.330±7.510	2.970±0.310	31.330±1.530	0.116±0.004	7.700±0.300	12.330±1.530

九、剖面 9：赤红壤亚类

1. 剖面位置

地籍号：441625005004000500403；

地理坐标：北纬 23.788319°，东经 114.834142°；

地区：广东省河源市东源县义和镇南浩村。

2. 剖面特征

东源县典型森林赤红壤剖面 9（图 3-11，左图）采自义和镇南浩村，海拔 278 m，中山地貌，东北坡向，坡度为 40°，下坡坡位，无侵蚀，凋落物层厚度为 35 cm，腐殖质层厚度为 7 cm，植被类型为常绿阔叶林，优势树种为桉树（图 3-11，右图）。

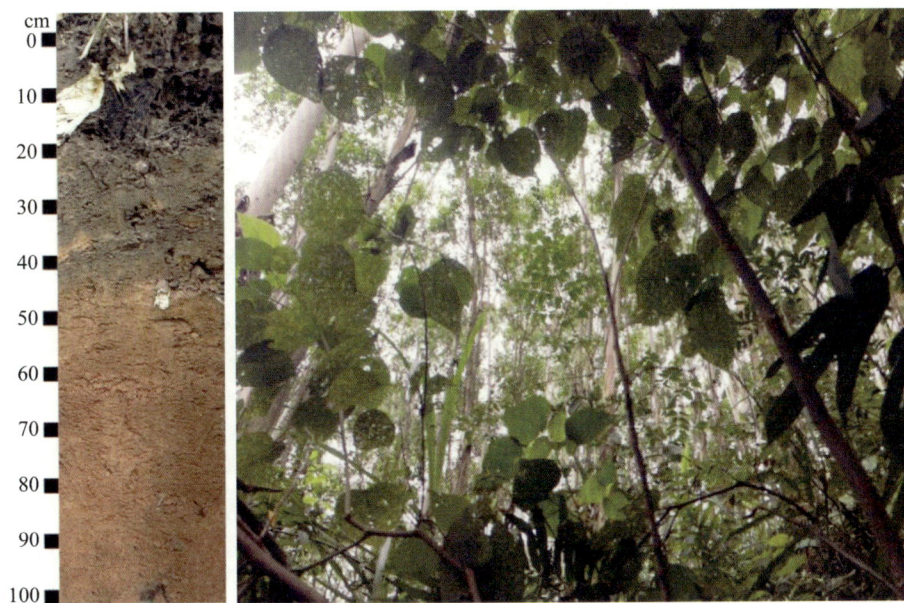

图 3-11　东源县赤红壤剖面 9（左图）及植被（右图）

3. 主要性状

东源县典型赤红壤剖面 9 的土壤理化性质如表 3-21、3-22 所示。

土壤养分包括有机碳、全氮、全磷和全钾，表层土壤(0~20 cm)中，其含量分别为 32.800 g/kg、2.047 g/kg、0.494 g/kg 和 4.207 g/kg，依据土壤养分分级标准，分别属于 Ⅰ 级、Ⅰ级、Ⅳ级和Ⅵ级。表层土壤 pH 值为 4.470，容重未知。其余各土壤层(20~40 cm、40~60 cm、60~80 cm、80~100 cm)的土壤养分含量、土壤 pH 值见表 3-21。

重金属元素包括镍、铅、铜、锌、汞、镉、砷和铬，表层土壤(0~20 cm)中，其含量分别为 5.670 mg/kg、19.670 mg/kg、4.930 mg/kg、31.670 mg/kg、0.045 mg/kg、0.083 mg/kg、11.270 mg/kg 和 27.670 mg/kg。所有重金属元素均低于农用地土壤污染风险筛选值。其余各土壤层(20~40 cm、40~60 cm、60~80 cm、80~100 cm)的重金属元素含量见表 3-22。

表 3-21 东源县赤红壤剖面 9 pH 值及养分含量统计表

深度(cm)	pH(H₂O)	有机碳(SOC)(g/kg)	全氮(N)(g/kg)	全磷(P)(g/kg)	全钾(K)(g/kg)
0~20	4.470±0.160	32.800±1.410	2.047±0.038	0.494±0.014	4.207±0.153
20~40	4.470±0.160	15.570±1.320	1.080±0.056	0.213±0.012	4.047±0.148
40~60	4.370±0.050	10.120±0.680	0.896±0.017	0.187±0.011	5.077±0.065
60~80	4.390±0.120	8.540±0.420	0.763±0.015	0.135±0.015	4.753±0.143
80~100	4.440±0.080	7.910±0.190	0.700±0.018	0.129±0.014	4.773±0.189

表 3-22 东源县赤红壤剖面 9 重金属元素含量统计表

深度(cm)	镍(Ni)(mg/kg)	铅(Pb)(mg/kg)	铜(Cu)(mg/kg)	锌(Zn)(mg/kg)	汞(Hg)(mg/kg)	镉(Cd)(mg/kg)	砷(As)(mg/kg)	铬(Cr)(mg/kg)
0~20	5.670±1.150	19.670±1.530	4.930±0.250	31.670±2.080	0.045±0.004	0.083±0.006	11.270±0.230	27.670±2.080
20~40	5.670±0.580	20.000±1.730	3.730±0.210	24.330±2.080	0.040±0.004	未检出	11.730±0.150	25.000±1.730
40~60	5.670±0.580	17.670±1.530	3.430±0.150	26.670±2.520	0.045±0.004	未检出	11.030±0.250	27.330±1.530
60~80	6.330±1.150	19.330±1.530	4.230±0.250	22.000±1.730	0.041±0.003	未检出	10.870±0.250	27.000±1.730
80~100	5.330±0.580	24.000±1.730	3.570±0.150	20.670±2.080	0.036±0.003	未检出	12.570±0.350	29.670±1.530

十、剖面 10：赤红壤亚类

1. 剖面位置

地籍号：4416250005005000300500；

地理坐标：北纬 23.82054°，东经 114.820785°；

地区：广东省河源市东源县义合镇曲滩村。

2. 剖面特征

东源县典型森林赤红壤剖面 10(图 3-12，左图)采自义合镇曲滩村，海拔 147.3 m，低山地貌，东坡向，坡度为 25°，中坡坡位，无侵蚀，凋落物层厚度为 15 cm，腐殖质层厚度为 8 cm，植被类型为常绿阔叶林，优势树种为桉树(图 3-12，右图)。

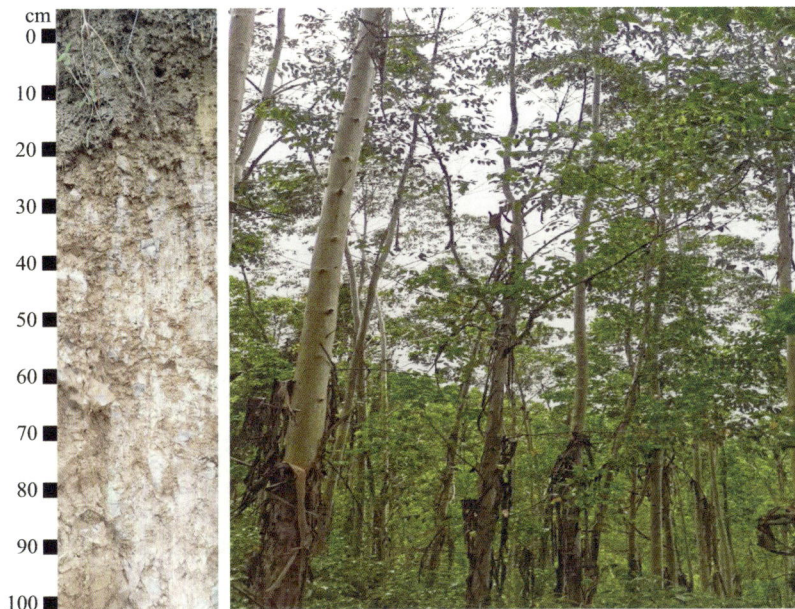

图 3-12　东源县赤红壤剖面 10(左图)及植被(右图)

3. 主要性状

东源县典型赤红壤剖面 10 的土壤理化性质如表 3-23、3-24 所示。

土壤养分包括有机碳、全氮、全磷和全钾，表层土壤(0～20 cm)中，其含量分别为 9.380 g/kg、0.684 g/kg、0.225 g/kg 和 33.133 g/kg，依据土壤养分分级标准，分别属于Ⅳ级、Ⅴ级、Ⅴ级和Ⅰ级。表层土壤 pH 值为 4.480，容重未知。其余各土壤层(20～40 cm、40～60 cm、60～80 cm、80～100 cm)的土壤养分含量、土壤 pH 值见表 3-23。

重金属元素包括镍、铅、铜、锌、汞、镉、砷和铬，表层土壤(0～20 cm)中，其含量分别为未检出、33.670 mg/kg、6.130 mg/kg、24.670 mg/kg、0.062 mg/kg、未检出、5.270 mg/kg 和 43.330 mg/kg。所有重金属元素均低于农用地土壤污染风险筛选值。其余各土壤层(20～40 cm、40～60 cm、60～80 cm、80～100 cm)的重金属元素含量见表 3-24。

表 3-23　东源县赤红壤剖面 10 pH 值及养分含量统计表

深度 (cm)	pH (H₂O)	有机碳(SOC) (g/kg)	全氮(N) (g/kg)	全磷(P) (g/kg)	全钾(K) (g/kg)
0~20	4.480±0.160	9.380±0.770	0.684±0.020	0.225±0.011	33.133±0.751
20~40	4.440±0.060	4.500±0.090	0.456±0.012	0.222±0.011	35.233±0.907
40~60	4.580±0.170	3.650±0.330	0.373±0.014	0.197±0.013	36.700±0.889
60~80	4.540±0.180	2.930±0.130	0.377±0.016	0.239±0.016	34.333±0.751
80~100	4.560±0.150	1.850±0.060	0.338±0.016	0.215±0.012	32.600±0.656

表 3-24　东源县赤红壤剖面 10 重金属元素含量统计表

深度 (cm)	铅(Pb) (mg/kg)	铜(Cu) (mg/kg)	锌(Zn) (mg/kg)	汞(Hg) (mg/kg)	镉(Cd) (mg/kg)	砷(As) (mg/kg)	铬(Cr) (mg/kg)
0~20	33.670±2.080	6.130±0.250	24.670±2.080	0.062±0.003	未检出	5.270±0.210	43.330±2.520
20~40	34.670±1.150	7.170±0.150	20.670±1.530	0.069±0.003	未检出	5.030±0.250	47.330±1.530
40~60	28.330±1.530	6.670±0.210	18.330±1.530	0.052±0.003	未检出	4.470±0.210	45.670±2.080
60~80	66.330±2.080	7.570±0.250	23.670±1.530	0.058±0.002	0.083±0.006	3.670±0.150	42.670±1.530
80~100	36.330±2.520	8.170±0.210	20.670±1.530	0.053±0.002	未检出	2.000±0.170	45.000±1.730

十一、剖面 11：赤红壤亚类

1. 剖面位置

地籍号：441625010001000500600；

地理坐标：北纬 23.998836°，东经 114.979928°；

地区：广东省河源市东源县曾田镇中格村。

2. 剖面特征

东源县典型森林赤红壤剖面 11(图 3-13，左图)采自曾田镇中格村，海拔 296 m，丘陵地貌，东坡向，坡度为 20°，中坡坡位，无侵蚀，凋落物层厚度为 25 cm，腐殖质层厚度为 5 cm，植被类型为常绿阔叶林，优势树种为桉树(图 3-13，右图)。

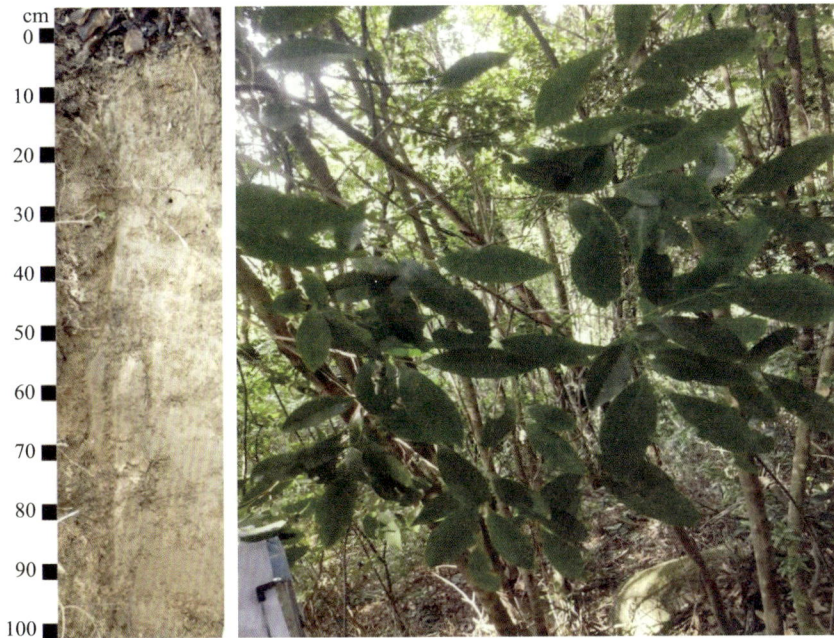

图 3-13　东源县赤红壤剖面 11(左图)及植被(右图)

3. 主要性状

东源县典型赤红壤剖面 11 的土壤理化性质如表 3-25、3-26 所示。

土壤养分包括有机碳、全氮、全磷和全钾,表层土壤(0~20 cm)中,其含量分别为 12.070 g/kg、0.887 g/kg、0.273 g/kg 和 12.800 g/kg,依据土壤养分分级标准,分别属于 Ⅲ级、Ⅳ级、Ⅴ级和Ⅳ级。表层土壤 pH 值为 4.240,容重未知。其余各土壤层(20~40 cm、40~60 cm、60~80 cm、80~100 cm)的土壤养分含量、土壤 pH 值见表 3-25。

重金属元素包括镍、铅、铜、锌、汞、镉、砷和铬,表层土壤(0~20 cm)中,其含量分别为 5.670 mg/kg、13.330 mg/kg、19.000 mg/kg、20.670 mg/kg、0.062 mg/kg、未检出、20.630 mg/kg 和 22.000 mg/kg。所有重金属元素均低于农用地土壤污染风险筛选值。其余各土壤层(20~40 cm、40~60 cm、60~80 cm、80~100 cm)的重金属元素含量见表 3-26。

表 3-25　东源县赤红壤剖面 11 pH 值及养分含量统计表

深度 (cm)	pH (H_2O)	有机碳(SOC) (g/kg)	全氮(N) (g/kg)	全磷(P) (g/kg)	全钾(K) (g/kg)
0~20	4.240±0.030	12.070±0.350	0.887±0.016	0.273±0.010	12.800±0.300
20~40	4.470±0.040	6.650±0.180	0.642±0.012	0.295±0.010	15.467±0.306
40~60	4.600±0.050	4.080±0.110	0.421±0.010	0.323±0.011	16.400±0.200
60~80	4.620±0.040	2.810±0.080	0.337±0.008	0.371±0.012	19.667±0.208
80~100	4.770±0.050	2.490±0.070	0.266±0.007	0.337±0.010	19.333±0.208

表 3-26　东源县赤红壤剖面 11 重金属元素含量统计表

深度 (cm)	镍(Ni) (mg/kg)	铅(Pb) (mg/kg)	铜(Cu) (mg/kg)	锌(Zn) (mg/kg)	汞(Hg) (mg/kg)	砷(As) (mg/kg)	铬(Cr) (mg/kg)
0~20	5.670±0.580	13.330±1.150	19.000±0.720	20.670±0.580	0.062±0.002	20.630±1.290	22.000±2.000
20~40	7.000±0.000	15.330±1.530	24.030±1.270	23.330±1.530	0.060±0.001	21.570±1.530	22.670±1.530
40~60	7.330±0.580	15.000±1.000	27.730±2.250	21.670±0.580	0.066±0.004	19.600±1.000	22.000±1.000
60~80	10.670±0.580	18.330±1.530	31.100±2.330	26.330±2.520	0.056±0.002	24.870±1.270	32.000±2.650
80~100	10.000±1.000	23.330±3.510	24.730±2.000	34.000±1.000	0.058±0.003	19.530±3.100	29.330±1.530

十二、剖面 12：赤红壤亚类

1. 剖面位置

地籍号：441625012010000300300；

地理坐标：北纬 23.927957°，东经 115.073317°；

地区：广东省河源市东源县蓝口镇塘心村。

2. 剖面特征

东源县典型森林赤红壤剖面 12(图 3-14，左图)采自蓝口镇塘心村，海拔 151 m，低山地貌，北坡向，坡度为 45°，下坡坡位，无侵蚀，凋落物层厚度为 12 cm，腐殖质层厚度为 4 cm，植被类型为常绿阔叶林，优势树种为桉树(图 3-14，右图)。

图 3-14　东源县赤红壤剖面 12(左图)及植被(右图)

3. 主要性状

东源县典型赤红壤剖面 12 的土壤理化性质如表 3-27、3-28 所示。

土壤养分包括有机碳、全氮、全磷和全钾，表层土壤(0~20 cm)中，其含量分别为 12.370 g/kg、0.915 g/kg、0.182 g/kg 和 18.100 g/kg，依据土壤养分分级标准，分别属于 Ⅲ 级、Ⅳ 级、Ⅵ 级和 Ⅲ 级。表层土壤 pH 值为 4.360，容重未知。其余各土壤层(20~40 cm、40~60 cm、60~80 cm、80~100 cm)的土壤养分含量、土壤 pH 值见表 3-27。

重金属元素包括镍、铅、铜、锌、汞、镉、砷和铬，表层土壤(0~20 cm)中，其含量分别为 7.000 mg/kg、57.670 mg/kg、13.730 mg/kg、32.000 mg/kg、0.114 mg/kg、未检出、58.270 mg/kg 和 35.670 mg/kg。其中，砷元素超过农用地土壤污染风险值，其他重金属元素均低于农用地土壤污染风险筛选值。其余各土壤层(20~40 cm、40~60 cm、60~80 cm、80~100 cm)的重金属元素含量见表 3-28。

表 3-27　东源县赤红壤剖面 12 pH 值及养分含量统计表

深度 (cm)	pH (H_2O)	有机碳(SOC) (g/kg)	全氮(N) (g/kg)	全磷(P) (g/kg)	全钾(K) (g/kg)
0~20	4.360±0.180	12.370±0.960	0.915±0.017	0.182±0.013	18.100±0.400
20~40	4.460±0.160	7.280±0.750	0.768±0.017	0.180±0.011	20.767±0.651
40~60	4.520±0.170	5.070±0.330	0.661±0.012	0.165±0.010	18.233±0.702
60~80	4.530±0.120	6.610±0.600	0.584±0.014	0.183±0.015	19.100±0.700
80~100	4.510±0.110	5.080±0.550	0.546±0.020	0.174±0.008	19.367±0.404

表 3-28　东源县赤红壤剖面 12 重金属元素含量统计表

深度 (cm)	镍(Ni) (mg/kg)	铅(Pb) (mg/kg)	铜(Cu) (mg/kg)	锌(Zn) (mg/kg)	汞(Hg) (mg/kg)	砷(As) (mg/kg)	铬(Cr) (mg/kg)
0~20	7.000±1.000	57.670±2.520	13.730±0.310	32.000±1.000	0.114±0.002	58.270±0.910	35.670±1.150
20~40	7.000±1.000	58.670±2.520	14.900±0.400	28.670±1.530	0.124±0.004	61.470±0.750	34.330±1.530
40~60	7.000±0.000	56.670±1.530	15.970±0.450	31.000±1.000	0.137±0.004	61.970±1.350	34.000±2.000
60~80	6.670±0.580	61.670±1.530	18.500±0.400	35.670±1.530	0.157±0.006	61.570±0.860	33.000±2.000
80~100	8.000±1.000	59.330±1.150	19.530±0.350	36.000±2.000	0.166±0.003	62.630±0.70	35.000±1.730

十三、剖面 13：红壤亚类

1. 剖面位置

地籍号：441625012015000401100；

地理坐标：北纬 23.954687°，东经 114.988512°；

地区：广东省河源市东源县蓝口镇长江头村。

2. 剖面特征

东源县典型森林红壤剖面 13(图 3-15，左图)采自蓝口镇长江头村，海拔 319.2 m，低山地貌，东北坡向，坡度为 48°，中坡坡位，无侵蚀，凋落物层厚度为 7 cm，腐殖质层厚度为 5 cm，植被类型为常绿阔叶林，优势树种为荷木(图 3-15，右图)。

图 3-15　东源县红壤剖面 13(左图)及植被(右图)

3. 主要性状

东源县典型红壤剖面 13 的土壤理化性质如表 3-29、3-30 所示。

土壤养分包括有机碳、全氮、全磷和全钾，表层土壤(0~20 cm)中，其含量分别为 22.270 g/kg、1.770 g/kg、0.176 g/kg 和 39.400 g/kg，依据土壤养分分级标准，分别属于 II 级、II 级、VI 级和 I 级。表层土壤 pH 值为 4.390，容重未知。其余各土壤层(20~40 cm、40~60 cm、60~80 cm、80~100 cm)的土壤养分含量、土壤 pH 值见表 3-29。

重金属元素包括镍、铅、铜、锌、汞、镉、砷和铬，表层土壤(0~20 cm)中，其含量分别为未检出、30.000 mg/kg、4.570 mg/kg、71.670 mg/kg、0.122 mg/kg、0.147 mg/kg、3.630 mg/kg 和 5.670 mg/kg。所有重金属元素均低于农用地土壤污染风险筛选值。其余各土壤层(20~40 cm、40~60 cm、60~80 cm、80~100 cm)的重金属元素含量见表 3-30。

表 3-29 东源县红壤剖面 13 pH 值及养分含量统计表

深度 (cm)	pH (H₂O)	有机碳(SOC) (g/kg)	全氮(N) (g/kg)	全磷(P) (g/kg)	全钾(K) (g/kg)
0~20	4.390±0.150	22.270±1.500	1.770±0.056	0.176±0.013	39.400±0.954
20~40	4.320±0.110	11.400±0.980	1.007±0.020	0.123±0.009	38.200±0.656
40~60	4.330±0.150	20.930±1.990	1.650±0.040	0.165±0.012	42.633±0.651
60~80	4.500±0.060	18.100±1.640	1.530±0.030	0.163±0.012	38.067±0.802
80~100	4.460±0.120	16.130±0.670	1.353±0.040	0.159±0.011	38.533±0.416

表 3-30 东源县红壤剖面 13 重金属元素含量统计表

深度 (cm)	镍(Ni) (mg/kg)	铅(Pb) (mg/kg)	铜(Cu) (mg/kg)	锌(Zn) (mg/kg)	汞(Hg) (mg/kg)	镉(Cd) (mg/kg)	砷(As) (mg/kg)	铬(Cr) (mg/kg)
0~20	未检出	30.000±1.000	4.570±0.150	71.670±5.690	0.122±0.002	0.147±0.045	3.630±0.310	5.670±0.580
20~40	6.330±0.580	40.330±2.520	3.400±0.300	54.330±2.520	0.092±0.002	0.083±0.006	4.930±0.350	17.330±1.530
40~60	3.000±0.000	31.670±1.150	4.270±0.310	64.000±4.000	0.121±0.003	未检出	3.570±0.350	8.670±1.150
60~80	未检出	29.670±2.520	4.030±0.320	66.670±2.080	0.113±0.003	0.243±0.021	3.170±0.250	5.330±0.580
80~100	未检出	35.330±1.530	4.370±0.310	74.670±3.510	0.116±0.002	0.123±0.015	3.570±0.310	6.000±1.000

十四、剖面 14：赤红壤亚类

1. 剖面位置

地籍号：441625014005000100300；

地理坐标：北纬 23.868665°，东经 115.207588°；

地区：广东省河源市东源县黄村镇正田村。

2. 剖面特征

东源县典型森林赤红壤剖面 14(图 3-16，左图)采自黄村镇正田村，海拔 216 m，丘陵地貌，南坡向，坡度为 48°，中坡坡位，无侵蚀，凋落物层厚度为 8 cm，腐殖质层厚度为 12 cm，植被类型为常绿阔叶林，优势树种为桉树(图 3-16，右图)。

图 3-16　东源县赤红壤剖面 14(左图)及植被(右图)

3. 主要性状

东源县典型赤红壤剖面 14 的土壤理化性质如表 3-31、3-32 所示。

土壤养分包括有机碳、全氮、全磷和全钾,表层土壤(0~20 cm)中,其含量分别为 20.270 g/kg、1.347 g/kg、0.336 g/kg 和 13.167 g/kg,依据土壤养分分级标准,分别属于 Ⅱ级、Ⅲ级、Ⅴ级和Ⅳ级。表层土壤 pH 值为 4.640,容重未知。其余各土壤层(20~40 cm、40~60 cm、60~80 cm、80~100 cm)的土壤养分含量、土壤 pH 值见表 3-31。

重金属元素包括镍、铅、铜、锌、汞、镉、砷和铬,表层土壤(0~20 cm)中,其含量分别为 9.670 mg/kg、31.330 mg/kg、27.930 mg/kg、41.670 mg/kg、0.081 mg/kg、0.103 mg/kg、6.370 mg/kg 和 37.670 mg/kg。所有重金属元素均低于农用地土壤污染风险筛选值。其余各土壤层(20~40 cm、40~60 cm、60~80 cm、80~100 cm)的重金属元素含量见表 3-32。

表 3-31　东源县赤红壤剖面 14 pH 值及养分含量统计表

深度 (cm)	pH (H$_2$O)	有机碳(SOC) (g/kg)	全氮(N) (g/kg)	全磷(P) (g/kg)	全钾(K) (g/kg)
0~20	4.640±0.230	20.270±1.750	1.347±0.042	0.336±0.010	13.167±0.351
20~40	4.660±0.120	11.700±0.560	0.945±0.016	0.341±0.021	11.567±0.503
40~60	4.700±0.160	7.660±0.470	0.734±0.016	0.363±0.016	11.833±0.513
60~80	4.780±0.250	5.000±0.200	0.790±0.012	0.361±0.022	10.933±0.416
80~100	4.750±0.270	3.930±0.020	0.533±0.018	0.375±0.014	14.600±0.400

表 3-32　东源县赤红壤剖面 14 重金属元素含量统计表

深度 (cm)	镍(Ni) (mg/kg)	铅(Pb) (mg/kg)	铜(Cu) (mg/kg)	锌(Zn) (mg/kg)	汞(Hg) (mg/kg)	镉(Cd) (mg/kg)	砷(As) (mg/kg)	铬(Cr) (mg/kg)
0~20	9.670±0.580	31.330±1.150	27.930±0.450	41.670±2.520	0.081±0.002	0.103±0.006	6.370±0.600	37.670±1.150
20~40	11.670±1.530	35.330±1.530	31.270±0.450	44.330±1.530	0.078±0.002	0.087±0.006	7.870±0.350	41.670±1.530
40~60	15.330±1.530	39.330±1.530	34.900±0.660	45.330±1.150	0.077±0.003	未检出	8.000±0.360	43.670±1.150
60~80	15.000±1.000	40.670±1.530	37.070±0.650	48.330±1.530	0.081±0.001	未检出	8.500±0.170	44.670±1.530
80~100	19.670±1.530	49.670±1.530	38.300±0.560	54.670±1.530	0.074±0.003	未检出	6.700±0.360	55.670±1.530

十五、剖面 15：红壤亚类

1. 剖面位置

地籍号：441625014016000300400；

地理坐标：北纬 23.789577°，东经 115.28197°；

地区：广东省河源市东源县黄村镇祝岗村。

2. 剖面特征

东源县典型森林土壤剖面 15（图 3-17，左图）土壤类型为红壤亚类、页红壤土属。该剖面采自黄村镇祝岗村，海拔 369 m，丘陵地貌，南坡向，坡度为 35°，中坡坡位，无侵蚀，凋落物层厚度为 8 cm，腐殖质层厚度为 6 cm，植被类型为针叶混交林，优势树种为杉木（图 3-17，右图）。

图 3-17　东源县红壤剖面 15（左图）及植被（右图）

3. 主要性状

东源县典型红壤剖面 15 的土壤理化性质如表 3-33、3-34 所示。

土壤养分包括有机碳、全氮、全磷和全钾,表层土壤(0~20 cm)中,其含量分别为 16.900 g/kg、1.317 g/kg、0.227 g/kg 和 21.567 g/kg,依据土壤养分分级标准,分别属于Ⅲ级、Ⅲ级、Ⅴ级和Ⅱ级。表层土壤 pH 值为 4.360,容重未知。其余各土壤层(20~40 cm、40~60 cm、60~80 cm、80~100 cm)的土壤养分含量、土壤 pH 值见表 3-33。

重金属元素包括镍、铅、铜、锌、汞、镉、砷和铬,表层土壤(0~20 cm)中,其含量分别为未检出、31.330 mg/kg、19.570 mg/kg、40.000 mg/kg、0.110 mg/kg、0.207 mg/kg、16.000 mg/kg 和 17.670 mg/kg。所有重金属元素均低于农用地土壤污染风险筛选值。其余各土壤层(20~40 cm、40~60 cm、60~80 cm、80~100 cm)的重金属元素含量见表 3-34。

表 3-33　东源县红壤剖面 15 pH 值及养分含量统计表

深度 (cm)	pH (H₂O)	有机碳(SOC) (g/kg)	全氮(N) (g/kg)	全磷(P) (g/kg)	全钾(K) (g/kg)
0~20	4.360±0.080	16.900±1.180	1.317±0.040	0.227±0.011	21.567±0.404
20~40	4.350±0.020	14.300±1.110	1.257±0.035	0.213±0.012	21.600±0.800
40~60	4.360±0.050	12.430±0.350	1.163±0.035	0.208±0.014	25.400±1.114
60~80	4.390±0.080	10.220±0.830	1.200±0.026	0.234±0.015	24.700±1.411
80~100	4.400±0.060	9.650±0.670	1.060±0.078	0.231±0.010	25.767±1.332

表 3-34　东源县红壤剖面 15 重金属元素含量统计表

深度 (cm)	铅(Pb) (mg/kg)	铜(Cu) (mg/kg)	锌(Zn) (mg/kg)	汞(Hg) (mg/kg)	镉(Cd) (mg/kg)	砷(As) (mg/kg)	铬(Cr) (mg/kg)
0~20	31.330±2.080	19.570±0.420	40.000±2.650	0.110±0.003	0.207±0.021	16.000±0.400	17.670±2.080
20~40	32.000±2.650	22.770±0.400	37.330±2.310	0.100±0.005	未检出	18.900±0.300	16.670±2.080
40~60	33.670±2.520	24.230±0.550	35.330±3.210	0.097±0.003	未检出	21.470±0.470	15.670±1.530
60~80	43.330±3.210	24.530±0.400	44.000±3.000	0.091±0.004	未检出	20.500±0.360	16.000±1.730
80~100	51.000±3.610	27.430±0.450	59.330±2.080	0.094±0.004	未检出	24.930±0.710	17.330±1.530

十六、剖面 16:红壤亚类

1. 剖面位置

地籍号:441625015002000601200;

地理坐标:北纬 23.747016°,东经 115.148613°;

地区:广东省河源市东源县康禾镇彰教村。

2. 剖面特征

东源县典型森林红壤剖面 16(图 3-18，左图)采自康禾镇彰教村，海拔 361 m，低山地貌，东北坡向，坡度为 30°，中坡坡位，无侵蚀，凋落物层厚度为 10 cm，腐殖质层厚度为 2 cm，植被类型为常绿落叶阔叶混交林，优势树种为荷木(图 3-18，右图)。

图 3-18　东源县红壤剖面 16(左图)及植被(右图)

3. 主要性状

东源县典型红壤剖面 16 的土壤理化性质如表 3-35、3-36 所示。

土壤养分包括有机碳、全氮、全磷和全钾，表层土壤(0~20 cm)中，其含量分别为 17.730 g/kg、1.153 g/kg、0.086 g/kg 和 20.900 g/kg，依据土壤养分分级标准，分别属于 Ⅱ级、Ⅲ级、Ⅵ级和Ⅱ级。表层土壤 pH 值为 4.880，容重未知。其余各土壤层(20~40 cm、40~60 cm、60~80 cm、80~100 cm)的土壤养分含量、土壤 pH 值见表 3-35。

重金属元素包括镍、铅、铜、锌、汞、镉、砷和铬，表层土壤(0~20 cm)中，其含量分别为 3.330 mg/kg、27.000 mg/kg、2.570 mg/kg、49.000 mg/kg、0.082 mg/kg、未检出、3.070 mg/kg 和 8.330 mg/kg。所有重金属元素均低于农用地土壤污染风险筛选值。其余各土壤层(20~40 cm、40~60 cm、60~80 cm、80~100 cm)的重金属元素含量见表 3-36。

表 3-35　东源县红壤剖面 16 pH 值及养分含量统计表

深度 (cm)	pH (H₂O)	有机碳(SOC) (g/kg)	全氮(N) (g/kg)	全磷(P) (g/kg)	全钾(K) (g/kg)
0~20	4.880±0.280	17.730±1.500	1.153±0.045	0.086±0.001	20.900±0.361
20~40	4.990±0.220	9.010±0.660	0.776±0.012	0.078±0.001	20.800±0.624
40~60	5.050±0.420	5.600±0.320	0.572±0.013	0.056±0.002	18.667±0.757
60~80	5.080±0.300	4.560±0.040	0.452±0.021	0.054±0.002	21.867±0.379
80~100	5.180±0.270	4.180±0.020	0.460±0.007	0.053±0.002	28.567±1.069

表 3-36　东源县红壤剖面 16 重金属元素含量统计表

深度 (cm)	镍(Ni) (mg/kg)	铅(Pb) (mg/kg)	铜(Cu) (mg/kg)	锌(Zn) (mg/kg)	汞(Hg) (mg/kg)	砷(As) (mg/kg)	铬(Cr) (mg/kg)
0~20	3.330±0.580	27.000±2.000	2.570±0.350	49.000±3.000	0.082±0.002	3.070±0.210	8.330±0.580
20~40	5.000±1.000	35.670±2.080	2.630±0.350	57.330±2.520	0.083±0.003	3.630±0.150	11.330±1.530
40~60	6.670±1.150	39.670±2.520	2.370±0.350	55.670±2.520	0.096±0.003	4.030±0.230	12.000±1.000
60~80	5.000±1.000	41.330±2.520	2.330±0.250	49.670±2.080	0.097±0.004	4.030±0.350	10.670±0.580
80~100	4.670±0.580	41.000±2.000	2.230±0.210	48.330±1.150	0.103±0.003	3.670±0.250	12.330±1.530

十七、剖面 17：红壤亚类

1. 剖面位置

地籍号：441625015003000801100；

地理坐标：北纬 23.698607°，东经 115.130892°；

地区：广东省河源市东源县康禾镇田心村。

2. 剖面特征

东源县典型森林土壤剖面 17(图 3-19，左图)土壤类型为红壤亚类、麻红壤土属。该剖面采自康禾镇田心村，海拔 478 m，中山地貌，西坡向，坡度为 40°，中坡坡位，无侵蚀，凋落物层厚度为 12 cm，腐殖质层厚度为 8 cm，植被类型为常绿落叶阔叶混交林，优势树种为荷木(图 3-19，右图)。

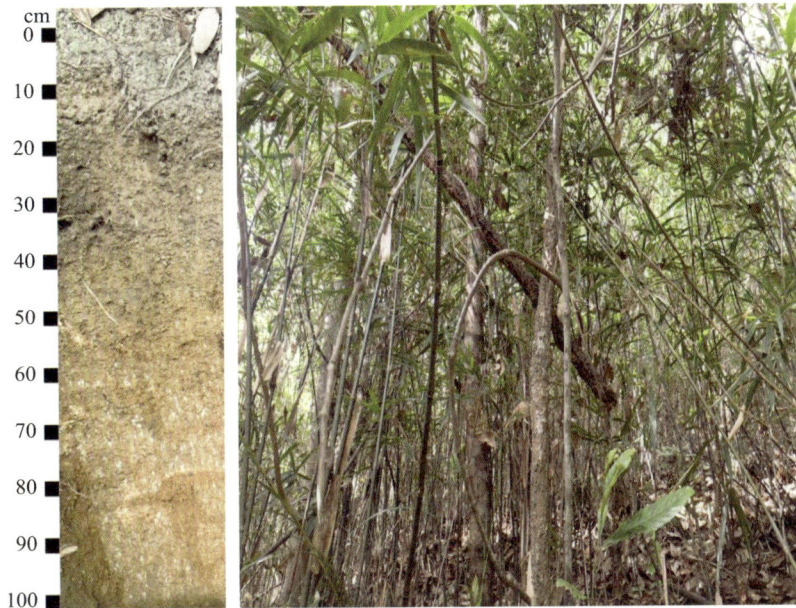

图 3-19 东源县红壤剖面 17(左图)及植被(右图)

3. 主要性状

东源县典型红壤剖面 17 的土壤理化性质如表 3-37、3-38 所示。

土壤养分包括有机碳、全氮、全磷和全钾,表层土壤(0~20 cm)中,其含量分别为 26.670 g/kg、1.460 g/kg、0.223 g/kg 和 48.300 g/kg,依据土壤养分分级标准,分别属于 I 级、III 级、V 级和 I 级。表层土壤 pH 值为 4.850,容重未知。其余各土壤层(20~40 cm、40~60 cm、60~80 cm、80~100 cm)的土壤养分含量、土壤 pH 值见表 3-37。

重金属元素包括镍、铅、铜、锌、汞、镉、砷和铬,表层土壤(0~20 cm)中,其含量分别为 4.330 mg/kg、83.670 mg/kg、60.270 mg/kg、54.670 mg/kg、0.118 mg/kg、未检出、136.000 mg/kg 和 7.330 mg/kg。其中,铅、铜、砷元素超过农用地土壤污染风险值,其他重金属元素均低于农用地土壤污染风险筛选值。其余各土壤层(20~40 cm、40~60 cm、60~80 cm、80~100 cm)的重金属元素含量见表 3-38。

表 3-37 东源县红壤剖面 17 pH 值及养分含量统计表

深度 (cm)	pH (H$_2$O)	有机碳(SOC) (g/kg)	全氮(N) (g/kg)	全磷(P) (g/kg)	全钾(K) (g/kg)
0~20	4.850±0.140	26.670±2.350	1.460±0.056	0.223±0.012	48.300±0.819
20~40	4.860±0.120	17.330±1.110	0.998±0.020	0.178±0.010	45.633±0.666
40~60	4.890±0.110	12.030±0.900	0.838±0.015	0.185±0.009	42.000±0.755
60~80	4.880±0.010	9.180±0.620	0.743±0.013	0.161±0.013	38.200±0.700
80~100	4.850±0.100	6.460±0.340	0.591±0.020	0.156±0.010	34.700±0.917

表 3-38　东源县红壤剖面 17 重金属元素含量统计表

深度 (cm)	镍(Ni) (mg/kg)	铅(Pb) (mg/kg)	铜(Cu) (mg/kg)	锌(Zn) (mg/kg)	汞(Hg) (mg/kg)	砷(As) (mg/kg)	铬(Cr) (mg/kg)
0~20	4.330±0.580	83.670±4.040	60.270±0.450	54.670±2.520	0.118±0.004	136.000±9.540	7.330±1.530
20~40	5.000±1.000	70.330±2.520	62.170±0.350	50.330±1.530	0.099±0.002	140.670±8.50	8.000±1.000
40~60	7.670±1.530	63.330±3.510	81.400±0.560	61.000±4.580	0.102±0.004	197.670±7.510	13.330±1.530
60~80	8.000±1.000	84.670±4.040	90.430±0.910	71.330±3.510	0.147±0.005	219.000±8.540	13.330±1.150
80~100	5.670±0.580	91.330±3.510	92.900±0.620	75.670±4.510	0.131±0.004	225.000±6.560	10.000±1.000

十八、剖面 18：赤红壤亚类

1. 剖面位置

地籍号：44162501500400030010；

地理坐标：北纬 23.751572°，东经 115.084292°；

地区：广东省河源市东源县康禾镇朱村角村。

2. 剖面特征

东源县典型森林土壤剖面 18(图 3-20，左图)土壤类型为赤红壤亚类、麻赤红壤土属。该剖面采自康禾镇朱村角村，海拔 234 m，中山地貌，东北坡向，坡度为 35°，中坡坡位，无侵蚀，凋落物层厚度为 4 cm，腐殖质层厚度为 1 cm，植被类型为常绿落叶阔叶混交林，优势树种为荷木(图 3-20，右图)。

图 3-20　东源县赤红壤剖面 18(左图)及植被(右图)

3. 主要性状

东源县典型赤红壤剖面 18 的土壤理化性质如表 3-39、3-40 所示。

土壤养分包括有机碳、全氮、全磷和全钾，表层土壤（0~20 cm）中，其含量分别为
23.400 g/kg、1.467 g/kg、0.116 g/kg 和 49.300 g/kg，依据土壤养分分级标准，分别属于Ⅰ
级、Ⅲ级、Ⅵ级和Ⅰ级。表层土壤 pH 值为 4.680，容重未知。其余各土壤层（20~40 cm、
40~60 cm、60~80 cm、80~100 cm）的土壤养分含量、土壤 pH 值见表 3-39。

重金属元素包括镍、铅、铜、锌、汞、镉、砷和铬，表层土壤（0~20 cm）中，其含量
分别为 6.000 mg/kg、45.330 mg/kg、9.730 mg/kg、61.000 mg/kg、0.146 mg/kg、未检
出、11.370 mg/kg 和 10.670 mg/kg。所有重金属元素均低于农用地土壤污染风险筛选值。
其余各土壤层（20~40 cm、40~60 cm、60~80 cm、80~100 cm）的重金属元素含量见
表 3-40。

表 3-39　东源县赤红壤剖面 18 pH 值及养分含量统计表

深度（cm）	pH（H₂O）	有机碳（SOC）（g/kg）	全氮（N）（g/kg）	全磷（P）（g/kg）	全钾（K）（g/kg）
0~20	4.680±0.180	23.400±2.050	1.467±0.045	0.116±0.011	49.300±0.794
20~40	4.760±0.140	11.130±0.510	0.828±0.017	0.088±0.002	48.800±0.624
40~60	4.760±0.170	9.940±0.690	0.773±0.018	0.096±0.002	40.167±0.603
60~80	4.700±0.190	8.140±0.510	0.772±0.027	0.092±0.002	36.167±0.862
80~100	4.740±0.270	6.650±0.330	0.631±0.014	0.097±0.003	36.533±0.603

表 3-40　东源县赤红壤剖面 18 重金属元素含量统计表

深度（cm）	镍（Ni）（mg/kg）	铅（Pb）（mg/kg）	铜（Cu）（mg/kg）	锌（Zn）（mg/kg）	汞（Hg）（mg/kg）	砷（As）（mg/kg）	铬（Cr）（mg/kg）
0~20	6.000±0.000	45.330±1.150	9.730±0.350	61.000±2.650	0.146±0.003	11.370±0.450	10.670±0.580
20~40	7.000±1.000	47.330±2.520	9.530±0.400	60.330±2.520	0.075±0.003	11.530±0.400	11.000±1.000
40~60	9.670±0.580	52.330±2.520	11.370±0.450	68.330±2.520	0.093±0.003	14.870±0.450	15.330±1.530
60~80	11.670±1.530	60.330±2.520	13.430±0.450	71.000±3.000	0.113±0.002	14.600±0.400	27.330±1.530
80~100	9.670±1.150	70.330±2.520	14.470±0.350	73.670±2.080	0.122±0.002	16.730±0.450	13.670±1.150

十九、剖面 19：红壤亚类

1. 剖面位置

地籍号：441625015008000701300；

地理坐标：北纬 23.803383°，东经 115.136195°；

地区：广东省河源市东源县康禾镇大禾村。

2. 剖面特征

东源县典型森林土壤剖面 19(图 3-21,左图)土壤类型为红壤亚类、麻红壤土属。该剖面采自康禾镇大禾村,海拔 722 m,中山地貌,北坡向,坡度为 40°,上坡坡位,无侵蚀,凋落物层厚度为 8 cm,腐殖质层厚度为 20 cm,植被类型为竹林,优势树种为杂竹(图 3-21,右图)。

图 3-21　东源县红壤剖面 19(左图)及植被(右图)

3. 主要性状

东源县典型红壤剖面 19 的土壤理化性质如表 3-41、3-42 所示。

土壤养分包括有机碳、全氮、全磷和全钾,表层土壤(0~20 cm)中,其含量分别为 37.870 g/kg、2.383 g/kg、0.152 g/kg 和 34.567 g/kg,依据土壤养分分级标准,分别属于 I 级、I 级、Ⅵ级和 I 级。表层土壤 pH 值为 4.730,容重未知。其余各土壤层(20~40 cm、40~60 cm、60~80 cm、80~100 cm)的土壤养分含量、土壤 pH 值见表 3-41。

重金属元素包括镍、铅、铜、锌、汞、镉、砷和铬,表层土壤(0~20 cm)中,其含量分别为 5.670 mg/kg、35.330 mg/kg、7.300 mg/kg、62.670 mg/kg、0.103 mg/kg、0.083 mg/kg、18.870 mg/kg 和 12.670 mg/kg。所有重金属元素均低于农用地土壤污染风险筛选值。其余各土壤层(20~40 cm、40~60 cm、60~80 cm、80~100 cm)的重金属元素含量见表 3-42。

表 3-41　东源县红壤剖面 19 pH 值及养分含量统计表

深度 (cm)	pH (H₂O)	有机碳(SOC) (g/kg)	全氮(N) (g/kg)	全磷(P) (g/kg)	全钾(K) (g/kg)
0~20	4.730±0.140	37.870±3.300	2.383±0.137	0.152±0.010	34.567±0.493
20~40	4.790±0.100	17.670±1.160	1.127±0.059	0.113±0.013	38.600±1.114
40~60	4.820±0.060	10.310±0.740	0.882±0.008	0.103±0.008	39.800±0.656
60~80	4.760±0.150	7.430±0.470	0.613±0.009	0.076±0.004	50.533±0.666
80~100	4.800±0.110	7.470±0.380	0.557±0.018	0.083±0.002	48.333±0.802

表 3-42　东源县红壤剖面 19 重金属元素含量统计表

深度 (cm)	镍(Ni) (mg/kg)	铅(Pb) (mg/kg)	铜(Cu) (mg/kg)	锌(Zn) (mg/kg)	汞(Hg) (mg/kg)	镉(Cd) (mg/kg)	砷(As) (mg/kg)	铬(Cr) (mg/kg)
0~20	5.670±1.150	35.330±1.530	7.300±0.300	62.670±4.160	0.103±0.001	0.083±0.006	18.870±0.420	12.670±1.150
20~40	7.000±1.000	51.670±2.080	9.730±0.550	62.330±2.520	0.111±0.005	0.153±0.012	24.530±0.350	14.330±1.530
40~60	7.000±0.000	69.330±1.530	10.770±0.400	67.670±1.530	0.129±0.005	未检出	29.800±0.560	13.670±1.530
60~80	7.670±1.150	82.000±2.000	17.000±0.700	70.670±2.520	0.105±0.003	0.103±0.006	28.370±0.450	13.670±1.150
80~100	6.670±0.580	51.000±30.410	20.400±0.360	80.000±2.000	0.097±0.003	未检出	32.670±0.600	14.000±2.000

二十、剖面 20：红壤亚类

1. 剖面位置

地籍号：441625016004000301500；

地理坐标：北纬 23.810828°，东经 115.02443°；

地区：广东省河源市东源县黄田镇白溪村。

2. 剖面特征

东源县典型森林土壤剖面 20(图 3-22，左图)土壤类型为红壤亚类、麻红壤土属。该剖面采自黄田镇白溪村，海拔 311.1 m，低山地貌，东坡向，坡度为 36°，下坡坡位，无侵蚀，凋落物层厚度为 10 cm，腐殖质层厚度为 5 cm，植被类型为常绿阔叶林，优势树种为桉树(图 3-22，右图)。

图 3-22　东源县红壤剖面 20(左图)及植被(右图)

3. 主要性状

东源县典型红壤剖面 20 的土壤理化性质如表 3-43、3-44 所示。

土壤养分包括有机碳、全氮、全磷和全钾,表层土壤(0~20 cm)中,其含量分别为 18.770 g/kg、1.143 g/kg、0.101 g/kg 和 3.187 g/kg,依据土壤养分分级标准,分别属于Ⅱ级、Ⅲ级、Ⅵ级和Ⅵ级。表层土壤 pH 值为 4.450,容重未知。其余各土壤层(20~40 cm、40~60 cm、60~80 cm、80~100 cm)的土壤养分含量、土壤 pH 值见表 3-43。

重金属元素包括镍、铅、铜、锌、汞、镉、砷和铬,表层土壤(0~20 cm)中,其含量分别为 3.330 mg/kg、21.330 mg/kg、4.900 mg/kg、34.000 mg/kg、0.106 mg/kg、未检出、7.300 mg/kg 和 20.000 mg/kg。所有重金属元素均低于农用地土壤污染风险筛选值。其余各土壤层(20~40 cm、40~60 cm、60~80 cm、80~100 cm)的重金属元素含量见表 3-44。

表 3-43　东源县红壤剖面 20 pH 值及养分含量统计表

深度 (cm)	pH (H$_2$O)	有机碳(SOC) (g/kg)	全氮(N) (g/kg)	全磷(P) (g/kg)	全钾(K) (g/kg)
0~20	4.450±0.060	18.770±1.290	1.143±0.067	0.101±0.006	3.187±0.101
20~40	4.490±0.100	8.470±0.820	0.750±0.017	0.087±0.001	5.453±0.172
40~60	4.420±0.040	4.760±0.370	0.443±0.016	0.073±0.001	3.693±0.150
60~80	4.470±0.060	4.160±0.520	0.369±0.017	0.078±0.001	2.633±0.114
80~100	4.470±0.060	3.500±0.540	0.359±0.016	0.064±0.001	3.717±0.145

表 3-44　东源县红壤剖面 20 重金属元素含量统计表

深度 （cm）	镍（Ni） （mg/kg）	铅（Pb） （mg/kg）	铜（Cu） （mg/kg）	锌（Zn） （mg/kg）	汞（Hg） （mg/kg）	砷（As） （mg/kg）	铬（Cr） （mg/kg）
0~20	3.330±0.580	21.330±1.530	4.900±0.360	34.000±2.650	0.106±0.004	7.300±0.260	20.000±1.730
20~40	4.330±0.580	19.000±2.650	5.770±0.420	32.330±2.080	0.100±0.004	9.330±0.250	23.000±2.650
40~60	4.330±1.150	24.330±1.530	6.170±0.450	46.000±3.610	0.094±0.006	8.470±0.250	21.670±1.150
60~80	4.670±1.150	29.670±3.060	8.230±0.150	48.000±2.650	0.099±0.006	8.930±0.210	20.330±1.530
80~100	4.670±1.150	31.670±3.060	8.400±0.260	42.000±2.650	0.120±0.005	8.770±0.250	22.330±2.080

二十一、剖面 21：红壤亚类

1. 剖面位置

地籍号：4416250160100000601101；

地理坐标：北纬 23.919921°，东经 114.917927°；

地区：广东省河源市东源县黄田镇坑口村。

2. 剖面特征

东源县典型森林红壤剖面 21（图 3-23，左图）采自黄田镇坑口村，海拔 378 m，丘陵地貌，北坡向，坡度为 35°，中坡坡位，无侵蚀，凋落物层厚度为 15 cm，腐殖质层厚度为 3 cm，植被类型为针阔混交林，优势树种为苦竹（图 3-23，右图）。

图 3-23　东源县红壤剖面 21（左图）及植被（右图）

3. 主要性状

东源县典型红壤剖面 21 的土壤理化性质如表 3-45、3-46 所示。

土壤养分包括有机碳、全氮、全磷和全钾，表层土壤(0~20 cm)中，其含量分别为 23.570 g/kg、1.453 g/kg、0.147 g/kg 和 22.433 g/kg，依据土壤养分分级标准，分别属于Ⅰ级、Ⅲ级、Ⅵ级和Ⅱ级。表层土壤 pH 值为 4.530，容重未知。其余各土壤层(20~40 cm、40~60 cm、60~80 cm、80~100 cm)的土壤养分含量、土壤 pH 值见表 3-45。

重金属元素包括镍、铅、铜、锌、汞、镉、砷和铬，表层土壤(0~20 cm)中，其含量分别为 4.000 mg/kg、35.670 mg/kg、2.900 mg/kg、36.000 mg/kg、0.135 mg/kg、未检出、4.830 mg/kg 和 17.670 mg/kg。所有重金属元素均低于农用地土壤污染风险筛选值。其余各土壤层(20~40 cm、40~60 cm、60~80 cm、80~100 cm)的重金属元素含量见表 3-46。

表 3-45　东源县红壤剖面 21 pH 值及养分含量统计表

深度 (cm)	pH (H$_2$O)	有机碳(SOC) (g/kg)	全氮(N) (g/kg)	全磷(P) (g/kg)	全钾(K) (g/kg)
0~20	4.530±0.030	23.570±0.650	1.453±0.025	0.147±0.006	22.433±1.779
20~40	4.680±0.040	12.470±0.350	0.834±0.016	0.120±0.004	24.533±2.060
40~60	4.800±0.050	9.350±0.260	0.820±0.019	0.117±0.004	20.467±1.305
60~80	4.970±0.040	5.320±0.140	0.709±0.018	0.113±0.004	19.367±1.518
80~100	4.950±0.050	6.120±0.180	0.592±0.017	0.110±0.003	18.967±2.901

表 3-46　东源县红壤剖面 21 重金属元素含量统计表

深度 (cm)	镍(Ni) (mg/kg)	铅(Pb) (mg/kg)	铜(Cu) (mg/kg)	锌(Zn) (mg/kg)	汞(Hg) (mg/kg)	砷(As) (mg/kg)	铬(Cr) (mg/kg)
0~20	4.000±0.000	35.670±1.530	2.900±0.000	36.000±2.650	0.135±0.009	4.830±0.400	17.670±0.580
20~40	6.670±0.580	35.000±1.730	2.330±0.150	39.330±3.510	0.126±0.009	4.570±0.320	21.330±1.530
40~60	7.000±0.000	39.670±3.060	3.070±0.150	39.670±2.520	0.109±0.005	4.570±0.210	22.670±0.580
60~80	7.330±0.580	50.000±3.610	3.270±0.310	44.330±3.510	0.124±0.006	5.370±0.420	24.670±2.080
80~100	8.000±1.000	45.670±3.510	4.330±0.120	49.330±7.510	0.114±0.018	5.430±0.320	26.670±0.580

二十二、剖面 22：赤红壤亚类

1. 剖面位置

地籍号：441625016018000200200；

地理坐标：北纬 23.761073°，东经 114.917958°；

地区：广东省河源市东源县黄田镇黄坑村。

2. 剖面特征

东源县典型森林土壤剖面22(图3-24,左图)土壤类型为赤红壤亚类、麻赤红壤土属。该剖面采自黄田镇黄坑村,海拔217.8 m,低山地貌,西北坡向,坡度为38°,中坡坡位,无侵蚀,凋落物层厚度为12 cm,腐殖质层厚度为5 cm,植被类型为常绿落叶阔叶混交林,优势树种为荷木(图3-24,右图)。

图3-24 东源县赤红壤剖面22(左图)及植被(右图)

3. 主要性状

东源县典型赤红壤剖面22的土壤理化性质如表3-47、3-48所示。

土壤养分包括有机碳、全氮、全磷和全钾,表层土壤(0~20 cm)中,其含量分别为16.630 g/kg、1.110 g/kg、0.102 g/kg和39.933 g/kg,依据土壤养分分级标准,分别属于Ⅲ级、Ⅲ级、Ⅵ级和Ⅰ级。表层土壤pH值为4.740,容重未知。其余各土壤层(20~40 cm、40~60 cm、60~80 cm、80~100 cm)的土壤养分含量、土壤pH值见表3-47。

重金属元素包括镍、铅、铜、锌、汞、镉、砷和铬,表层土壤(0~20 cm)中,其含量分别为7.330 mg/kg、30.670 mg/kg、3.030 mg/kg、55.670 mg/kg、0.096 mg/kg、未检出、11.330 mg/kg和12.330 mg/kg。所有重金属元素均低于农用地土壤污染风险筛选值。其余各土壤层(20~40 cm、40~60 cm、60~80 cm、80~100 cm)的重金属元素含量见表3-48。

表 3-47　东源县赤红壤剖面 22 pH 值及养分含量统计表

深度 (cm)	pH (H₂O)	有机碳(SOC) (g/kg)	全氮(N) (g/kg)	全磷(P) (g/kg)	全钾(K) (g/kg)
0~20	4.740±0.120	16.630±1.230	1.110±0.095	0.102±0.009	39.933±0.751
20~40	4.730±0.090	12.770±1.060	1.012±0.027	0.096±0.002	38.267±0.751
40~60	4.800±0.090	10.930±0.350	0.937±0.022	0.091±0.001	32.733±0.702
60~80	4.810±0.100	10.240±0.800	0.909±0.016	0.088±0.001	33.133±0.611
80~100	4.810±0.070	9.530±0.770	0.853±0.018	0.088±0.001	32.900±0.500

表 3-48　东源县赤红壤剖面 22 重金属元素含量统计表

深度 (cm)	镍(Ni) (mg/kg)	铅(Pb) (mg/kg)	铜(Cu) (mg/kg)	锌(Zn) (mg/kg)	汞(Hg) (mg/kg)	砷(As) (mg/kg)	铬(Cr) (mg/kg)
0~20	7.330±0.580	30.670±1.530	3.030±0.150	55.670±2.080	0.096±0.003	11.330±0.250	12.330±1.530
20~40	10.000±1.000	32.670±2.520	2.770±0.120	54.330±1.530	0.101±0.003	11.730±0.210	13.670±1.530
40~60	12.670±0.580	34.670±1.530	3.630±0.150	55.330±2.520	0.100±0.002	12.330±0.250	19.330±1.530
60~80	12.330±0.580	36.330±2.080	4.230±0.210	69.330±2.080	0.094±0.002	12.530±0.400	19.330±1.530
80~100	15.000±1.000	35.330±2.080	2.830±0.310	59.330±2.080	0.096±0.002	12.200±0.400	22.670±0.580

二十三、剖面 23：赤红壤亚类

1. 剖面位置

地籍号：441625016018000200400；

地理坐标：北纬 23.753127°，东经 114.913163°；

地区：广东省河源市东源县黄田镇黄坑村。

2. 剖面特征

东源县典型森林赤红壤剖面 23(图 3-25，左图)采自黄田镇黄坑村，海拔 259 m，低山地貌，东坡向，坡度为 38°，中坡坡位，无侵蚀，凋落物层厚度为 10 cm，腐殖质层厚度为 5 cm，植被类型为常绿落叶阔叶混交林，优势树种为红锥(图 3-25，右图)。

图 3-25　东源县赤红壤剖面 23(左图)及植被(右图)

3. 主要性状

东源县典型赤红壤剖面 23 的土壤理化性质如表 3-49、3-50 所示。

土壤养分包括有机碳、全氮、全磷和全钾，表层土壤(0~20 cm)中，其含量分别为 13.030 g/kg、0.829 g/kg、0.153 g/kg 和 26.900 g/kg，依据土壤养分分级标准，分别属于Ⅲ级、Ⅳ级、Ⅵ级和Ⅰ级。表层土壤 pH 值为 5.040，容重未知。其余各土壤层(20~40 cm、40~60 cm、60~80 cm、80~100 cm)的土壤养分含量、土壤 pH 值见表 3-49。

重金属元素包括镍、铅、铜、锌、汞、镉、砷和铬，表层土壤(0~20 cm)中，其含量分别 5.330 mg/kg、61.330 mg/kg、3.030 mg/kg、55.000 mg/kg、0.062 mg/kg、0.083 mg/kg、9.400 mg/kg 和 10.330 mg/kg。所有重金属元素均低于农用地土壤污染风险筛选值。其余各土壤层(20~40 cm、40~60 cm、60~80 cm、80~100 cm)的重金属元素含量见表 3-50。

表 3-49　东源县赤红壤剖面 23 pH 值及养分含量统计表

深度 (cm)	pH (H_2O)	有机碳(SOC) (g/kg)	全氮(N) (g/kg)	全磷(P) (g/kg)	全钾(K) (g/kg)
0~20	5.040±0.200	13.030±0.490	0.829±0.012	0.153±0.014	26.900±0.600
20~40	5.080±0.180	6.800±0.720	0.546±0.014	0.141±0.012	26.467±0.702
40~60	5.080±0.200	6.760±0.350	0.532±0.023	0.115±0.009	25.033±0.551
60~80	5.150±0.040	6.880±0.460	0.518±0.018	0.110±0.010	24.133±0.551
80~100	5.160±0.030	5.750±0.180	0.491±0.015	0.116±0.010	24.867±0.503

表 3-50　东源县赤红壤剖面 23 重金属元素含量统计表

深度 (cm)	镍(Ni) (mg/kg)	铅(Pb) (mg/kg)	铜(Cu) (mg/kg)	锌(Zn) (mg/kg)	汞(Hg) (mg/kg)	镉(Cd) (mg/kg)	砷(As) (mg/kg)	铬(Cr) (mg/kg)
0~20	5.330±0.580	61.330±1.530	3.030±0.150	55.000±2.000	0.062±0.002	0.083±0.006	9.400±0.170	10.330±0.580
20~40	4.330±0.580	49.670±1.530	2.430±0.210	51.670±2.080	0.051±0.003	未检出	9.730±0.250	10.670±1.150
40~60	4.670±0.580	59.000±3.000	2.930±0.150	59.670±2.080	0.073±0.002	未检出	9.730±0.250	11.670±1.150
60~80	6.000±1.000	58.670±1.530	2.230±0.150	54.330±2.080	0.087±0.002	未检出	10.030±0.350	13.670±0.580
80~100	8.670±1.150	64.330±2.520	2.830±0.150	62.330±2.520	0.107±0.003	未检出	10.130±0.350	15.330±1.530

第三节　和平县森林土壤剖面

和平县森林土壤养分指标(包括有机碳、全氮、全磷和全钾)含量平均值分别为 9.257 g/kg、0.760 g/kg、0.278 g/kg 和 21.536 g/kg。和平县森林土壤 PH 值平均值为 4.630。和平县森林土壤重金属元素(包括镍、铅、铜、锌、汞、镉、砷和铬)平均含量分别为 5.951 mg/kg、30.921 mg/kg、13.722 mg/kg、39.039 mg/kg、0.073 mg/kg、0.018 mg/kg、24.413 mg/kg 和 23.398 mg/kg。

一、剖面 1：红壤亚类

1. 剖面位置

地籍号：441624001007000400200；

地理坐标：北纬 24.630417°，东经 114.983641°；

地区：广东省河源市和平县上陵镇下陵村。

2. 剖面特征

和平县典型森林红壤剖面 1(图 3-26，左图)采自上陵镇下陵村，海拔 367 m，丘陵地貌，西南坡向，坡度为 28°，上坡坡位，无侵蚀，凋落物层厚度为 8 cm，腐殖质层厚度为 12 cm，植被类型为暖性针阔混交林，优势树种为杉木、马尾松、木荷(图 3-26，右图)。

图 3-26　和平县红壤剖面 1(左图)及植被(右图)

3. 主要性状

和平县典型红壤剖面 1 的土壤理化性质如表 3-51、3-52 所示。

土壤养分包括有机碳、全氮、全磷和全钾,表层土壤(0~20 cm)中,其含量分别为 17.600 g/kg、1.120 g/kg、0.208 g/kg 和 15.500 g/kg,依据土壤养分分级标准,分别属于 Ⅱ级、Ⅲ级、Ⅴ级和Ⅲ级。表层土壤 pH 值为 4.430,容重为 1.55g/cm³。其余各土壤层(20~40 cm、40~60 cm、60~80 cm、80~100 cm)的土壤养分含量、土壤 pH 值和容重值见表 3-51。

重金属元素包括镍、铅、铜、锌、汞、镉、砷和铬,表层土壤(0~20 cm)中,其含量分别为 11.980 mg/kg、14.20 mg/kg、17.030 mg/kg、22.000 mg/kg、0.054 mg/kg、未检出、20.630 mg/kg 和 56.330 mg/kg。所有重金属元素均低于农用地土壤污染风险筛选值。其余各土壤层(20~40 cm、40~60 cm、60~80 cm、80~100 cm)的重金属元素含量见表 3-52。

表 3-51　和平县红壤剖面 1 pH 值及养分含量统计表

深度 (cm)	pH (H₂O)	有机碳(SOC) (g/kg)	全氮(N) (g/kg)	全磷(P) (g/kg)	全钾(K) (g/kg)	容重 (g/cm³)
0~20	4.430±0.040	17.600±0.500	1.120±0.020	0.208±0.009	15.500±0.964	1.550±0.240
20~40	4.620±0.040	5.440±0.140	0.708±0.014	0.175±0.007	17.733±1.222	1.060±0.440
40~60	4.700±0.030	2.660±0.070	0.556±0.013	0.181±0.007	17.633±0.850	1.440±0.310
60~80	4.790±0.040	3.010±0.080	0.545±0.014	0.180±0.008	19.167±1.002	1.190±0.120
80~100	4.880±0.040	1.980±0.060	0.529±0.015	0.181±0.006	19.033±3.002	1.060±0.200

表 3-52　和平县红壤剖面 1 重金属元素含量统计表

深度 (cm)	镍(Ni) (mg/kg)	铅(Pb) (mg/kg)	铜(Cu) (mg/kg)	锌(Zn) (mg/kg)	汞(Hg) (mg/kg)	砷(As) (mg/kg)	铬(Cr) (mg/kg)
0~20	11.980±0.040	14.20±0.350	17.030±1.340	22.000±2.000	0.054±0.002	20.630±1.580	56.330±3.210
20~40	16.670±1.150	13.80±1.060	19.950±1.660	20.640±1.520	0.063±0.003	23.360±1.000	68.970±4.640
40~60	18.750±0.660	12.590±0.520	21.230±1.350	22.000±1.000	0.060±0.005	24.760±1.140	75.670±3.510
60~80	20.330±1.530	13.670±1.150	23.510±1.870	25.310±2.070	0.064±0.005	25.800±1.900	78.360±4.140
80~100	20.670±0.580	14.760±0.420	25.850±4.000	24.330±1.530	0.067±0.006	24.630±2.600	77.720±12.010

二、剖面 2：红壤亚类

1. 剖面位置

地籍号：441624001011000100600；

地理坐标：北纬 24.615957°，东经 114.932255°；

地区：广东省河源市和平县上陵镇中洞村。

2. 剖面特征

和平县典型森林红壤剖面 2(图 3-27，左图)采自上陵镇中洞村，海拔 506 m，低山地貌，西南坡向，坡度为 35°，上坡坡位，无侵蚀，凋落物层厚度为 4 cm，腐殖质层厚度为 10 cm，植被类型为竹林，优势树种为毛竹(图 3-27，右图)。

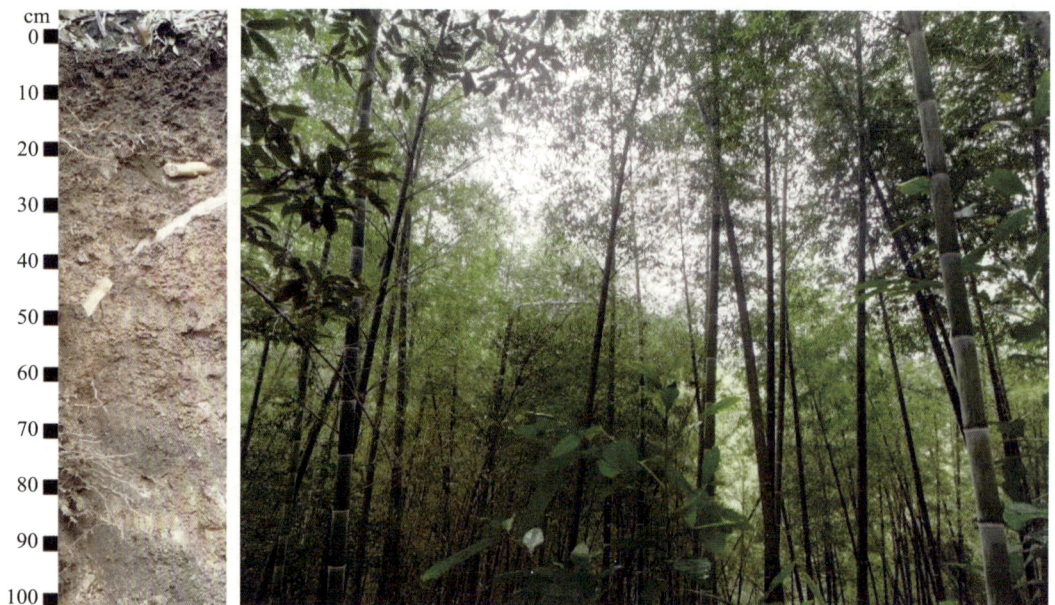

图 3-27　和平县红壤剖面 2(左图)及植被(右图)

3. 主要性状

和平县典型红壤剖面 2 的土壤理化性质如表 3-53、3-54 所示。

　　土壤养分包括有机碳、全氮、全磷和全钾，表层土壤（0～20 cm）中，其含量分别为37. 530 g/kg、2. 053 g/kg、0. 361 g/kg和31. 792 g/kg，依据土壤养分分级标准，分别属于Ⅰ级、Ⅰ级、Ⅴ级和Ⅰ级。表层土壤pH值为4. 370，容重为1. 39g/cm³。其余各土壤层（20～40 cm、40～60 cm、60～80 cm、80～100 cm）的土壤养分含量、土壤pH值和容重值见表3-53。

　　重金属元素包括镍、铅、铜、锌、汞、镉、砷和铬，表层土壤（0～20 cm）中，其含量分别为未检出、37. 930 mg/kg、1. 530 mg/kg、23. 970 mg/kg、0. 117 mg/kg、未检出、4. 670 mg/kg和8. 330 mg/kg。所有重金属元素均低于农用地土壤污染风险筛选值。其余各土壤层（20～40 cm、40～60 cm、60～80 cm、80～100 cm）的重金属元素含量见表3-54。

表 3-53　和平县红壤剖面 2 pH 值及养分含量统计表

深度（cm）	pH（H₂O）	有机碳（SOC）（g/kg）	全氮（N）（g/kg）	全磷（P）（g/kg）	全钾（K）（g/kg）	容重（g/cm³）
0～20	4. 370±0. 040	37. 530±1. 000	2. 053±0. 035	0. 361±0. 016	31. 792±0. 301	1. 390±0. 180
20～40	4. 550±0. 040	17. 600±0. 500	1. 220±0. 020	0. 314±0. 012	33. 766±0. 196	1. 320±0. 420
40～60	4. 530±0. 030	13. 300±0. 400	1. 067±0. 025	0. 280±0. 010	30. 388±0. 321	1. 060±0. 320
60～80	4. 600±0. 040	7. 150±0. 190	0. 645±0. 016	0. 305±0. 013	34. 746±0. 294	1. 370±0. 500
80～100	4. 720±0. 040	5. 7400±0. 170	0. 545±0. 015	0. 307±0. 011	34. 756±0. 251	1. 120±0. 550

表 3-54　和平县红壤剖面 2 重金属元素含量统计表

深度（cm）	镍（Ni）（mg/kg）	铅（Pb）（mg/kg）	铜（Cu）（mg/kg）	锌（Zn）（mg/kg）	汞（Hg）（mg/kg）	砷（As）（mg/kg）	铬（Cr）（mg/kg）
0～20	未检出	37. 930±0. 90	1. 530±0. 110	23. 970±2. 000	0. 117±0. 004	4. 670±0. 350	8. 330±0. 580
20～40	3. 000±0. 000	35. 250±2. 540	2. 470±0. 210	20. 810±1. 590	0. 112±0. 002	5. 350±0. 250	9. 700±0. 510
40～60	3. 320±0. 590	34. 940±0. 910	1. 800±0. 110	22. 630±1. 100	0. 111±0. 002	5. 860±0. 270	10. 640±0. 550
60～80	3. 360±0. 560	40. 230±3. 530	2. 040±0. 150	25. 210±2. 030	0. 114±0. 002	5. 950±0. 410	11. 310±0. 600
80～100	3. 010±0. 010	41. 330±1. 150	1. 980±0. 300	25. 310±1. 490	0. 085±0. 003	6. 060±0. 650	11. 000±2. 000

三、剖面 3：红壤亚类

1. 剖面位置

地籍号：441624001013000400201；

地理坐标：北纬24. 599816°，东经114. 986647°；

地区：广东省河源市和平县上陵镇上陵村。

2. 剖面特征

和平县典型森林土壤剖面3（图3-28，左图）土壤类型为红壤亚类、页红壤土属。该剖面采自上陵镇上陵村，海拔364 m，丘陵地貌，东北坡向，坡度为28°，上坡坡位，无侵蚀，凋落物层厚度为3 cm，腐殖质层厚度为1 cm，植被类型为针叶混交林，优势树种为马尾松、杉木(图 3-28,右图)。

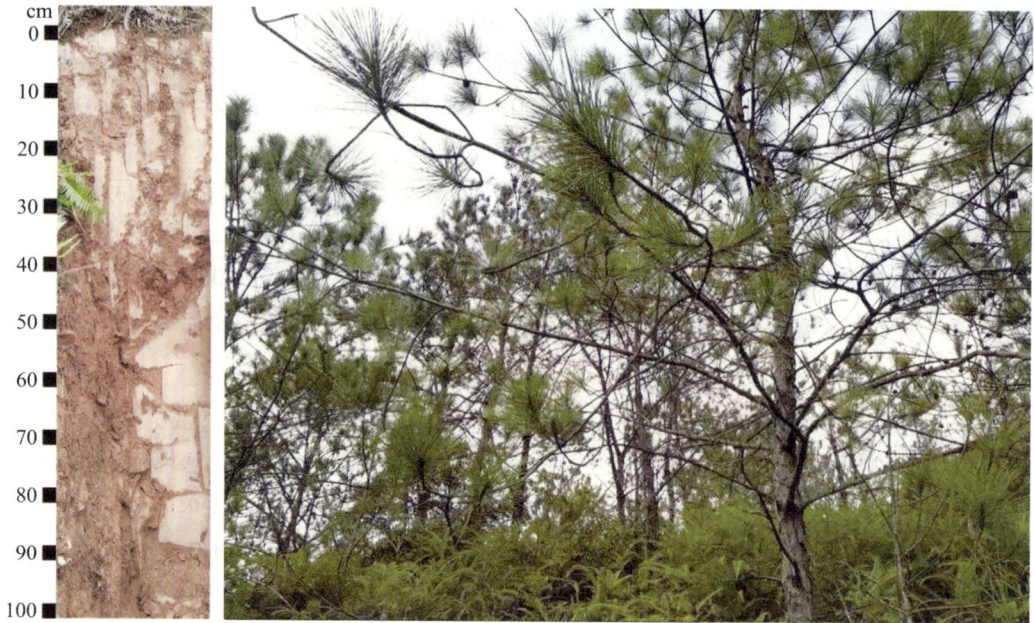

图 3-28　和平县红壤剖面 3(左图)及植被(右图)

3. 主要性状

和平县典型红壤剖面 3 的土壤理化性质如表 3-55、3-56 所示。

土壤养分包括有机碳、全氮、全磷和全钾,表层土壤(0~20 cm)中,其含量分别为 3.720 g/kg、0.611 g/kg、0.176 g/kg 和 36.999 g/kg,依据土壤养分分级标准,分别属于 V 级、V 级、Ⅵ 级和 Ⅰ 级。表层土壤 pH 值为 4.650,容重为 1.47g/cm³。其余各土壤层 (20~40 cm、40~60 cm、60~80 cm、80~100 cm)的土壤养分含量、土壤 pH 值和容重值见表 3-55。

重金属元素包括镍、铅、铜、锌、汞、镉、砷和铬,表层土壤(0~20 cm)中,其含量分别为 6.150 mg/kg、53.780 mg/kg、5.550 mg/kg、56.330 mg/kg、0.052 mg/kg、0.086 mg/kg、4.430 mg/kg 和 13.620 mg/kg。所有重金属元素均低于农用地土壤污染风险筛选值。其余各土壤层(20~40 cm、40~60 cm、60~80 cm、80~100 cm)的重金属元素含量见表 3-56。

表 3-55　和平县红壤剖面 3 pH 值及养分含量统计表

深度 (cm)	pH (H₂O)	有机碳(SOC) (g/kg)	全氮(N) (g/kg)	全磷(P) (g/kg)	全钾(K) (g/kg)	容重 (g/cm³)
0~20	4.650±0.040	3.720±0.100	0.611±0.011	0.176±0.008	36.999±0.314	1.470±0.240
20~40	4.710±0.040	2.130±0.060	0.315±0.006	0.162±0.006	41.595±0.341	1.360±0.310
40~60	4.710±0.030	1.310±0.040	0.305±0.007	0.162±0.006	40.477±0.156	1.050±0.640
60~80	4.810±0.040	0.160±0.000	0.316±0.008	0.160±0.007	41.214±0.269	1.620±0.100
80~100	4.890±0.040	0.460±0.010	0.225±0.006	0.177±0.006	42.185±0.165	0.940±0.280

表 3-56　和平县红壤剖面 3 重金属元素含量统计表

深度 (cm)	镍(Ni) (mg/kg)	铅(Pb) (mg/kg)	铜(Cu) (mg/kg)	锌(Zn) (mg/kg)	汞(Hg) (mg/kg)	镉(Cd) (mg/kg)	砷(As) (mg/kg)	铬(Cr) (mg/kg)
0~20	6.150±0.260	53.780±4.530	5.550±0.130	56.330±3.210	0.052±0.003	0.086±0.005	4.430±0.060	13.620±1.520
20~40	10.330±0.580	56.700±4.180	5.640±0.420	66.070±4.460	0.040±0.002	未检出	3.120±0.260	13.670±0.580
40~60	9.000±1.000	54.820±2.340	5.310±0.120	60.980±3.000	0.036±0.001	0.097±0.006	2.470±0.150	13.280±0.490
60~80	9.650±0.610	54.120±4.630	5.110±0.450	65.330±3.210	0.030±0.003	0.130±0.010	2.730±0.250	14.130±1.030
80~100	8.890±0.840	47.690±3.100	4.500±0.100	55.350±8.50	0.031±0.001	未检出	2.710±0.090	11.670±1.530

四、剖面 4：红壤亚类

1. 剖面位置

地籍号：441624002003000400201；

地理坐标：北纬 24.670467°，东经 115.14513°；

地区：广东省河源市和平县下车镇石含村。

2. 剖面特征

和平县典型森林红壤剖面 4(图 3-29，左图)采自下车镇石含村，海拔 354 m，丘陵地貌，西北坡向，坡度为 31°，上坡坡位，无侵蚀，凋落物层厚度为 5 cm，腐殖质层厚度为 5 cm，植被类型为暖性针阔混交林，优势树种为湿地松(图 3-29，右图)。

图 3-29　和平县红壤剖面 4(左图)及植被(右图)

3. 主要性状

和平县典型红壤剖面 4 的土壤理化性质如表 3-57、3-58 所示。

土壤养分包括有机碳、全氮、全磷和全钾,表层土壤(0~20 cm)中,其含量分别为 2.320 g/kg、0.217 g/kg、0.183 g/kg 和 4.160 g/kg,依据土壤养分分级标准,分别属于Ⅵ级、Ⅵ级、Ⅵ级和Ⅵ级。表层土壤 pH 值为 5.080,容重为 1.09g/cm³。其余各土壤层(20~40 cm、40~60 cm、60~80 cm、80~100 cm)的土壤养分含量、土壤 pH 值和容重值见表 3-57。

重金属元素包括镍、铅、铜、锌、汞、镉、砷和铬,表层土壤(0~20 cm)中,其含量分别为 3.330 mg/kg、37.070 mg/kg、4.000 mg/kg、43.150 mg/kg、0.090 mg/kg、未检出、5.430 mg/kg 和 17.730 mg/kg。所有重金属元素均低于农用地土壤污染风险筛选值。其余各土壤层(20~40 cm、40~60 cm、60~80 cm、80~100 cm)的重金属元素含量见表 3-58。

表 3-57　和平县红壤剖面 4 pH 值及养分含量统计表

深度 (cm)	pH (H₂O)	有机碳(SOC) (g/kg)	全氮(N) (g/kg)	全磷(P) (g/kg)	全钾(K) (g/kg)	容重 (g/cm³)
0~20	5.080±0.040	2.320±0.070	0.217±0.004	0.183±0.008	4.160±0.040	1.090±0.230
20~40	4.910±0.040	3.310±0.090	0.273±0.005	0.191±0.008	3.220±0.226	0.990±0.110
40~60	4.930±0.030	3.210±0.100	0.251±0.006	0.195±0.007	2.850±0.142	1.270±0.560
60~80	4.740±0.040	3.620±0.100	0.275±0.007	0.204±0.009	3.887±0.368	1.190±0.460
80~100	4.550±0.040	12.430±0.250	0.719±0.020	0.204±0.007	4.903±0.127	1.220±0.390

表 3-58　和平县红壤剖面 4 重金属元素含量统计表

深度 (cm)	镍(Ni) (mg/kg)	铅(Pb) (mg/kg)	铜(Cu) (mg/kg)	锌(Zn) (mg/kg)	汞(Hg) (mg/kg)	镉(Cd) (mg/kg)	砷(As) (mg/kg)	铬(Cr) (mg/kg)
0~20	3.330±0.580	37.070±1.100	4.000±0.000	43.150±3.600	0.090±0.002	未检出	5.430±0.500	17.730±0.640
20~40	3.000±0.000	42.220±2.420	3.520±0.260	47.900±4.000	0.084±0.003	未检出	5.870±0.420	20.360±1.520
40~60	3.330±0.580	39.550±3.100	3.360±0.150	41.670±2.520	0.08±0.003	未检出	5.270±0.210	18.810±0.730
60~80	3.330±0.580	41.670±3.510	3.900±0.360	46.160±3.550	0.085±0.003	未检出	6.020±0.470	21.340±1.530
80~100	3.330±0.580	29.650±2.500	4.340±0.110	48.410±7.500	0.088±0.003	0.090±0.010	5.480±0.330	22.150±0.790

五、剖面 5:红壤亚类

1. 剖面位置

地籍号:441624002004000300800;

地理坐标:北纬 24.645825°,东经 115.125481°;

地区:广东省河源市和平县下车镇镇山村。

2. 剖面特征

和平县典型森林土壤剖面5(图3-30,左图)土壤类型为红壤亚类、麻红壤土属。该剖面采自下车镇镇山村,海拔260 m,丘陵地貌,西坡向,坡度为37°,中坡坡位,无侵蚀,凋落物层厚度为1 cm,腐殖质层厚度为1 cm,植被类型为针叶混交林,优势树种为杉木(图3-30,右图)。

图3-30　和平县红壤剖面5(左图)及植被(右图)

3. 主要性状

和平县典型红壤剖面5的土壤理化性质如表3-59、3-60所示。

土壤养分包括有机碳、全氮、全磷和全钾,表层土壤(0~20 cm)中,其含量分别为4.310 g/kg、0.345 g/kg、0.165 g/kg和2.236 g/kg,依据土壤养分分级标准,分别属于Ⅴ级、Ⅵ级、Ⅵ级和Ⅵ级。表层土壤pH值为4.500,容重为0.92g/cm³。其余各土壤层(20~40 cm、40~60 cm、60~80 cm、80~100 cm)的土壤养分含量、土壤pH值和容重值见表3-59。

重金属元素包括镍、铅、铜、锌、汞、镉、砷和铬,表层土壤(0~20 cm)中,其含量分别为未检出、24.000 mg/kg、1.960 mg/kg、27.080 mg/kg、0.074 mg/kg、未检出、3.480 mg/kg和5.500 mg/kg。所有重金属元素均低于农用地土壤污染风险筛选值。其余各土壤层(20~40 cm、40~60 cm、60~80 cm、80~100 cm)的重金属元素含量见表3-60。

表 3-59　和平县红壤剖面 5 pH 值及养分含量统计表

深度 (cm)	pH (H_2O)	有机碳(SOC) (g/kg)	全氮(N) (g/kg)	全磷(P) (g/kg)	全钾(K) (g/kg)	容重 (g/cm³)
0~20	4.500±0.040	4.310±0.120	0.345±0.006	0.165±0.007	2.236±0.021	0.920±0.290
20~40	4.840±0.040	1.900±0.050	0.181±0.004	0.271±0.010	3.528±0.030	1.370±0.330
40~60	4.820±0.030	1.030±0.030	0.168±0.004	0.213±0.008	3.677±0.033	1.430±0.210
60~80	5.080±0.040	0.930±0.020	0.140±0.004	0.127±0.005	7.361±0.033	1.170±0.460
80~100	5.080±0.040	0.670±0.020	0.127±0.004	0.242±0.009	7.722±0.021	1.090±0.500

表 3-60　和平县红壤剖面 5 重金属元素含量统计表

深度 (cm)	铅(Pb) (mg/kg)	铜(Cu) (mg/kg)	锌(Zn) (mg/kg)	汞(Hg) (mg/kg)	砷(As) (mg/kg)	铬(Cr) (mg/kg)
0~20	24.000±1.000	1.960±0.140	27.080±2.010	0.074±0.004	3.480±0.260	5.500±0.500
20~40	46.980±3.610	1.630±0.150	28.440±2.140	0.055±0.002	2.700±0.100	3.000±0.000
40~60	27.960±0.940	1.070±0.060	27.700±1.210	0.047±0.003	2.560±0.100	3.000±0.000
60~80	33.660±3.060	1.380±0.100	29.840±2.570	0.040±0.002	2.940±0.210	3.000±0.000
80~100	37.460±0.930	0.960±0.150	30.690±2.130	0.046±0.004	2.800±0.300	3.330±0.580

六、剖面 6：赤红壤亚类

1. 剖面位置

地籍号：441624004006000500101；

地理坐标：北纬 24.602518°，东经 115.177639°；

地区：广东省河源市和平县长塘镇赤岭村。

2. 剖面特征

和平县典型森林赤红壤剖面 6(图 3-31，左图)采自长塘镇赤岭村，海拔 288 m，丘陵地貌，西南坡向，坡度为 38°，下坡坡位，无侵蚀，凋落物层厚度为 5 cm，腐殖质层厚度为 7 cm，植被类型为暖性针阔混交林，优势树种为杉木(图 3-31，右图)。

图 3-31　和平县赤红壤剖面 6(左图)及植被(右图)

3. 主要性状

和平县典型赤红壤剖面 6 的土壤理化性质如表 3-61、3-62 所示。

土壤养分包括有机碳、全氮、全磷和全钾，表层土壤(0～20 cm)中，其含量分别为 12.700 g/kg、1.000 g/kg、0.089 g/kg 和 25.746 g/kg，依据土壤养分分级标准，分别属于 Ⅲ 级、Ⅳ 级、Ⅵ 级和 Ⅰ 级。表层土壤 pH 值为 4.940，容重为 0.97g/cm³。其余各土壤层(20～40 cm、40～60 cm、60～80 cm、80～100 cm)的土壤养分含量、土壤 pH 值和容重值见表 3-61。

重金属元素包括镍、铅、铜、锌、汞、镉、砷和铬，表层土壤(0～20 cm)中，其含量分别为 3.000 mg/kg、28.330 mg/kg、1.170 mg/kg、35.330 mg/kg、0.083 mg/kg、未检出、4.740 mg/kg 和 5.670 mg/kg。所有重金属元素均低于农用地土壤污染风险筛选值。其余各土壤层(20～40 cm、40～60 cm、60～80 cm、80～100 cm)的重金属元素含量见表 3-62。

表 3-61　和平县赤红壤剖面 6 pH 值及养分含量统计表

深度 (cm)	pH (H_2O)	有机碳(SOC) (g/kg)	全氮(N) (g/kg)	全磷(P) (g/kg)	全钾(K) (g/kg)	容重 (g/cm³)
0～20	4.940±0.040	12.700±0.400	1.000±0.019	0.089±0.004	25.746±0.239	0.970±0.460
20～40	4.700±0.040	7.730±0.200	0.782±0.015	0.070±0.003	25.417±0.218	1.340±0.380
40～60	5.010±0.030	5.530±0.150	0.592±0.014	0.060±0.002	27.615±0.279	1.400±0.220
60～80	5.070±0.040	4.060±0.110	0.504±0.013	0.056±0.002	31.451±0.211	1.180±0.540
80～100	5.160±0.040	3.110±0.100	0.412±0.012	0.051±0.002	31.210±0.276	1.300±0.100

表 3-62　和平县赤红壤剖面 6 重金属元素含量统计表

深度 (cm)	镍(Ni) (mg/kg)	铅(Pb) (mg/kg)	铜(Cu) (mg/kg)	锌(Zn) (mg/kg)	汞(Hg) (mg/kg)	砷(As) (mg/kg)	铬(Cr) (mg/kg)
0~20	3.000±0.000	28.330±2.080	1.170±0.060	35.330±1.150	0.083±0.002	4.740±0.320	5.670±0.580
20~40	未检出	27.440±2.500	0.820±0.070	35.080±2.600	0.071±0.002	4.710±0.340	5.460±0.500
40~60	未检出	25.670±1.530	1.300±0.100	32.900±0.860	0.055±0.002	3.600±0.200	4.000±0.000
60~80	未检出	23.930±2.000	1.350±0.090	30.160±2.570	0.054±0.002	3.630±0.160	3.670±0.580
80~100	未检出	22.970±4.000	0.880±0.070	30.670±0.580	0.048±0.003	3.550±0.550	3.160±0.280

七、剖面 7：赤红壤亚类

1. 剖面位置

地籍号：441624004006000800201；

地理坐标：北纬 24.583762°，东经 115.179073°；

地区：广东省河源市和平县长塘镇赤岭村。

2. 剖面特征

和平县典型森林赤红壤剖面 7(图 3-32，左图)采自长塘镇赤岭村，海拔 264 m，丘陵地貌，西坡向，坡度为 39°，下坡坡位，无侵蚀，凋落物层厚度为 2 cm，腐殖质层厚度为 13 cm，植被类型为暖性针阔混交林，优势树种为马尾松、木荷(图 3-32，右图)。

图 3-32　和平县赤红壤剖面 7(左图)及植被(右图)

3. 主要性状

和平县典型赤红壤剖面 7 的土壤理化性质如表 3-63、3-64 所示。

　　土壤养分包括有机碳、全氮、全磷和全钾，表层土壤(0~20 cm)中，其含量分别为 12. 170 g/kg、0. 764 g/kg、0. 053 g/kg 和 34. 067 g/kg，依据土壤养分分级标准，分别属于 Ⅲ级、Ⅳ级、Ⅵ级和Ⅰ级。表层土壤 pH 值为 4. 810，容重为 1. 24g/cm³。其余各土壤 层(20~40 cm、40~60 cm、60~80 cm、80~100 cm)的土壤养分含量、土壤 pH 值和容重值 见表 3-63。

　　重金属元素包括镍、铅、铜、锌、汞、镉、砷和铬，表层土壤(0~20 cm)中，其含量 分别为未检出、15. 900 mg/kg、2. 120 mg/kg、32. 670 mg/kg、0. 043 mg/kg、未检出、 3. 770 mg/kg 和 5. 110 mg/kg。所有重金属元素均低于农用地土壤污染风险筛选值。其余各 土壤层(20~40 cm、40~60 cm、60~80 cm、80~100 cm)的重金属元素含量见表 3-64。

表 3-63　和平县赤红壤剖面 7 pH 值及养分含量统计表

深度 (cm)	pH (H₂O)	有机碳(SOC) (g/kg)	全氮(N) (g/kg)	全磷(P) (g/kg)	全钾(K) (g/kg)	容重 (g/cm³)
0~20	4. 810±0. 040	12. 170±0. 350	0. 764±0. 013	0. 053±0. 002	34. 067±2. 136	1. 240±0. 380
20~40	4. 870±0. 040	7. 830±0. 210	0. 607±0. 011	0. 040±0. 002	35. 633±2. 499	1. 340±0. 400
40~60	4. 830±0. 030	4. 110±0. 120	0. 302±0. 007	0. 034±0. 001	34. 967±1. 750	1. 180±0. 380
60~80	4. 770±0. 040	2. 890±0. 080	0. 277±0. 007	0. 041±0. 002	36. 200±1. 852	0. 910±0. 340
80~100	4. 960±0. 040	2. 420±0. 070	0. 242±0. 007	0. 033±0. 001	34. 733±5. 554	1. 200±0. 570

表 3-64　和平县赤红壤剖面 7 重金属元素含量统计表

深度 (cm)	铅(Pb) (mg/kg)	铜(Cu) (mg/kg)	锌(Zn) (mg/kg)	汞(Hg) (mg/kg)	镉(Cd) (mg/kg)	砷(As) (mg/kg)	铬(Cr) (mg/kg)
0~20	15. 900±1. 020	2. 120±0. 200	32. 670±2. 520	0. 043±0. 001	未检出	3. 770±0. 150	5. 110±0. 200
20~40	17. 310±1. 190	1. 670±0. 150	31. 350±1. 520	0. 041±0. 003	未检出	4. 870±0. 290	5. 460±0. 510
40~60	16. 480±0. 500	1. 550±0. 080	28. 670±1. 150	0. 031±0. 001	未检出	4. 670±0. 400	5. 080±0. 140
60~80	20. 330±0. 580	1. 630±0. 120	33. 870±2. 580	0. 036±0. 003	未检出	6. 400±0. 470	5. 500±0. 500
80~100	23. 840±4. 010	1. 760±0. 100	37. 040±4. 000	0. 045±0. 002	0. 080±0. 000	6. 090±0. 490	6. 870±0. 220

八、剖面 8：赤红壤亚类

1. 剖面位置

地籍号：441624004010000500801；

地理坐标：北纬 24. 532829°，东经 115. 138334°；

地区：广东省河源市和平县长塘镇四围村。

2. 剖面特征

和平县典型森林赤红壤剖面 8(图 3-33，左图)采自长塘镇四围村，海拔 250 m，丘陵 地貌，西南坡向，坡度为 22°，上坡坡位，无侵蚀，凋落物层厚度为 6 cm，腐殖质层厚度 为 4 cm，植被类型为暖性针阔混交林，优势树种为马尾松、木荷(图 3-33，右图)。

图 3-33　和平县赤红壤剖面 8(左图)及植被(右图)

3. 主要性状

和平县典型赤红壤剖面 8 的土壤理化性质如表 3-65、3-66 所示。

土壤养分包括有机碳、全氮、全磷和全钾，表层土壤(0~20 cm)中，其含量分别为 6.360 g/kg、0.911 g/kg、0.068 g/kg 和 4.847 g/kg，依据土壤养分分级标准，分别属于Ⅳ级、Ⅳ级、Ⅵ级和Ⅵ级。表层土壤 pH 值为 4.360，容重为 1.00g/cm³。其余各土壤层(20~40 cm、40~60 cm、60~80 cm、80~100 cm)的土壤养分含量、土壤 pH 值和容重值见表 3-65。

重金属元素包括镍、铅、铜、锌、汞、镉、砷和铬，表层土壤(0~20 cm)中，其含量分别为未检出、10.030 mg/kg、1.850 mg/kg、26.660 mg/kg、0.065 mg/kg、未检出、11.440 mg/kg 和 15.000 mg/kg。所有重金属元素均低于农用地土壤污染风险筛选值。其余各土壤层(20~40 cm、40~60 cm、60~80 cm、80~100 cm)的重金属元素含量见表 3-66。

表 3-65　和平县赤红壤剖面 8 pH 值及养分含量统计表

深度 (cm)	pH (H₂O)	有机碳(SOC) (g/kg)	全氮(N) (g/kg)	全磷(P) (g/kg)	全钾(K) (g/kg)	容重 (g/cm³)
0~20	4.360±0.040	6.360±0.180	0.911±0.016	0.068±0.003	4.847±0.390	1.000±0.340
20~40	4.460±0.040	4.540±0.120	0.587±0.011	0.065±0.002	3.673±0.311	1.080±0.320
40~60	4.530±0.030	2.760±0.080	0.512±0.012	0.059±0.002	3.320±0.211	1.590±0.110
60~80	4.690±0.040	2.890±0.080	0.475±0.012	0.055±0.002	3.770±0.298	0.980±0.440
80~100	4.620±0.040	2.520±0.080	0.460±0.013	0.058±0.002	3.210±0.495	1.450±0.110

表 3-66　和平县赤红壤剖面 8 重金属元素含量统计表

深度 (cm)	铅(Pb) (mg/kg)	铜(Cu) (mg/kg)	锌(Zn) (mg/kg)	汞(Hg) (mg/kg)	砷(As) (mg/kg)	铬(Cr) (mg/kg)
0~20	10.030±0.040	1.850±0.140	26.660±2.520	0.065±0.003	11.440±0.860	15.000±1.000
20~40	9.670±0.580	2.300±0.200	26.400±2.120	0.108±0.003	14.140±0.650	17.940±1.100
40~60	10.620±0.540	2.160±0.150	26.080±1.120	0.087±0.003	14.230±0.670	18.920±1.010
60~80	11.970±1.000	2.290±0.200	28.340±2.080	0.083±0.002	15.170±1.140	20.670±1.160
80~100	12.860±0.250	2.500±0.400	28.670±2.080	0.075±0.002	17.570±1.850	21.480±3.500

九、剖面 9：红壤亚类

1. 剖面位置

地籍号：441624006011000300100；

地理坐标：北纬 24.575716°，东经 114.979367°；

地区：广东省河源市和平县大坝镇石谷村。

2. 剖面特征

和平县典型森林红壤剖面 9（图 3-34，左图）采自大坝镇石谷村，海拔 581 m，低山地貌，西北坡向，坡度为 13°，上坡坡位，无侵蚀，凋落物层厚度为 3 cm，腐殖质层厚度为 15 cm，植被类型为暖性针阔混交林，优势树种为马尾松、木荷（图 3-34，右图）。

图 3-34　和平县红壤剖面 9（左图）及植被（右图）

3. 主要性状

和平县典型红壤剖面 9 的土壤理化性质如表 3-67、3-68 所示。

土壤养分包括有机碳、全氮、全磷和全钾，表层土壤（0~20 cm）中，其含量分别为

37.430 g/kg、1.790 g/kg、0.161 g/kg 和 26.295 g/kg，依据土壤养分分级标准，分别属于Ⅰ级、Ⅱ级、Ⅵ级和Ⅰ级。表层土壤 pH 值为 4.610，容重为 1.28g/cm³。其余各土壤层（20~40 cm、40~60 cm、60~80 cm、80~100 cm）的土壤养分含量、土壤 pH 值和容重值见表 3-67。

重金属元素包括镍、铅、铜、锌、汞、镉、砷和铬，表层土壤（0~20 cm）中，其含量分别为未检出、18.000 mg/kg、2.850 mg/kg、33.970 mg/kg、0.106 mg/kg、0.167 mg/kg、3.920 mg/kg 和 4.570 mg/kg。所有重金属元素均低于农用地土壤污染风险筛选值。其余各土壤层（20~40 cm、40~60 cm、60~80 cm、80~100 cm）的重金属元素含量见表 3-68。

表 3-67　和平县红壤剖面 9 pH 值及养分含量统计表

深度 （cm）	pH （H₂O）	有机碳（SOC） （g/kg）	全氮（N） （g/kg）	全磷（P） （g/kg）	全钾（K） （g/kg）	容重 （g/cm³）
0~20	4.610±0.040	37.430±1.000	1.790±0.030	0.161±0.007	26.295±0.225	1.280±0.200
20~40	4.520±0.040	15.030±0.400	0.927±0.017	0.125±0.005	26.588±0.158	1.260±0.300
40~60	4.520±0.030	7.780±0.230	0.620±0.014	0.107±0.004	26.745±0.336	1.080±0.270
60~80	4.580±0.040	4.190±0.120	0.403±0.010	0.102±0.005	23.620±0.214	1.120±0.190
80~100	4.560±0.040	4.410±0.130	0.486±0.014	0.108±0.005	28.217±0.256	1.330±0.360

表 3-68　和平县红壤剖面 9 重金属元素含量统计表

深度 （cm）	镍（Ni） （mg/kg）	铅（Pb） （mg/kg）	铜（Cu） （mg/kg）	锌（Zn） （mg/kg）	汞（Hg） （mg/kg）	镉（Cd） （mg/kg）	砷（As） （mg/kg）	铬（Cr） （mg/kg）
0~20	未检出	18.000±1.000	2.850±0.050	33.970±2.610	0.106±0.003	0.167±0.015	3.920±0.300	4.570±0.510
20~40	3.000±0.000	14.200±0.720	1.730±0.150	25.960±2.000	0.073±0.002	0.085±0.005	3.330±0.210	5.670±0.580
40~60	未检出	14.800±1.060	1.370±0.070	22.700±1.570	0.072±0.002	未检出	3.730±0.150	5.330±0.580
60~80	未检出	17.670±1.530	0.840±0.050	23.670±2.080	0.060±0.003	未检出	3.400±0.270	5.430±0.510
80~100	未检出	16.000±1.000	0.880±0.040	24.400±3.500	0.061±0.001	未检出	3.680±0.220	5.000±0.000

十、剖面 10：赤红壤亚类

1. 剖面位置

地籍号：441624007006000400201；

地理坐标：北纬 24.420618°，东经 114.828879°；

地区：广东省河源市和平县热水镇南湖村。

2. 剖面特征

和平县典型森林土壤剖面 10（图 3-35，左图）土壤类型为赤红壤亚类、页赤红壤土属。该剖面采自热水镇南湖村，海拔 290 m，丘陵地貌，西坡向，坡度为 44°，中坡坡位，无侵蚀，凋落物层厚度为 3 cm，腐殖质层厚度为 8 cm，植被类型为针阔混交林，优势树种为杉木（图 3-35，右图）。

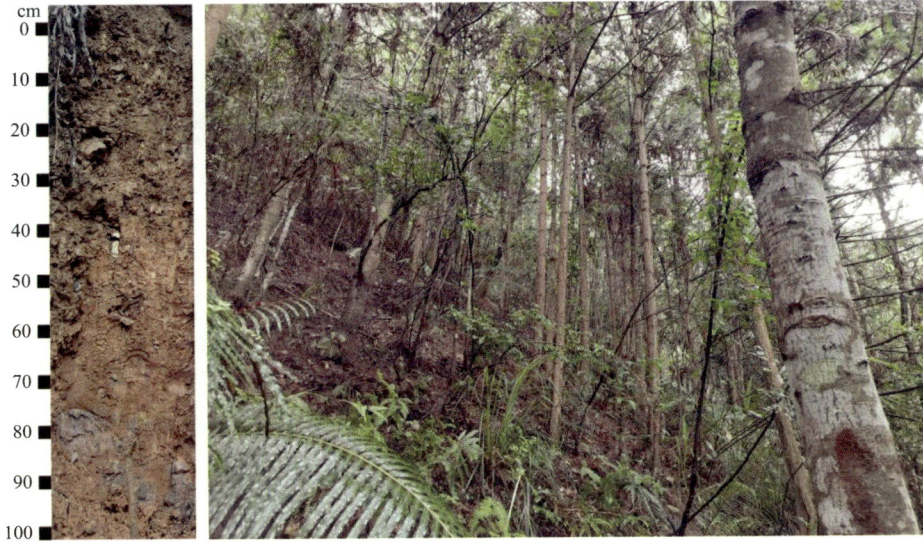

图 3-35 和平县赤红壤剖面 10(左图)及植被(右图)

3. 主要性状

和平县典型赤红壤剖面 10 的土壤理化性质如表 3-69、3-70 所示。

土壤养分包括有机碳、全氮、全磷和全钾,表层土壤(0~20 cm)中,其含量分别为 19.270 g/kg、1.050 g/kg、0.257 g/kg 和 22.282 g/kg,依据土壤养分分级标准,分别属于 Ⅱ级、Ⅲ级、Ⅴ级和Ⅱ级。表层土壤 pH 值为 4.360,容重为 1.17g/cm³。其余各土壤层(20~40 cm、40~60 cm、60~80 cm、80~100 cm)的土壤养分含量、土壤 pH 值和容重值见表 3-69。

重金属元素包括镍、铅、铜、锌、汞、镉、砷和铬,表层土壤(0~20 cm)中,其含量分别为 5.440 mg/kg、19.060 mg/kg、18.200 mg/kg、27.870 mg/kg、0.058 mg/kg、未检出、53.940 mg/kg 和 16.490 mg/kg。其中,砷元素超过农用地土壤污染风险值,其他重金属元素均低于农用地土壤污染风险筛选值。其余各土壤层(20~40 cm、40~60 cm、60~80 cm、80~100 cm)的重金属元素含量见表 3-70。

表 3-69 和平县赤红壤剖面 10 pH 值及养分含量统计表

深度 (cm)	pH (H₂O)	有机碳(SOC) (g/kg)	全氮(N) (g/kg)	全磷(P) (g/kg)	全钾(K) (g/kg)	容重 (g/cm³)
0~20	4.360±0.040	19.270±0.550	1.050±0.020	0.257±0.011	22.282±0.214	1.170±0.380
20~40	4.380±0.040	12.170±0.350	0.902±0.017	0.247±0.010	24.323±0.304	0.920±0.190
40~60	4.330±0.030	9.840±0.270	0.747±0.017	0.348±0.012	23.453±0.272	1.170±0.560
60~80	4.310±0.040	8.920±0.240	0.753±0.019	0.292±0.013	24.770±0.256	1.080±0.300
80~100	4.380±0.040	5.710±0.170	0.716±0.020	0.339±0.012	25.907±0.410	1.260±0.200

表 3-70　和平县赤红壤剖面 10 重金属元素含量统计表

深度 (cm)	镍(Ni) (mg/kg)	铅(Pb) (mg/kg)	铜(Cu) (mg/kg)	锌(Zn) (mg/kg)	汞(Hg) (mg/kg)	砷(As) (mg/kg)	铬(Cr) (mg/kg)
0~20	5.440±0.510	19.060±0.100	18.200±1.380	27.870±0.810	0.058±0.003	53.940±1.440	16.490±1.310
20~40	5.670±0.580	19.260±1.560	20.270±0.900	29.970±1.760	0.048±0.003	63.320±4.480	20.350±1.520
40~60	6.020±0.030	17.730±0.640	20.420±0.910	31.100±2.590	0.049±0.003	68.250±1.740	19.620±1.470
60~80	7.460±0.500	24.230±2.540	23.770±1.760	37.510±2.770	0.055±0.003	78.970±6.690	23.930±2.000
80~100	7.370±0.650	27.330±1.150	28.090±2.950	36.000±3.000	0.068±0.003	88.360±2.280	25.850±4.010

十一、剖面 11：赤红壤亚类

1. 剖面位置

地籍号：44162400 9013000200101；

地理坐标：北纬 24.423665°，东经 115.217474°；

地区：广东省河源市和平县贝墩镇河溪村。

2. 剖面特征

和平县典型森林赤红壤剖面 11(图 3-36，左图)采自贝墩镇河溪村，海拔 185 m，丘陵地貌，北坡向，坡度为 29°，上坡坡位，无侵蚀，凋落物层厚度为 2 cm，腐殖质层厚度为 3 cm，植被类型为暖性针阔混交林，优势树种为马尾松(含广东松)(图 3-36，右图)。

图 3-36　和平县赤红壤剖面 11(左图)及植被(右图)

3. 主要性状

和平县典型赤红壤剖面 11 的土壤理化性质如表 3-71、3-72 所示。

　　土壤养分包括有机碳、全氮、全磷和全钾，表层土壤(0~20 cm)中，其含量分别为 25.530 g/kg、1.270 g/kg、0.343 g/kg 和 13.733 g/kg，依据土壤养分分级标准，分别属于 I 级、Ⅲ 级、Ⅴ 级和Ⅳ级。表层土壤 pH 值为 4.470，容重为 0.92g/cm³。其余各土壤层(20~40 cm、40~60 cm、60~80 cm、80~100 cm)的土壤养分含量、土壤 pH 值和容重值见表 3-71。

　　重金属元素包括镍、铅、铜、锌、汞、镉、砷和铬，表层土壤(0~20 cm)中，其含量分别为 6.210 mg/kg、26.040 mg/kg、20.260 mg/kg、32.900 mg/kg、0.078 mg/kg、未检出、5.730 mg/kg 和 29.030 mg/kg。所有重金属元素均低于农用地土壤污染风险筛选值。其余各土壤层(20~40 cm、40~60 cm、60~80 cm、80~100 cm)的重金属元素含量见表 3-72。

表 3-71　和平县赤红壤剖面 11 pH 值及养分含量统计表

深度 (cm)	pH (H_2O)	有机碳(SOC) (g/kg)	全氮(N) (g/kg)	全磷(P) (g/kg)	全钾(K) (g/kg)	容重 (g/cm³)
0~20	4.470±0.040	25.530±0.700	1.270±0.020	0.343±0.015	13.733±0.850	0.920±0.260
20~40	4.610±0.040	12.300±0.460	0.728±0.014	0.262±0.010	14.500±1.015	0.980±0.420
40~60	4.740±0.030	9.210±0.260	0.636±0.015	0.254±0.009	17.067±0.850	1.330±0.220
60~80	4.870±0.040	5.190±0.140	0.558±0.014	0.250±0.011	19.000±0.964	1.440±0.310
80~100	4.980±0.040	4.150±0.120	0.454±0.013	0.254±0.009	17.200±2.751	0.670±0.020

表 3-72　和平县赤红壤剖面 11 重金属元素含量统计表

深度 (cm)	镍(Ni) (mg/kg)	铅(Pb) (mg/kg)	铜(Cu) (mg/kg)	锌(Zn) (mg/kg)	汞(Hg) (mg/kg)	砷(As) (mg/kg)	铬(Cr) (mg/kg)
0~20	6.210±0.360	26.040±1.700	20.260±1.760	32.900±2.590	0.078±0.002	5.730±0.210	29.030±0.040
20~40	6.320±0.590	24.670±1.530	19.630±1.360	31.320±1.530	0.065±0.005	6.090±0.350	29.580±2.130
40~60	5.660±0.570	22.120±1.020	16.460±0.730	28.250±1.390	0.058±0.002	4.510±0.360	25.510±1.330
60~80	5.600±0.530	23.470±1.360	16.810±1.350	29.330±2.080	0.057±0.005	4.570±0.350	25.310±2.520
80~100	6.030±1.000	26.420±4.500	18.000±1.080	31.520±3.500	0.060±0.0020	3.900±0.300	26.670±0.580

十二、剖面 12：红壤亚类

1. 剖面位置

地籍号：441624010010000200301；

地理坐标：北纬 24.330787°，东经 114.824057°；

地区：广东省河源市和平县青州镇片田村。

2. 剖面特征

和平县典型森林土壤剖面 12(图 3-37，左图)土壤类型为红壤亚类、页红壤土属。该剖面采自青州镇片田村，海拔 559 m，丘陵地貌，西南坡向，坡度为 35°，下坡坡位，无侵蚀，凋落物层厚度为 11 cm，腐殖质层厚度为 17 cm，植被类型为暖性针阔混交林，优势树种为荷木(图 3-37，右图)。

图 3-37　和平县红壤剖面 12(左图)及植被(右图)

3. 主要性状

和平县典型红壤剖面 12 的土壤理化性质如表 3-73、3-74 所示。

土壤养分包括有机碳、全氮、全磷和全钾，表层土壤(0~20 cm)中，其含量分别为 14.800 g/kg、0.862 g/kg、0.179 g/kg 和 7.727 g/kg，依据土壤养分分级标准，分别属于Ⅲ级、Ⅳ级、Ⅵ级和Ⅴ级。表层土壤 pH 值为 4.460，容重为 1.47g/cm³。其余各土壤层(20~40 cm、40~60 cm、60~80 cm、80~100 cm)的土壤养分含量、土壤 pH 值和容重值见表 3-73。

重金属元素包括镍、铅、铜、锌、汞、镉、砷和铬，表层土壤(0~20 cm)中，其含量分别为未检出、45.730 mg/kg、10.100 mg/kg、18.450 mg/kg、0.082 mg/kg、未检出、5.620 mg/kg 和 10.560 mg/kg。所有重金属元素均低于农用地土壤污染风险筛选值。其余各土壤层(20~40 cm、40~60 cm、60~80 cm、80~100 cm)的重金属元素含量见表 3-74。

表 3-73　和平县红壤剖面 12 pH 值及养分含量统计表

深度 (cm)	pH (H₂O)	有机碳(SOC) (g/kg)	全氮(N) (g/kg)	全磷(P) (g/kg)	全钾(K) (g/kg)	容重 (g/cm³)
0~20	4.460±0.040	14.800±0.400	0.862±0.015	0.179±0.008	7.727±0.022	1.470±0.170
20~40	4.580±0.040	8.270±0.220	0.614±0.012	0.176±0.007	8.475±0.029	1.430±0.260
40~60	4.560±0.030	5.880±0.160	0.474±0.011	0.205±0.008	8.885±0.033	1.150±0.090
60~80	4.570±0.040	4.550±0.120	0.475±0.012	0.167±0.007	11.188±0.171	0.960±0.460
80~100	4.590±0.040	3.830±0.110	0.440±0.012	0.168±0.006	12.380±0.141	1.480±0.470

表 3-74　和平县红壤剖面 12 重金属元素含量统计表

深度 (cm)	铅(Pb) (mg/kg)	铜(Cu) (mg/kg)	锌(Zn) (mg/kg)	汞(Hg) (mg/kg)	镉(Cd) (mg/kg)	砷(As) (mg/kg)	铬(Cr) (mg/kg)
0~20	45.730±1.610	10.100±0.100	18.450±1.270	0.082±0.002	未检出	5.620±0.500	10.560±0.510
20~40	49.150±2.490	11.870±0.830	20.850±2.020	0.106±0.004	未检出	6.320±0.470	13.000±1.000
40~60	49.620±4.050	11.000±0.530	20.720±1.590	0.097±0.002	0.093±0.005	6.520±0.300	15.150±0.260
60~80	48.670±3.510	15.660±1.490	33.220±2.550	0.098±0.003	0.087±0.006	9.470±0.780	20.330±1.530
80~100	38.470±3.240	17.100±0.440	32.000±5.000	0.097±0.003	0.090±0.010	13.810±0.840	20.580±0.740

十三、剖面 13：红壤亚类

1. 剖面位置

地籍号：441624010010000300301；

地理坐标：北纬 24.331197°，东经 114.839526°；

地区：广东省河源市和平县青州镇片田村。

2. 剖面特征

和平县典型森林红壤剖面 13(图 3-38，左图)采自青州镇片田村，海拔 465 m，低山地貌，东南坡向，坡度为 31°，上坡坡位，无侵蚀，凋落物层厚度为 18 cm，腐殖质层厚度为 16 cm，植被类型为暖性常绿针叶林，优势树种为杉木(图 3-38，右图)。

图 3-38　和平县红壤剖面 13(左图)及植被(右图)

3. 主要性状

和平县典型红壤剖面 13 的土壤理化性质如表 3-75、3-76 所示。

土壤养分包括有机碳、全氮、全磷和全钾，表层土壤(0～20 cm)中，其含量分别为 13.770 g/kg、0.993 g/kg、0.212 g/kg 和 20.600 g/kg，依据土壤养分分级标准，分别属于 Ⅲ级、Ⅳ级、Ⅴ级和Ⅱ级。表层土壤 pH 值为 4.440，容重为 1.52g/cm³。其余各土壤层(20～40 cm、40～60 cm、60～80 cm、80～100 cm)的土壤养分含量、土壤 pH 值和容重值见表 3-75。

重金属元素包括镍、铅、铜、锌、汞、镉、砷和铬，表层土壤(0～20 cm)中，其含量分别为未检出、11.210 mg/kg、12.040 mg/kg、10.000 mg/kg、0.058 mg/kg、未检出、5.920 mg/kg 和 11.000 mg/kg。所有重金属元素均低于农用地土壤污染风险筛选值。其余各土壤层(20～40 cm、40～60 cm、60～80 cm、80～100 cm)的重金属元素含量见表 3-76。

表 3-75　和平县红壤剖面 13 pH 值及养分含量统计表

深度 (cm)	pH (H₂O)	有机碳(SOC) (g/kg)	全氮(N) (g/kg)	全磷(P) (g/kg)	全钾(K) (g/kg)	容重 (g/cm³)
0～20	4.440±0.040	13.770±0.350	0.993±0.017	0.212±0.010	20.600±1.808	1.520±0.140
20～40	4.430±0.040	6.430±0.170	0.674±0.013	0.197±0.008	18.833±1.361	1.350±0.480
40～60	4.540±0.030	4.820±0.130	0.525±0.012	0.192±0.007	17.833±0.777	1.040±0.290
60～80	4.560±0.040	4.160±0.110	0.530±0.014	0.205±0.009	19.100±1.513	1.280±0.560
80～100	4.520±0.040	4.780±0.140	0.513±0.014	0.369±0.013	18.633±1.137	1.160±0.530

表 3-76　和平县红壤剖面 13 重金属元素含量统计表

深度 (cm)	铅(Pb) (mg/kg)	铜(Cu) (mg/kg)	锌(Zn) (mg/kg)	汞(Hg) (mg/kg)	砷(As) (mg/kg)	铬(Cr) (mg/kg)
0～20	11.210±1.060	12.040±0.750	10.000±0.010	0.058±0.002	5.920±0.460	11.000±0.000
20～40	10.350±0.560	15.280±1.050	13.810±1.050	0.042±0.002	6.770±0.600	12.180±0.740
40～60	10.330±0.580	13.460±0.650	7.580±0.520	0.036±0.001	6.080±0.360	10.880±1.020
60～80	11.020±1.000	13.430±0.680	10.900±1.020	0.037±0.001	5.820±0.450	10.570±0.750
80～100	11.500±1.500	12.720±2.000	8.880±0.220	0.034±0.003	5.030±0.750	8.860±0.800

十四、剖面 14：赤红壤亚类

1. 剖面位置
地籍号：441624013006000200400；
地理坐标：北纬 24.355904°，东经 115.151761°；
地区：广东省河源市和平县古寨镇水西村。

2. 剖面特征
和平县典型森林土壤剖面 14(图 3-39，左图)土壤类型为赤红壤亚类、页赤红壤土属。该剖面采自古寨镇水西村，海拔 217 m，丘陵地貌，南坡向，坡度为 36°，上坡坡位，无侵蚀，凋落物层厚度为 2 cm，腐殖质层厚度为 3 cm，植被类型为针叶混交林，优势树种为马尾松(图 3-39，右图)。

图 3-39　和平县赤红壤剖面 14(左图)及植被(右图)

3. 主要性状

和平县典型赤红壤剖面 14 的土壤理化性质如表 3-77、3-78 所示。

土壤养分包括有机碳、全氮、全磷和全钾,表层土壤(0~20 cm)中,其含量分别为
10. 100 g/kg、1. 363 g/kg、0. 205 g/kg 和 25. 467 g/kg,依据土壤养分分级标准,分别属于
Ⅳ级、Ⅲ级、Ⅴ级和Ⅰ级。表层土壤 pH 值为 4. 330,容重为 1. 27g/cm³。其余各土壤
层(20~40 cm、40~60 cm、60~80 cm、80~100 cm)的土壤养分含量、土壤 pH 值和容重值
见表 3-77。

重金属元素包括镍、铅、铜、锌、汞、镉、砷和铬,表层土壤(0~20 cm)中,其含量
分别为 5. 080 mg/kg、19. 000 mg/kg、4. 550 mg/kg、27. 000 mg/kg、0. 053 mg/kg、未检
出、58. 800 mg/kg 和 21. 220 mg/kg。其中,砷元素超过农用地土壤污染风险值,其他重金
属元素均低于农用地土壤污染筛选值。其余各土壤层(20~40 cm、40~60 cm、60~
80 cm、80~100 cm)的重金属元素含量见表 3-78。

表 3-77　和平县赤红壤剖面 14 pH 值及养分含量统计表

深度 (cm)	pH (H$_2$O)	有机碳(SOC) (g/kg)	全氮(N) (g/kg)	全磷(P) (g/kg)	全钾(K) (g/kg)	容重 (g/cm³)
0~20	4. 330±0. 040	10. 100±0. 300	1. 363±0. 025	0. 205±0. 008	25. 467±1. 607	1. 270±0. 430
20~40	4. 370±0. 040	7. 790±0. 200	0. 655±0. 012	0. 223±0. 008	32. 400±2. 291	1. 020±0. 420
40~60	4. 310±0. 030	6. 980±0. 200	0. 650±0. 015	0. 214±0. 007	29. 300±1. 500	1. 030±0. 250
60~80	4. 440±0. 040	4. 610±0. 130	0. 655±0. 016	0. 225±0. 008	33. 667±1. 701	1. 010±0. 090
80~100	4. 370±0. 040	4. 290±0. 130	0. 643±0. 018	0. 226±0. 007	34. 333±5. 454	1. 660±0. 240

表 3-78　和平县赤红壤剖面 14 重金属元素含量统计表

深度 (cm)	镍(Ni) (mg/kg)	铅(Pb) (mg/kg)	铜(Cu) (mg/kg)	锌(Zn) (mg/kg)	汞(Hg) (mg/kg)	砷(As) (mg/kg)	铬(Cr) (mg/kg)
0~20	5.080±0.140	19.000±2.000	4.550±0.130	27.000±1.730	0.053±0.002	58.800±0.600	21.220±2.040
20~40	5.910±0.150	21.920±1.660	5.400±0.360	31.740±2.410	0.055±0.003	73.630±5.200	26.050±1.000
40~60	6.330±0.580	20.550±0.950	4.710±0.110	29.480±1.500	0.052±0.002	64.670±3.160	24.570±0.980
60~80	6.690±0.540	21.680±1.530	5.960±0.500	36.690±2.050	0.056±0.002	76.280±7.210	27.190±2.030
80~100	5.790±0.700	22.210±1.320	6.800±0.170	34.330±5.510	0.060±0.003	84.960±2.180	28.190±3.020

十五、剖面 15：赤红壤亚类

1. 剖面位置

地籍号：441624015002000300201；

地理坐标：北纬 24.271496°，东经 114.980684°；

地区：广东省河源市和平县礼士镇龙水村。

2. 剖面特征

和平县典型森林土壤剖面 15(图 3-40，左图)土壤类型为赤红壤亚类、页赤红壤土属。该剖面采自礼士镇龙水村，海拔 190 m，平原地貌，西北坡向，坡度为 35°，中坡坡位，无侵蚀，凋落物层厚度为 10 cm，腐殖质层厚度为 22 cm，植被类型为常绿阔叶林，优势树种为桉树(图 3-40，右图)。

图 3-40　和平县赤红壤剖面 15(左图)及植被(右图)

3. 主要性状

和平县典型赤红壤剖面 15 的土壤理化性质如表 3-79、3-80 所示。

土壤养分包括有机碳、全氮、全磷和全钾，表层土壤（0~20 cm）中，其含量分别为 24.170 g/kg、1.473 g/kg、1.330 g/kg 和 17.666 g/kg，依据土壤养分分级标准，分别属于 Ⅰ级、Ⅲ级、Ⅰ级和Ⅲ级。表层土壤 pH 值为 4.390，容重为 1.40g/cm³。其余各土壤层（20~40 cm、40~60 cm、60~80 cm、80~100 cm）的土壤养分含量、土壤 pH 值和容重值见表 3-79。

重金属元素包括镍、铅、铜、锌、汞、镉、砷和铬，表层土壤（0~20 cm）中，其含量分别为 3.540 mg/kg、14.150 mg/kg、13.190 mg/kg、40.670 mg/kg、0.109 mg/kg、0.139 mg/kg、7.490 mg/kg 和 11.120 mg/kg。所有重金属元素均低于农用地土壤污染风险筛选值。其余各土壤层（20~40 cm、40~60 cm、60~80 cm、80~100 cm）的重金属元素含量见表 3-80。

表 3-79　和平县赤红壤剖面 15 pH 值及养分含量统计表

深度 （cm）	pH （H₂O）	有机碳（SOC） （g/kg）	全氮（N） （g/kg）	全磷（P） （g/kg）	全钾（K） （g/kg）	容重 （g/cm³）
0~20	4.390±0.040	24.170±0.650	1.473±0.025	1.330±0.050	17.666±0.197	1.400±0.320
20~40	4.220±0.040	11.870±0.350	0.931±0.018	0.287±0.010	18.266±0.272	1.290±0.220
40~60	4.160±0.030	9.690±0.270	0.908±0.021	0.202±0.007	20.982±0.349	1.490±0.330
60~80	4.260±0.040	11.200±0.300	0.946±0.024	0.443±0.015	25.214±0.278	1.300±0.250
80~100	4.170±0.040	9.450±0.270	0.754±0.021	0.243±0.007	17.993±0.352	1.380±0.370

表 3-80　和平县赤红壤剖面 15 重金属元素含量统计表

深度 （cm）	镍（Ni） （mg/kg）	铅（Pb） （mg/kg）	铜（Cu） （mg/kg）	锌（Zn） （mg/kg）	汞（Hg） （mg/kg）	镉（Cd） （mg/kg）	砷（As） （mg/kg）	铬（Cr） （mg/kg）
0~20	3.540±0.500	14.150±1.030	13.190±0.350	40.670±2.080	0.109±0.003	0.139±0.008	7.490±0.100	11.120±1.020
20~40	3.330±0.580	14.090±1.010	8.430±0.610	17.670±1.530	0.057±0.002	未检出	9.160±0.670	13.480±0.500
40~60	4.330±0.580	12.200±0.350	2.630±0.050	27.440±1.500	0.065±0.002	未检出	9.000±0.440	12.360±0.620
60~80	5.300±0.610	14.080±1.010	5.510±0.450	28.950±1.780	0.075±0.002	未检出	9.440±0.870	15.000±1.000
80~100	3.160±0.270	15.530±0.910	10.790±0.290	16.970±3.000	0.061±0.001	未检出	9.900±0.260	14.600±1.510

十六、剖面 16：赤红壤亚类

1. 剖面位置

地籍号：441624015002000700201；

地理坐标：北纬 24.248745°，东经 114.979719°；

地区：广东省河源市和平县礼士镇龙水村。

2. 剖面特征

和平县典型森林土壤剖面 16(图 3-41,左图)土壤类型为赤红壤亚类、页赤红壤土属。该剖面采自礼士镇龙水村,海拔 207 m,丘陵地貌,西北坡向,坡度为 46°,中坡坡位,无侵蚀,凋落物层厚度为 3.5 cm,腐殖质层厚度为 5.5 cm,植被类型为常绿阔叶林,优势树种为桉树(图 3-41,右图)。

图 3-41　和平县赤红壤剖面 16(左图)及植被(右图)

3. 主要性状

和平县典型赤红壤剖面 16 的土壤理化性质如表 3-81、3-82 所示。

土壤养分包括有机碳、全氮、全磷和全钾,表层土壤(0~20 cm)中,其含量分别为 8.120 g/kg、0.706 g/kg、0.135 g/kg 和 19.800 g/kg,依据土壤养分分级标准,分别属于Ⅳ级、Ⅴ级、Ⅵ级和Ⅲ级。表层土壤 pH 值为 4.710,容重为 1.46 g/cm³。其余各土壤层(20~40 cm、40~60 cm、60~80 cm、80~100 cm)的土壤养分含量、土壤 pH 值和容重值见表 3-81。

重金属元素包括镍、铅、铜、锌、汞、镉、砷和铬,表层土壤(0~20 cm)中,其含量分别为 6.150 mg/kg、18.530 mg/kg、4.970 mg/kg、30.000 mg/kg、0.062 mg/kg、未检出、5.460 mg/kg 和 20.640 mg/kg。所有重金属元素均低于农用地土壤污染风险筛选值。其余各土壤层(20~40 cm、40~60 cm、60~80 cm、80~100 cm)的重金属元素含量见表 3-82。

表 3-81　和平县赤红壤剖面 16 pH 值及养分含量统计表

深度 （cm）	pH （H₂O）	有机碳（SOC） （g/kg）	全氮（N） （g/kg）	全磷（P） （g/kg）	全钾（K） （g/kg）	容重 （g/cm³）
0~20	4.710±0.040	8.120±0.220	0.706±0.013	0.135±0.005	19.800±0.529	1.460±0.050
20~40	4.730±0.040	5.860±0.160	0.559±0.010	0.123±0.004	21.033±1.498	1.290±0.230
40~60	4.780±0.030	3.990±0.120	0.415±0.009	0.115±0.004	20.867±0.551	1.290±0.370
60~80	4.770±0.040	4.440±0.120	0.410±0.011	0.110±0.004	23.067±1.976	1.300±0.270
80~100	4.820±0.040	3.960±0.120	0.406±0.011	0.117±0.004	22.600±0.529	1.090±0.290

表 3-82　和平县赤红壤剖面 16 重金属元素含量统计表

深度 （cm）	镍（Ni） （mg/kg）	铅（Pb） （mg/kg）	铜（Cu） （mg/kg）	锌（Zn） （mg/kg）	汞（Hg） （mg/kg）	砷（As） （mg/kg）	铬（Cr） （mg/kg）
0~20	6.150±0.260	18.530±1.500	4.970±0.150	30.000±1.730	0.062±0.005	5.460±0.050	20.640±1.520
20~40	6.890±0.200	18.000±1.000	6.400±0.460	41.000±2.650	0.068±0.006	5.400±0.360	19.480±0.500
40~60	8.520±0.500	22.510±0.890	5.870±0.150	33.000±2.000	0.072±0.005	5.100±0.260	21.590±1.030
60~80	9.200±0.720	24.370±2.100	6.780±0.560	35.930±1.790	0.082±0.007	6.030±0.610	21.220±2.040
80~100	9.380±0.660	24.410±1.650	7.350±0.180	36.870±6.000	0.091±0.014	5.910±0.150	22.600±2.510

十七、剖面 17：赤红壤亚类

1. 剖面位置

地籍号：441624017002000700500；

地理坐标：北纬 24.170724°，东经 115.173759°；

地区：广东省河源市和平县东水镇梅花村。

2. 剖面特征

和平县典型森林赤红壤剖面 17（图 3-42，左图）采自东水镇梅花村，海拔 125 m，丘陵地貌，西北坡向，坡度为 19°，上坡坡位，无侵蚀，凋落物层厚度为 8 cm，腐殖质层厚度为 6 cm，植被类型为针阔混交林，优势树种为湿地松（国外松）（图 3-42，右图）。

图 3-42　和平县赤红壤剖面 17(左图)及植被(右图)

3. 主要性状

和平县典型赤红壤剖面 17 的土壤理化性质如表 3-83、3-84 所示。

土壤养分包括有机碳、全氮、全磷和全钾,表层土壤(0~20 cm)中,其含量分别为 18.370 g/kg、1.060 g/kg、0.213 g/kg 和 17.233 g/kg,依据土壤养分分级标准,分别属于 Ⅱ级、Ⅲ级、Ⅴ级和Ⅲ级。表层土壤 pH 值为 4.270,容重为 1.07g/cm³。其余各土壤层(20~40 cm、40~60 cm、60~80 cm、80~100 cm)的土壤养分含量、土壤 pH 值和容重值见表 3-83。

重金属元素包括镍、铅、铜、锌、汞、镉、砷和铬,表层土壤(0~20 cm)中,其含量分别为 3.930 mg/kg、36.170 mg/kg、18.730 mg/kg、26.280 mg/kg、0.117 mg/kg、未检出、6.500 mg/kg 和 32.770 mg/kg。所有重金属元素均低于农用地土壤污染风险筛选值。其余各土壤层(20~40 cm、40~60 cm、60~80 cm、80~100 cm)的重金属元素含量见表 3-84。

表 3-83　和平县赤红壤剖面 17 pH 值及养分含量统计表

深度 (cm)	pH (H₂O)	有机碳(SOC) (g/kg)	全氮(N) (g/kg)	全磷(P) (g/kg)	全钾(K) (g/kg)	容重 (g/cm³)
0~20	4.270±0.040	18.370±0.550	1.060±0.020	0.213±0.008	17.233±1.457	1.070±0.350
20~40	4.440±0.040	10.160±0.260	0.601±0.011	0.179±0.006	15.533±1.097	1.370±0.290
40~60	4.670±0.030	5.740±0.170	0.531±0.012	0.169±0.006	14.833±0.681	1.080±0.360
60~80	4.730±0.040	6.120±0.160	0.454±0.012	0.174±0.006	16.267±1.305	1.150±0.310
80~100	4.820±0.040	3.770±0.110	0.380±0.011	0.167±0.005	14.733±0.874	1.360±0.330

表 3-84　和平县赤红壤剖面 17 重金属元素含量统计表

深度 （cm）	镍（Ni） （mg/kg）	铅（Pb） （mg/kg）	铜（Cu） （mg/kg）	锌（Zn） （mg/kg）	汞（Hg） （mg/kg）	砷（As） （mg/kg）	铬（Cr） （mg/kg）
0~20	3.930±0.120	36.170±3.010	18.730±0.470	26.280±1.550	0.117±0.009	6.500±0.100	32.770±2.540
20~40	4.670±0.580	35.980±2.630	17.000±1.180	27.550±1.720	0.112±0.010	7.130±0.510	34.350±1.520
40~60	4.370±0.550	42.560±1.910	17.360±0.440	24.550±1.500	0.089±0.006	6.570±0.320	33.980±1.690
60~80	4.850±0.260	37.330±3.060	17.670±1.520	28.930±1.800	0.110±0.009	7.160±0.670	37.000±2.650
80~100	5.100±0.180	33.680±2.100	19.230±0.470	31.990±5.000	0.116±0.018	8.240±0.190	40.040±4.000

十八、剖面 18：赤红壤亚类

1. 剖面位置

地籍号：441624017003000300301；

地理坐标：北纬 24.271958°，东经 115.143407°；

地区：广东省河源市和平县东水镇新坪村。

2. 剖面特征

和平县典型森林土壤剖面 18（图 3-43，左图）土壤类型为赤红壤亚类、麻赤红壤土属。该剖面采自东水镇新坪村，海拔 107 m，丘陵地貌，北坡向，坡度为 45°，下坡坡位，无侵蚀，凋落物层厚度为 25 cm，腐殖质层厚度为 27 cm，植被类型为暖性针阔混交林，优势树种为杉木（图 3-43，右图）。

图 3-43　和平县赤红壤剖面 18（左图）及植被（右图）

3. 主要性状

和平县典型赤红壤剖面 18 的土壤理化性质如表 3-85、3-86 所示。

土壤养分包括有机碳、全氮、全磷和全钾，表层土壤(0～20 cm)中，其含量分别为 19. 770 g/kg、1. 373 g/kg、0. 144 g/kg 和 32. 744 g/kg，依据土壤养分分级标准，分别属于 Ⅱ级、Ⅲ级、Ⅵ级和 Ⅰ级。表层土壤 pH 值为 4. 410，容重为 1. 16g/cm³。其余各土壤层(20～40 cm、40～60 cm、60～80 cm、80～100 cm)的土壤养分含量、土壤 pH 值和容重值见表 3-85。

重金属元素包括镍、铅、铜、锌、汞、镉、砷和铬，表层土壤(0～20 cm)中，其含量分别为未检出、15. 670 mg/kg、1. 980 mg/kg、12. 410 mg/kg、0. 074 mg/kg、未检出、3. 700 mg/kg 和 23. 290 mg/kg。所有重金属元素均低于农用地土壤污染风险筛选值。其余各土壤层(20～40 cm、40～60 cm、60～80 cm、80～100 cm)的重金属元素含量见表 3-86。

表 3-85　和平县赤红壤剖面 18pH 值及养分含量统计表

深度 (cm)	pH (H₂O)	有机碳(SOC) (g/kg)	全氮(N) (g/kg)	全磷(P) (g/kg)	全钾(K) (g/kg)	容重 (g/cm³)
0～20	4. 410±0. 040	19. 770±0. 550	1. 373±0. 025	0. 144±0. 005	32. 744±0. 257	1. 160±0. 520
20～40	4. 600±0. 040	10. 070±0. 250	1. 000±0. 020	0. 123±0. 004	29. 603±0. 303	1. 320±0. 210
40～60	4. 480±0. 030	11. 900±0. 300	1. 040±0. 020	0. 125±0. 004	30. 710±0. 264	1. 200±0. 380
60～80	4. 450±0. 040	14. 800±0. 400	1. 420±0. 040	0. 351±0. 012	31. 254±0. 167	1. 230±0. 490
80～100	4. 470±0. 040	6. 710±0. 200	0. 752±0. 021	0. 111±0. 003	30. 932±0. 231	1. 130±0. 500

表 3-86　和平县赤红壤剖面 18 重金属元素含量统计表

深度 (cm)	镍(Ni) (mg/kg)	铅(Pb) (mg/kg)	铜(Cu) (mg/kg)	锌(Zn) (mg/kg)	汞(Hg) (mg/kg)	砷(As) (mg/kg)	铬(Cr) (mg/kg)
0～20	未检出	15. 670±1. 530	1. 980±0. 070	12. 410±0. 520	0. 074±0. 003	3. 700±0. 000	23. 290±2. 060
20～40	未检出	17. 260±1. 100	2. 140±0. 150	13. 930±1. 100	0. 077±0. 004	4. 150±0. 310	7. 330±0. 580
40～60	未检出	13. 850±0. 780	1. 820±0. 030	11. 620±0. 540	0. 072±0. 002	3. 720±0. 190	6. 170±0. 290
60～80	2. 910±0. 160	16. 670±1. 530	3. 370±0. 300	16. 190±0. 730	0. 085±0. 004	4. 000±0. 360	9. 670±0. 580
80～100	3. 000±0. 000	22. 260±1. 410	2. 470±0. 060	13. 060±2. 000	0. 064±0. 004	4. 190±0. 110	7. 020±1. 000

十九、剖面 19：赤红壤亚类

1. 剖面位置

地籍号：441624017003000300501；

地理坐标：北纬 24. 265538°，东经 115. 142192°；

地区：广东省河源市和平县东水镇新坪村。

2. 剖面特征

和平县典型森林赤红壤剖面 19(图 3-44，左图)采自东水镇新坪村，海拔 157 m，丘陵地貌，南坡向，坡度为 36°，上坡坡位，无侵蚀，凋落物层厚度为 17 cm，腐殖质层厚度为 3 cm，植被类型为针叶混交林，优势树种为马尾松(图 3-44，右图)。

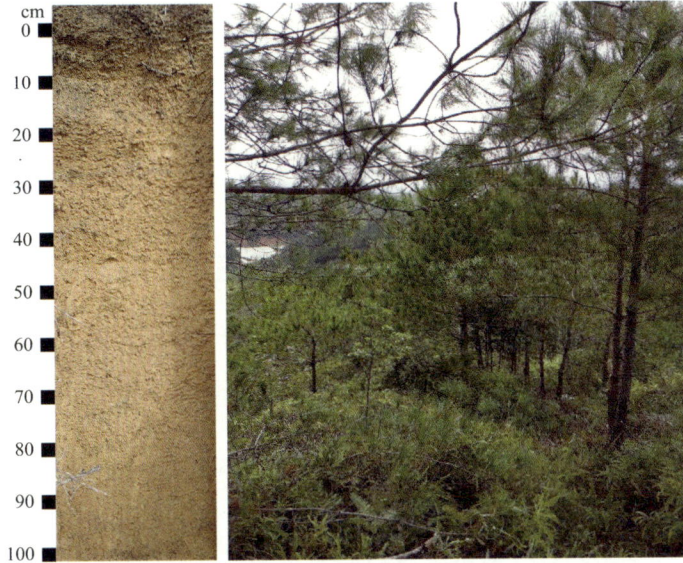

图 3-44　和平县赤红壤剖面 19(左图) 及植被(右图)

3. 主要性状

和平县典型赤红壤剖面 19 的土壤理化性质如表 3-87、3-88 所示。

土壤养分包括有机碳、全氮、全磷和全钾，表层土壤(0～20 cm)中，其含量分别为 12.070 g/kg、0.794 g/kg、0.073 g/kg 和 40.773 g/kg，依据土壤养分分级标准，分别属于 Ⅲ级、Ⅳ级、Ⅵ级和Ⅰ级。表层土壤 pH 值为 4.600，容重未知。其余各土壤层(20～40 cm、40～60 cm、60～80 cm、80～100 cm)的土壤养分含量、土壤 pH 值见表 3-87。

重金属元素包括镍、铅、铜、锌、汞、镉、砷和铬，表层土壤(0～20 cm)中，其含量分别为未检出、88.240 mg/kg、2.970 mg/kg、23.470 mg/kg、0.082 mg/kg、未检出、2.200 mg/kg 和 4.970 mg/kg。其中，铅元素超过农用地土壤污染风险值，其他重金属元素均低于农用地土壤污染风险筛选值。其余各土壤层(20～40 cm、40～60 cm、60～80 cm、80～100 cm)的重金属元素含量见表 3-88。

表 3-87　和平县赤红壤剖面 19 pH 值及养分含量统计表

深度 (cm)	pH (H_2O)	有机碳(SOC) (g/kg)	全氮(N) (g/kg)	全磷(P) (g/kg)	全钾(K) (g/kg)
0～20	4.600±0.040	12.070±0.350	0.794±0.014	0.073±0.003	40.773±0.251
20～40	4.720±0.040	5.440±0.140	0.469±0.009	0.054±0.002	40.495±0.329
40～60	4.670±0.030	3.290±0.090	0.273±0.006	0.047±0.002	40.211±0.196
60～80	4.940±0.040	1.940±0.050	0.263±0.007	0.045±0.002	41.456±0.195
80～100	5.080±0.040	1.860±0.050	0.209±0.006	0.045±0.001	43.141±0.154

表 3-88 和平县赤红壤剖面 19 重金属元素含量统计表

深度 (cm)	铅(Pb) (mg/kg)	铜(Cu) (mg/kg)	锌(Zn) (mg/kg)	汞(Hg) (mg/kg)	砷(As) (mg/kg)	铬(Cr) (mg/kg)
0~20	88.240±6.620	2.970±0.210	23.470±0.500	0.082±0.003	2.200±0.180	4.970±0.060
20~40	131.330±5.510	3.180±0.230	21.380±1.520	0.064±0.002	2.200±0.200	3.910±0.150
40~60	99.240±4.780	3.140±0.150	20.310±1.140	0.058±0.002	1.820±0.120	3.480±0.500
60~80	147.000±10.820	3.630±0.160	25.670±2.080	0.056±0.003	1.930±0.150	3.800±0.340
80~100	175.710±18.500	3.880±0.600	27.080±0.880	0.049±0.002	2.100±0.300	3.670±0.580

二十、剖面 20：赤红壤亚类

1. 剖面位置

地籍号：441624017009000200901；

地理坐标：北纬 24.221528°，东经 115.152365°；

地区：广东省河源市和平县东水镇成源村。

2. 剖面特征

和平县典型森林土壤剖面 20(图 3-45，左图)土壤类型为赤红壤亚类、麻赤红壤土属。该剖面采自东水镇成源村，海拔 170 m，丘陵地貌，西南坡向，坡度为 38°，上坡坡位，无侵蚀，凋落物层厚度为 25 cm，腐殖质层厚度为 1 cm，植被类型为暖性常绿针叶林，优势树种为杉木(图 3-45，右图)。

图 3-45 和平县赤红壤剖面 20(左图)及植被(右图)

3. 主要性状

和平县典型赤红壤剖面 20 的土壤理化性质如表 3-89、3-90 所示。

土壤养分包括有机碳、全氮、全磷和全钾，表层土壤（0～20 cm）中，其含量分别为 5.820 g/kg、0.494 g/kg、0.272 g/kg 和 5.073 g/kg，依据土壤养分分级标准，分别属于 V 级、Ⅵ级、V 级和 V 级。表层土壤 pH 值为 4.540，容重为 1.33g/cm³。其余各土壤层（20～40 cm、40～60 cm、60～80 cm、80～100 cm）的土壤养分含量、土壤 pH 值和容重值见表 3-89。

重金属元素包括镍、铅、铜、锌、汞、镉、砷和铬，表层土壤（0～20 cm）中，其含量分别为 4.330 mg/kg、17.970 mg/kg、22.450 mg/kg、16.670 mg/kg、0.065 mg/kg、未检出、53.750 mg/kg 和 28.570 mg/kg。其中，砷元素超过农用地土壤污染风险值，其他重金属元素均低于农用地土壤污染风险筛选值。其余各土壤层（20～40 cm、40～60 cm、60～80 cm、80～100 cm）的重金属元素含量见表 3-90。

表 3-89　和平县赤红壤剖面 20pH 值及养分含量统计表

深度 （cm）	pH （H₂O）	有机碳（SOC） （g/kg）	全氮（N） （g/kg）	全磷（P） （g/kg）	全钾（K） （g/kg）	容重 （g/cm³）
0～20	4.540±0.040	5.820±0.160	0.494±0.009	0.272±0.010	5.073±0.397	1.330±0.390
20～40	4.660±0.040	4.610±0.120	0.434±0.009	0.268±0.009	4.653±0.210	1.230±0.280
40～60	4.810±0.030	3.180±0.100	0.384±0.009	0.272±0.010	5.090±0.235	0.910±0.270
60～80	4.960±0.040	2.590±0.070	0.321±0.008	0.269±0.009	5.683±0.417	0.700±0.120
80～100	5.090±0.040	2.440±0.070	0.254±0.007	0.265±0.008	5.780±0.610	1.510±0.150

表 3-90　和平县赤红壤剖面 20 重金属元素含量统计表

	铬（Cr） （mg/kg）	镍（Ni） （mg/kg）	铅（Pb） （mg/kg）	铜（Cu） （mg/kg）	锌（Zn） （mg/kg）	汞（Hg） （mg/kg）	镉（Cd） （mg/kg）	砷（As） （mg/kg）
0～20	4.330±0.580	17.970±1.710	22.450±0.850	16.670±0.580	0.065±0.001	53.750±3.380	28.570±2.500	
20～40	4.480±0.500	20.330±1.530	24.610±1.300	16.930±1.010	0.062±0.005	53.630±3.770	27.420±2.130	
40～60	4.960±0.060	24.260±1.400	24.170±1.940	14.620±0.540	0.061±0.003	49.790±2.500	26.240±1.370	
60～80	4.100±0.170	25.710±2.060	26.110±1.940	18.270±1.550	0.060±0.006	51.710±2.630	27.330±2.080	
80～100	4.640±0.560	26.830±4.010	22.380±1.820	16.670±0.580	0.056±0.002	48.580±7.760	26.930±1.600	

二十一、剖面 21：赤红壤亚类

1. 剖面位置

地籍号：441624009004000300801；

地理坐标：北纬 24.517388°，东经 115.180559°；

地区：广东省河源市和平县贝墩镇石村村。

2. 剖面特征

和平县典型森林赤红壤剖面 21(图 3-46，左图)采自贝墩镇石村村，海拔 203 m，丘陵地貌，东坡向，坡度为 27°，下坡坡位，无侵蚀，凋落物层厚度为 2 cm，腐殖质层厚度为5 cm，植被类型为针阔混交林，优势树种为杉木(图 3-46，右图)。

图 3-46　和平县赤红壤剖面 21(左图)及植被(右图)

3. 主要性状

和平县典型赤红壤剖面 21 的土壤理化性质如表 3-91、3-92 所示。

土壤养分包括有机碳、全氮、全磷和全钾，表层土壤(0~20 cm)中，其含量分别为9.780 g/kg、0.810 g/kg、0.175 g/kg 和 29.622 g/kg，依据土壤养分分级标准，分别属于Ⅳ级、Ⅳ级、Ⅵ级和Ⅰ级。表层土壤 pH 值为 4.680，容重为 1.19g/cm³。其余各土壤层(20~40 cm、40~60 cm、60~80 cm、80~100 cm)的土壤养分含量、土壤 pH 值和容重值见表 3-91。

重金属元素包括镍、铅、铜、锌、汞、镉、砷和铬，表层土壤(0~20 cm)中，其含量分别为 11.670 mg/kg、25.270 mg/kg、12.740 mg/kg、40.670 mg/kg、0.049 mg/kg、未检出、4.160 mg/kg 和 17.850 mg/kg。所有重金属元素均低于农用地土壤污染风险筛选值。其余各土壤层(20~40 cm、40~60 cm、60~80 cm、80~100 cm)的重金属元素含量见表3-92。

表 3-91　和平县赤红壤剖面 21 pH 值及养分含量统计表

深度 （cm）	pH （H₂O）	有机碳（SOC） （g/kg）	全氮（N） （g/kg）	全磷（P） （g/kg）	全钾（K） （g/kg）	容重 （g/cm³）
0~20	4.680±0.040	9.780±0.310	0.810±0.014	0.175±0.007	29.622±0.271	1.190±0.440
20~40	4.650±0.040	6.490±0.170	0.710±0.014	0.168±0.006	29.517±0.282	1.310±0.520
40~60	4.680±0.030	5.020±0.140	0.641±0.015	0.175±0.006	30.449±0.352	1.550±0.400
60~80	4.620±0.040	6.120±0.160	0.683±0.017	0.184±0.006	28.703±0.278	1.140±0.410
80~100	4.700±0.040	5.340±0.160	0.656±0.018	0.168±0.005	25.665±0.371	1.260±0.110

表 3-92　和平县赤红壤剖面 21 重金属元素含量统计表

深度 （cm）	镍（Ni） （mg/kg）	铅（Pb） （mg/kg）	铜（Cu） （mg/kg）	锌（Zn） （mg/kg）	汞（Hg） （mg/kg）	砷（As） （mg/kg）	铬（Cr） （mg/kg）
0~20	11.670±0.580	25.270±2.060	12.740±0.760	40.670±0.580	0.049±0.003	4.160±0.310	17.850±0.790
20~40	11.390±0.530	22.030±1.000	11.700±0.820	38.000±2.650	0.044±0.002	4.380±0.400	17.670±1.150
40~60	13.170±0.290	24.620±1.080	13.500±0.700	44.470±2.260	0.044±0.001	4.540±0.310	20.220±1.580
60~80	13.390±1.510	23.720±1.550	13.980±0.720	46.960±4.600	0.045±0.004	4.870±0.400	20.640±1.570
80~100	13.670±0.580	22.660±2.520	12.300±1.950	46.240±1.310	0.049±0.002	4.750±0.750	18.270±1.420

二十二、剖面 22：赤红壤亚类

1. 剖面位置

地籍号：441624004002000400601；

地理坐标：北纬 24.632939°，东经 115.166305°；

地区：广东省河源市和平县长塘镇黄沙村。

2. 剖面特征

和平县典型森林赤红壤剖面 22（图 3-47，左图）采自长塘镇黄沙村，海拔 254 m，丘陵地貌，北坡向，坡度为 23°，中坡坡位，无侵蚀，凋落物层厚度为 6 cm，腐殖质层厚度为 13 cm，植被类型为暖性针阔混交林，优势树种为杉木、润楠（图 3-47，右图）。

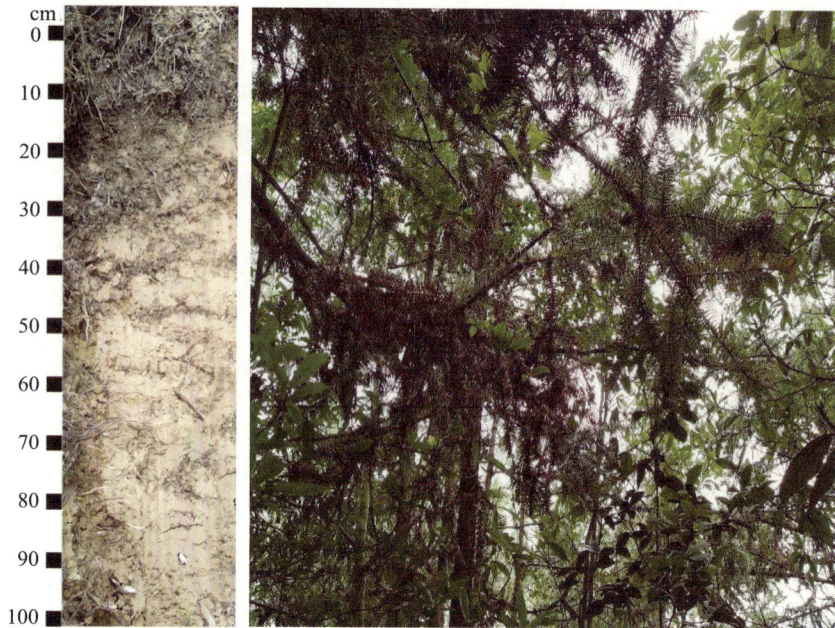

图 3-47　和平县赤红壤剖面 22(左图)及植被(右图)

3. 主要性状

和平县典型赤红壤剖面 22 的土壤理化性质如表 3-93、3-94 所示。

土壤养分包括有机碳、全氮、全磷和全钾,表层土壤(0~20 cm)中,其含量分别为 16.500 g/kg、0.937 g/kg、0.106 g/kg 和 1.980 g/kg,依据土壤养分分级标准,分别属于Ⅲ级、Ⅳ级、Ⅵ级和Ⅵ级。表层土壤 pH 值为 4.350,容重为 1.09g/cm³。其余各土壤层(20~40 cm、40~60 cm、60~80 cm、80~100 cm)的土壤养分含量、土壤 pH 值和容重值见表 3-93。

重金属元素包括镍、铅、铜、锌、汞、镉、砷和铬,表层土壤(0~20 cm)中,其含量分别为未检出、19.670 mg/kg、1.880 mg/kg、33.670 mg/kg、0.067 mg/kg、未检出、14.960 mg/kg 和 11.130 mg/kg。所有重金属元素均低于农用地土壤污染风险筛选值。其余各土壤层(20~40 cm、40~60 cm、60~80 cm、80~100 cm)的重金属元素含量见表 3-94。

表 3-93　和平县赤红壤剖面 22 pH 值及养分含量统计表

深度 (cm)	pH (H₂O)	有机碳(SOC) (g/kg)	全氮(N) (g/kg)	全磷(P) (g/kg)	全钾(K) (g/kg)	容重 (g/cm³)
0~20	4.350±0.040	16.500±0.400	0.937±0.017	0.106±0.004	1.980±0.171	1.090±0.370
20~40	4.400±0.040	10.470±0.250	0.710±0.014	0.096±0.003	1.367±0.095	1.310±0.640
40~60	4.470±0.030	8.210±0.230	0.712±0.016	0.092±0.003	1.640±0.072	1.550±0.190
60~80	4.460±0.040	8.560±0.230	0.684±0.017	0.089±0.003	2.110±0.171	1.500±0.240
80~100	4.600±0.040	5.310±0.160	0.637±0.018	0.087±0.003	1.537±0.093	1.270±0.610

表 3-94　和平县赤红壤剖面 22 重金属元素含量统计表

深度 （cm）	铅（Pb） （mg/kg）	铜（Cu） （mg/kg）	锌（Zn） （mg/kg）	汞（Hg） （mg/kg）	砷（As） （mg/kg）	铬（Cr） （mg/kg）
0~20	19.670±1.530	1.880±0.070	33.670±2.080	0.067±0.001	14.960±0.150	11.130±1.030
20~40	17.000±1.000	1.590±0.100	38.630±2.580	0.063±0.005	16.690±1.180	12.600±0.530
40~60	17.330±0.580	1.600±0.000	36.000±2.000	0.061±0.003	17.070±0.850	13.200±0.350
60~80	19.000±1.730	2.380±0.200	36.000±1.730	0.071±0.007	17.750±1.680	13.000±1.000
80~100	18.050±1.080	1.980±0.030	37.740±6.020	0.072±0.002	20.320±0.500	13.620±1.510

二十三、剖面 23：赤红壤亚类

1. 剖面位置

地籍号：441624012028000100100；

地理坐标：北纬 24.347062°，东经 115.110039°；

地区：广东省河源市和平县彭寨镇马塘村。

2. 剖面特征

和平县典型森林土壤剖面 23（图 3-48，左图）土壤类型为赤红壤亚类、页赤红壤土属。该剖面采自彭寨镇马塘村，海拔 148 m，平原地貌，东南坡向，坡度为 21°，中坡坡位，无侵蚀，凋落物层厚度为 1 cm，腐殖质层厚度为 4 cm，植被类型为针阔混交林，优势树种为马尾松、水团花（图 3-48，右图）。

图 3-48　和平县赤红壤剖面 23（左图）及植被（右图）

3. 主要性状

和平县典型赤红壤剖面 23 的土壤理化性质如表 3-95、3-96 所示。

土壤养分包括有机碳、全氮、全磷和全钾，表层土壤(0~20 cm)中，其含量分别为 9.860 g/kg、0.891 g/kg、0.214 g/kg 和 28.767 g/kg，依据土壤养分分级标准，分别属于Ⅳ级、Ⅳ级、Ⅴ级和Ⅰ级。表层土壤 pH 值为 4.460，容重为 1.21g/cm³。其余各土壤层(20~40 cm、40~60 cm、60~80 cm、80~100 cm)的土壤养分含量、土壤 pH 值和容重值见表 3-95。

重金属元素包括镍、铅、铜、锌、汞、镉、砷和铬，表层土壤(0~20 cm)中，其含量分别为 5.330 mg/kg、26.510 mg/kg、25.000 mg/kg、40.670 mg/kg、0.044 mg/kg、未检出、6.160 mg/kg 和 19.600 mg/kg。所有重金属元素均低于农用地土壤污染风险筛选值。其余各土壤层(20~40 cm、40~60 cm、60~80 cm、80~100 cm)的重金属元素含量见表 3-96。

表 3-95　和平县赤红壤剖面 23 pH 值及养分含量统计表

深度 (cm)	pH (H₂O)	有机碳(SOC) (g/kg)	全氮(N) (g/kg)	全磷(P) (g/kg)	全钾(K) (g/kg)	容重 (g/cm³)
0~20	4.460±0.040	9.860±0.260	0.891±0.016	0.214±0.008	28.767±0.757	1.210±0.320
20~40	4.470±0.040	8.450±0.220	0.850±0.016	0.251±0.009	33.567±2.371	1.120±0.530
40~60	4.390±0.030	7.720±0.220	0.829±0.019	0.237±0.008	30.267±0.808	1.070±0.230
60~80	4.350±0.040	7.290±0.190	0.816±0.021	0.240±0.008	32.567±2.793	1.360±0.170
80~100	4.540±0.040	8.150±0.240	0.833±0.023	0.237±0.007	32.633±0.833	1.200±0.530

表 3-96　和平县赤红壤剖面 23 重金属元素含量统计表

深度 (cm)	镍(Ni) (mg/kg)	铅(Pb) (mg/kg)	铜(Cu) (mg/kg)	锌(Zn) (mg/kg)	汞(Hg) (mg/kg)	砷(As) (mg/kg)	铬(Cr) (mg/kg)
0~20	5.330±0.580	26.510±0.50	25.000±1.930	40.670±1.530	0.044±0.002	6.160±0.150	19.600±1.450
20~40	6.450±0.510	34.130±2.580	28.550±1.300	32.420±1.420	0.058±0.002	8.320±0.620	25.340±2.520
40~60	6.110±0.190	29.640±1.490	27.470±1.250	35.110±2.590	0.054±0.004	7.380±0.170	23.220±1.340
60~80	5.670±0.580	31.110±2.590	25.710±1.900	30.680±2.500	0.055±0.002	7.340±0.610	24.810±2.030
80~100	6.000±0.000	31.480±0.900	28.540±3.000	29.100±2.150	0.055±0.003	7.350±0.190	24.960±4.000

第四节　龙川县森林土壤剖面

龙川县森林土壤养分指标(包括有机碳、全氮、全磷和全钾)含量平均值分别为 9.856 g/kg、0.703 g/kg、0.297 g/kg 和 17.551 g/kg。龙川县森林土壤 pH 值平均值为 4.650。龙川县森林土壤重金属元素(包括镍、铅、铜、锌、汞、镉、砷和铬)平均含量分别为 9.156 mg/kg、39.814 mg/kg、19.401 mg/kg、42.939 mg/kg、0.100 mg/kg、0.018 mg/kg、10.923 mg/kg 和 41.593 mg/kg。

一、剖面 1：赤红壤亚类

1. 剖面位置

地籍号：44162200401100070010；

地理坐标：北纬 24.001849°，东经 115.162767°；

地区：广东省河源市龙川县佗城镇亨渡村。

2. 剖面特征

龙川县典型森林土壤剖面 1（图 3-49，左图）土壤类型为赤红壤亚类、麻赤红壤土属。该剖面采自佗城镇亨渡村，海拔 145 m，丘陵地貌，南坡向，坡度为 20°，中坡坡位，无侵蚀，凋落物层厚度为 14 cm，腐殖质层厚度为 3 cm，植被类型为常绿阔叶林，优势树种为桉树（图 3-49，右图）。

图 3-49　龙川县赤红壤剖面 1（左图）及植被（右图）

3. 主要性状

龙川县典型赤红壤剖面 1 的土壤理化性质如表 3-97、3-98 所示。

土壤养分包括有机碳、全氮、全磷和全钾，表层土壤（0～20 cm）中，其含量分别为 11.130 g/kg、0.627 g/kg、0.152 g/kg 和 38.988 g/kg，依据土壤养分分级标准，分别属于 Ⅳ级、Ⅴ级、Ⅵ级和 Ⅰ级。表层土壤 pH 值为 4.840，容重为 1.63g/cm³。其余各土壤层（20～40 cm、40～60 cm、60～80 cm、80～100 cm）的土壤养分含量、土壤 pH 值和容重值见表 3-97。

重金属元素包括镍、铅、铜、锌、汞、镉、砷和铬，表层土壤（0～20 cm）中，其含量分别为未检出、71.580 mg/kg、3.170 mg/kg、17.050 mg/kg、0.056 mg/kg、未检出、3.460 mg/kg 和 3.730 mg/kg。其中，铅元素超过农用地土壤污染风险值，其他重金属元素均低于农用地土壤污染风险筛选值。其余各土壤层（20~40 cm、40~60 cm、60~80 cm、80~100 cm）的重金属元素含量见表 3-98。

表 3-97　龙川县赤红壤剖面 1pH 值及养分含量统计表

深度 （cm）	pH （H$_2$O）	有机碳（SOC） （g/kg）	全氮（N） （g/kg）	全磷（P） （g/kg）	全钾（K） （g/kg）	容重 （g/cm^3）
0~20	4.840±0.030	11.130±0.550	0.627±0.013	0.152±0.008	38.988±1.053	1.630±0.140
20~40	4.860±0.040	10.600±0.500	0.575±0.012	0.137±0.008	38.826±2.745	1.230±0.530
40~60	4.840±0.050	9.240±0.290	0.497±0.011	0.119±0.006	29.679±0.765	1.080±0.290
60~80	4.990±0.040	4.180±0.140	0.374±0.009	0.101±0.004	27.764±2.355	1.010±0.550
80~100	5.100±0.040	4.560±0.190	0.389±0.009	0.100±0.003	26.028±0.669	0.940±0.580

表 3-98　龙川县赤红壤剖面 1 重金属元素含量统计表

深度 （cm）	铅（Pb） （mg/kg）	铜（Cu） （mg/kg）	锌（Zn） （mg/kg）	汞（Hg） （mg/kg）	砷（As） （mg/kg）	铬（Cr） （mg/kg）
0~20	71.580±5.720	3.170±0.120	17.050±0.460	0.056±0.002	3.460±0.220	3.730±0.320
20~40	97.320±8.230	3.550±0.190	17.150±1.210	0.083±0.002	3.740±0.260	3.910±0.270
40~60	121.530±7.770	3.810±0.310	17.870±0.460	0.085±0.004	3.340±0.170	2.650±0.120
60~80	122.610±9.780	4.820±0.360	20.030±1.700	0.077±0.003	3.540±0.180	2.780±0.220
80~100	143.460±22.170	4.140±0.340	20.840±0.540	0.085±0.002	3.270±0.520	2.810±0.170

二、剖面 2：赤红壤亚类

1. 剖面位置

地籍号：441622004012000201702；

地理坐标：北纬 23.967608°，东经 115.175578°；

地区：广东省河源市龙川县佗城镇四甲村。

2. 剖面特征

龙川县典型森林土壤剖面 2（图 3-50，左图）土壤类型为赤红壤亚类、页赤红壤土属。该剖面采自佗城镇四甲村，海拔 144 m，丘陵地貌，东南坡向，坡度为 37°，下坡坡位，无侵蚀，凋落物层厚度为 10 cm，腐殖质层厚度为 2 cm，植被类型为针阔混交林，优势树种为马尾松（图 3-50，右图）。

图 3-50 龙川县赤红壤剖面 2(左图)及植被(右图)

3. 主要性状

龙川县典型赤红壤剖面 2 的土壤理化性质如表 3-99、3-100 所示。

土壤养分包括有机碳、全氮、全磷和全钾,表层土壤(0~20 cm)中,其含量分别为 6.440 g/kg、0.585 g/kg、0.258 g/kg 和 15.784 g/kg,依据土壤养分分级标准,分别属于Ⅳ级、Ⅴ级、Ⅴ级和Ⅲ级。表层土壤 pH 值为 4.890,容重为 1.40g/cm³。其余各土壤层(20~40 cm、40~60 cm、60~80 cm、80~100 cm)的土壤养分含量、土壤 pH 值和容重值见表 3-99。

重金属元素包括镍、铅、铜、锌、汞、镉、砷和铬,表层土壤(0~20 cm)中,其含量分别为 6.740 mg/kg、19.970 mg/kg、27.370 mg/kg、26.260 mg/kg、0.056 mg/kg、未检出、17.890 mg/kg 和 54.310 mg/kg。所有重金属元素均低于农用地土壤污染风险筛选值。其余各土壤层(20~40 cm、40~60 cm、60~80 cm、80~100 cm)的重金属元素含量见表 3-100。

表 3-99 龙川县赤红壤剖面 2 pH 值及养分含量统计表

深度 (cm)	pH (H₂O)	有机碳(SOC) (g/kg)	全氮(N) (g/kg)	全磷(P) (g/kg)	全钾(K) (g/kg)	容重 (g/cm³)
0~20	4.890±0.030	6.440±0.120	0.585±0.012	0.258±0.130	15.784±1.262	1.400±0.260
20~40	4.890±0.040	5.380±0.110	0.548±0.012	0.263±0.140	14.175±1.199	1.690±0.120
40~60	4.920±0.050	4.490±0.090	0.524±0.012	0.269±0.120	13.805±0.882	1.350±0.310
60~80	4.720±0.040	6.090±0.120	0.651±0.015	0.302±0.160	14.100±1.125	1.290±0.580
80~100	4.680±0.040	8.870±0.180	0.670±0.016	0.263±0.120	15.525±2.399	1.150±0.340

表 3-100　龙川县赤红壤剖面 2 重金属元素含量统计表

深度 （cm）	镍（Ni） （mg/kg）	铅（Pb） （mg/kg）	铜（Cu） （mg/kg）	锌（Zn） （mg/kg）	汞（Hg） （mg/kg）	砷（As） （mg/kg）	铬（Cr） （mg/kg）
0~20	6.740±0.250	19.970±1.720	27.370±0.740	26.260±1.640	0.056±0.002	17.890±0.180	54.310±4.220
20~40	7.170±0.380	15.580±1.090	29.680±2.100	26.100±1.840	0.050±0.002	18.380±1.300	57.390±2.580
40~60	6.640±0.530	14.230±0.620	29.400±0.760	23.620±1.180	0.044±0.002	17.600±0.860	53.170±2.440
60~80	7.440±0.550	16.050±1.280	29.880±2.530	24.370±1.240	0.045±0.002	18.420±1.750	55.540±4.090
80~100	6.980±0.570	14.530±0.880	31.670±0.810	24.740±3.930	0.042±0.003	19.270±0.500	62.010±6.530

三、剖面 3：赤红壤亚类

1. 剖面位置

地籍号：441622004015000201200；

地理坐标：北纬 23.993417°，东经 115.222137°；

地区：广东省河源市龙川县佗城镇东坑村。

2. 剖面特征

龙川县典型森林土壤剖面 3（图 3-51，左图）土壤类型为赤红壤亚类、页赤红壤土属。该剖面采自佗城镇东村村，海拔 342.2 m，丘陵地貌，南坡向，坡度为 25°，中坡坡位，无侵蚀，凋落物层厚度为 12 cm，腐殖质层厚度为 10 cm，植被类型为暖性针阔混交林，优势树种为罗浮柿（图 3-51，右图）。

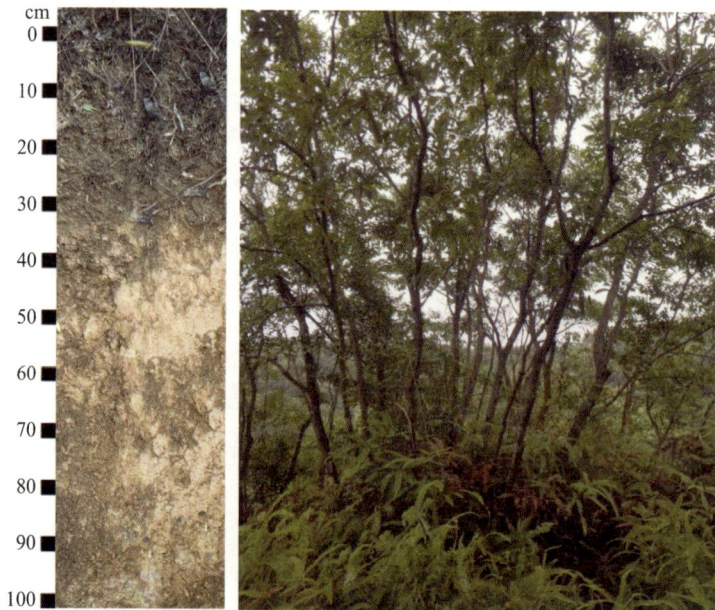

图 3-51　龙川县赤红壤剖面 3（左图）及植被（右图）

3. 主要性状

龙川县典型赤红壤剖面 3 的土壤理化性质如表 3-101、3-102 所示。

土壤养分包括有机碳、全氮、全磷和全钾，表层土壤（0～20 cm）中，其含量分别为 19.670 g/kg、1.014 g/kg、0.249 g/kg 和 19.226 g/kg，依据土壤养分分级标准，分别属于 Ⅱ级、Ⅲ级、Ⅴ级和Ⅲ级。表层土壤 pH 值为 4.360，容重为 1.11 g/cm³。其余各土壤层（20～40 cm、40～60 cm、60～80 cm、80～100 cm）的土壤养分含量、土壤 pH 值和容重值见表 3-101。

重金属元素包括镍、铅、铜、锌、汞、镉、砷和铬，表层土壤（0～20 cm）中，其含量分别为 12.810 mg/kg、27.800 mg/kg、29.570 mg/kg、41.890 mg/kg、0.088 mg/kg、未检出、10.630 mg/kg 和 57.400 mg/kg。所有重金属元素均低于农用地土壤污染风险筛选值。其余各土壤层（20～40 cm、40～60 cm、60～80 cm、80～100 cm）的重金属元素含量见表 3-102。

表 3-101　龙川县赤红壤剖面 3 pH 值及养分含量统计表

深度 （cm）	pH （H₂O）	有机碳（SOC） （g/kg）	全氮（N） （g/kg）	全磷（P） （g/kg）	全钾（K） （g/kg）	容重 （g/cm³）
0～20	4.360±0.030	19.670±0.800	1.014±0.012	0.249±0.013	19.226±1.493	1.110±0.410
20～40	4.670±0.040	7.430±0.150	0.548±0.012	0.251±0.014	22.185±0.997	1.230±0.480
40～60	4.790±0.050	5.150±0.100	0.446±0.010	0.249±0.011	21.120±0.969	1.180±0.510
60～80	4.840±0.040	4.260±0.080	0.417±0.010	0.254±0.013	23.981±1.765	1.250±0.200
80～100	4.960±0.040	3.530±0.070	0.302±0.007	0.249±0.011	25.943±2.734	1.230±0.580

表 3-102　龙川县赤红壤剖面 3 重金属元素含量统计表

深度 （cm）	镍（Ni） （mg/kg）	铅（Pb） （mg/kg）	铜（Cu） （mg/kg）	锌（Zn） （mg/kg）	汞（Hg） （mg/kg）	砷（As） （mg/kg）	铬（Cr） （mg/kg）
0～20	12.810±0.350	27.800±2.160	29.570±1.850	41.890±0.420	0.088±0.003	10.630±0.850	57.400±2.130
20～40	12.670±0.900	28.780±1.290	37.780±2.660	38.490±2.720	0.082±0.001	11.650±0.990	62.830±3.340
40～60	12.720±0.330	28.120±1.290	35.030±1.750	34.300±1.680	0.074±0.002	10.190±0.650	61.740±4.950
60～80	13.040±1.110	30.310±2.230	38.880±1.980	39.220±3.720	0.078±0.003	10.430±0.830	65.820±4.900
80～100	10.540±0.270	29.900±3.150	38.870±6.180	47.750±1.230	0.072±0.003	9.670±1.490	50.240±4.070

四、剖面 4：赤红壤亚类

1. 剖面位置

地籍号：441622004016000200604；

地理坐标：北纬 24.026616°，东经 115.237582°；

地区：广东省河源市龙川县佗城镇上蒙村。

2. 剖面特征

龙川县典型森林土壤剖面4(图3-52,左图)土壤类型为赤红壤亚类、页赤红壤土属。该剖面采自佗城镇上蒙村,海拔325 m,丘陵地貌,北坡向,坡度为37°,中坡坡位,无侵蚀,凋落物层厚度为10 cm,腐殖质层厚度为3 cm,植被类型为常绿阔叶林,优势树种为桉树(图3-52,右图)。

图3-52　龙川县赤红壤剖面4(左图)及植被(右图)

3. 主要性状

龙川县典型赤红壤剖面4的土壤理化性质如表3-103、3-104所示。

土壤养分包括有机碳、全氮、全磷和全钾,表层土壤(0~20 cm)中,其含量分别为3.980 g/kg、0.636 g/kg、0.271 g/kg和20.005 g/kg,依据土壤养分分级标准,分别属于V级、V级、V级和Ⅱ级。表层土壤pH值为4.280,容重为1.16g/cm³。其余各土壤层(20~40 cm、40~60 cm、60~80 cm、80~100 cm)的土壤养分含量、土壤pH值和容重值见表3-103。

重金属元素包括镍、铅、铜、锌、汞、镉、砷和铬,表层土壤(0~20 cm)中,其含量分别为4.610 mg/kg、17.340 mg/kg、21.200 mg/kg、33.620 mg/kg、0.053 mg/kg、未检出、20.910 mg/kg和27.050 mg/kg。所有重金属元素均低于农用地土壤污染风险筛选值。其余各土壤层(20~40 cm、40~60 cm、60~80 cm、80~100 cm)的重金属元素含量见表3-104。

表 3-103　龙川县赤红壤剖面 4pH 值及养分含量统计表

深度 (cm)	pH (H₂O)	有机碳(SOC) (g/kg)	全氮(N) (g/kg)	全磷(P) (g/kg)	全钾(K) (g/kg)	容重 (g/cm³)
0~20	4.280±0.030	3.980±0.070	0.636±0.013	0.271±0.014	20.005±0.314	1.160±0.210
20~40	4.340±0.040	4.080±0.080	0.640±0.014	0.269±0.015	19.307±0.262	1.350±0.640
40~60	4.300±0.050	3.480±0.070	0.582±0.013	0.266±0.012	19.745±0.307	1.220±0.270
60~80	4.380±0.040	3.620±0.070	0.603±0.014	0.257±0.014	20.355±0.209	1.140±0.410
80~100	4.260±0.040	4.200±0.080	0.609±0.014	0.262±0.012	21.231±0.215	1.310±0.340

表 3-104　龙川县赤红壤剖面 4 重金属元素含量统计表

深度 (cm)	镍(Ni) (mg/kg)	铅(Pb) (mg/kg)	铜(Cu) (mg/kg)	锌(Zn) (mg/kg)	汞(Hg) (mg/kg)	砷(As) (mg/kg)	铬(Cr) (mg/kg)
0~20	4.610±1.210	17.340±1.530	21.200±0.260	33.620±2.100	0.053±0.003	20.910±0.400	27.050±2.620
20~40	3.970±1.000	16.370±2.510	20.010±0.300	19.9200±1.800	0.053±0.004	21.090±0.400	24.430±2.140
40~60	4.330±1.530	16.920±1.670	21.440±0.150	18.620±1.510	0.048±0.002	21.950±0.310	28.200±2.5500
60~80	4.280±0.630	17.660±3.060	20.80±0.400	19.150±2.020	0.046±0.002	20.910±0.400	26.740±2.050
80~100	4.090±1.010	16.940±3.000	20.720±0.200	19.450±1.500	0.047±0.007	21.900±0.260	26.200±2.780

五、剖面 5：赤红壤亚类

1. 剖面位置

地籍号：44162201300800040 0502；

地理坐标：北纬 24.217436°，东经 115.39395°；

地区：广东省河源市龙川县龙母镇花井村。

2. 剖面特征

龙川县典型森林土壤剖面 5（图 3-53，左图）土壤类型为赤红壤亚类、页赤红壤土属。该剖面采自龙母镇花井村，海拔 196.1 m，丘陵地貌，西南坡向，坡度为 26°，中坡坡位，无侵蚀，凋落物层厚度为 8 cm，腐殖质层厚度为 3 cm，植被类型为常绿阔叶林，优势树种为桉树（图 3-53，右图）。

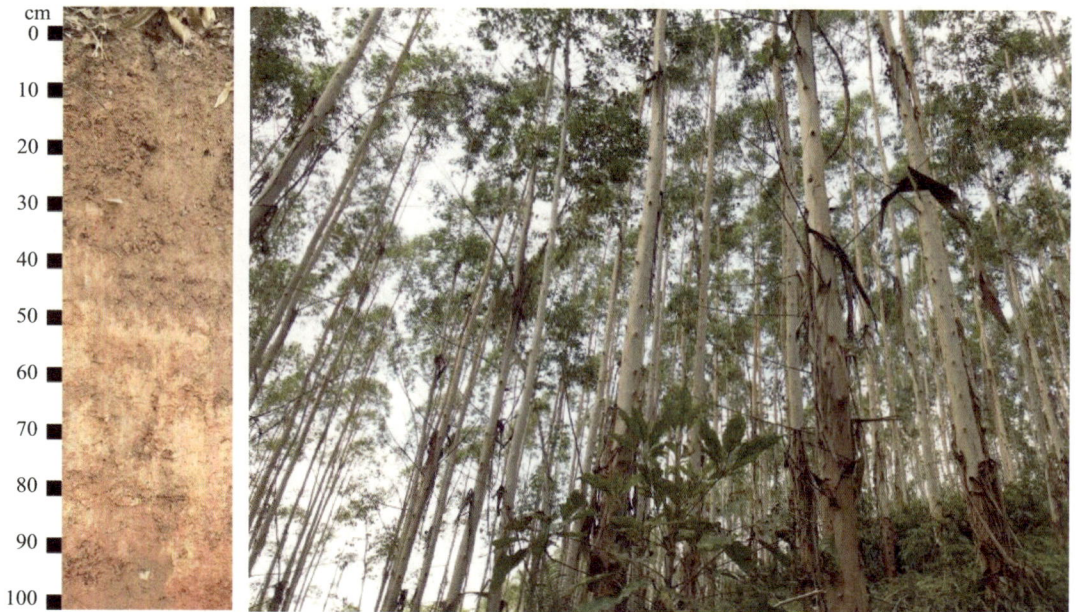

图 3-53　龙川县赤红壤剖面 5(左图)及植被(右图)

3. 主要性状

龙川县典型赤红壤剖面 5 的土壤理化性质如表 3-105、3-106 所示。

土壤养分包括有机碳、全氮、全磷和全钾,表层土壤(0~20 cm)中,其含量分别为 7.900 g/kg、0.603 g/kg、0.231 g/kg 和 25.310 g/kg,依据土壤养分分级标准,分别属于Ⅳ级、Ⅴ级、Ⅴ级和Ⅰ级。表层土壤 pH 值为 4.250,容重为 1.35g/cm³。其余各土壤层(20~40 cm、40~60 cm、60~80 cm、80~100 cm)的土壤养分含量、土壤 pH 值和容重值见表 3-105。

重金属元素包括镍、铅、铜、锌、汞、镉、砷和铬,表层土壤(0~20 cm)中,其含量分别为 4.180 mg/kg、102.870 mg/kg、15.520 mg/kg、10.880 mg/kg、0.049 mg/kg、未检出、7.420 mg/kg 和 20.520 mg/kg。其中,铅元素超过农用地土壤污染风险值,其他重金属元素均低于农用地土壤污染风险筛选值。其余各土壤层(20~40 cm、40~60 cm、60~80 cm、80~100 cm)的重金属元素含量见表 3-106。

表 3-105　龙川县赤红壤剖面 5pH 值及养分含量统计表

深度 (cm)	pH (H₂O)	有机碳(SOC) (g/kg)	全氮(N) (g/kg)	全磷(P) (g/kg)	全钾(K) (g/kg)	容重 (g/cm³)
0~20	4.250±0.030	7.900±0.150	0.603±0.012	0.231±0.120	25.310±0.253	1.350±0.280
20~40	4.580±0.040	2.580±0.050	0.663±0.014	0.078±0.001	30.098±2.128	1.070±0.540
40~60	4.590±0.050	1.970±0.040	0.206±0.005	0.083±0.002	30.699±1.506	1.280±0.320
60~80	4.490±0.040	2.500±0.050	0.207±0.005	0.084±0.001	31.220±2.963	1.300±0.170
80~100	4.460±0.040	3.580±0.070	0.266±0.006	0.086±0.001	30.970±0.796	1.030±0.280

表 3-106　龙川县赤红壤剖面 5 重金属元素含量统计表

深度 （cm）	镍（Ni） （mg/kg）	铅（Pb） （mg/kg）	铜（Cu） （mg/kg）	锌（Zn） （mg/kg）	汞（Hg） （mg/kg）	砷（As） （mg/kg）	铬（Cr） （mg/kg）
0~20	4.180±0.320	102.870±8.230	15.520±0.580	10.880±0.290	0.049±0.003	7.420±0.460	20.520±1.770
20~40	2.990±0.130	91.690±7.760	9.390±0.500	10.200±0.720	0.044±0.001	7.980±0.560	12.240±0.850
40~60	3.070±0.140	173.210±11.070	8.730±0.700	9.480±0.240	0.063±0.003	7.800±0.390	11.690±0.510
60~80	3.060±0.230	118.320±9.440	9.910±0.740	11.630±0.990	0.031±0.001	10.300±0.520	10.830±0.860
80~100	2.990±0.320	86.760±13.410	8.410±0.680	11.430±0.290	0.048±0.003	9.720±1.550	14.750±0.900

六、剖面 6：赤红壤亚类

1. 剖面位置

地籍号：441622007002000200801；

地理坐标：北纬 23.949997°，东经 115.341595°；

地区：广东省河源市龙川县紫市镇新南村。

2. 剖面特征

龙川县典型森林土壤剖面 6（图 3-54，左图）土壤类型为赤红壤亚类、麻赤红壤土属。该剖面采自紫市镇新南村，海拔 334 m，丘陵地貌，东坡向，坡度为 35°，上坡坡位，无侵蚀，凋落物层厚度为 8 cm，腐殖质层厚度为 3 cm，植被类型为热性针叶林，优势树种为马尾松（含广东松）（图 3-54，右图）。

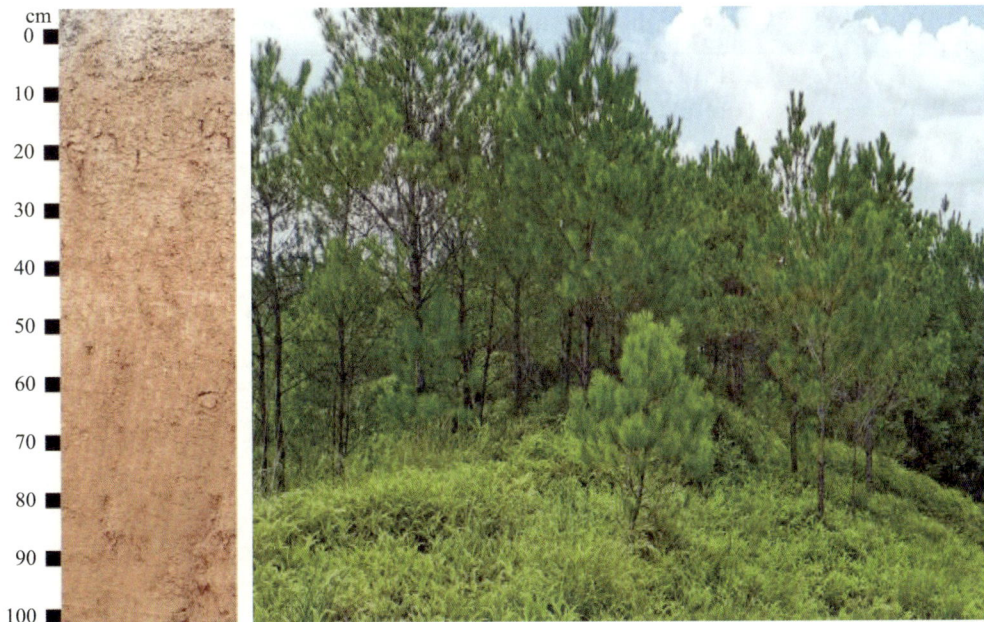

图 3-54　龙川县赤红壤剖面 6（左图）及植被（右图）

3. 主要性状

龙川县典型赤红壤剖面 6 的土壤理化性质如表 3-107、3-108 所示。

土壤养分包括有机碳、全氮、全磷和全钾，表层土壤(0~20 cm)中，其含量分别为 13.830 g/kg、0.839 g/kg、0.327 g/kg 和 10.288 g/kg，依据土壤养分分级标准，分别属于 Ⅲ 级、Ⅳ 级、Ⅴ 级和 Ⅳ 级。表层土壤 pH 值为 4.450，容重为 1.38g/cm³。其余各土壤层(20~40 cm、40~60 cm、60~80 cm、80~100 cm)的土壤养分含量、土壤 pH 值和容重值见表 3-107。

重金属元素包括镍、铅、铜、锌、汞、镉、砷和铬，表层土壤(0~20 cm)中，其含量分别为未检出、38.210 mg/kg、40.310 mg/kg、33.490 mg/kg、0.116 mg/kg、未检出、2.950 mg/kg 和 13.540 mg/kg。所有重金属元素均低于农用地土壤污染风险筛选值。其余各土壤层(20~40 cm、40~60 cm、60~80 cm、80~100 cm)的重金属元素含量见表 3-108。

表 3-107　龙川县赤红壤剖面 6pH 值及养分含量统计表

深度 (cm)	pH (H₂O)	有机碳(SOC) (g/kg)	全氮(N) (g/kg)	全磷(P) (g/kg)	全钾(K) (g/kg)	容重 (g/cm³)
0~20	4.450±0.030	13.830±0.650	0.839±0.017	0.327±0.007	10.288±0.170	1.380±0.150
20~40	4.560±0.040	8.510±0.190	0.674±0.014	0.335±0.006	10.250±0.252	1.110±0.400
40~60	4.730±0.050	11.170±0.450	0.562±0.013	0.338±0.008	9.041±0.031	1.040±0.440
60~80	4.960±0.040	5.220±0.220	0.550±0.013	0.330±0.0007	9.352±0.026	1.350±0.390
80~100	4.930±0.040	5.730±0.240	0.598±0.014	0.341±0.006	8.839±0.030	1.100±0.470

表 3-108　龙川县赤红壤剖面 6 重金属元素含量统计表

深度 (cm)	铅(Pb) (mg/kg)	铜(Cu) (mg/kg)	锌(Zn) (mg/kg)	汞(Hg) (mg/kg)	砷(As) (mg/kg)	铬(Cr) (mg/kg)
0~20	38.210±1.580	40.310±0.270	33.490±2.500	0.116±0.004	2.950±0.250	13.540±1.280
20~40	44.430±2.500	46.300±0.400	32.260±2.050	0.106±0.003	3.130±0.160	13.490±2.500
40~60	53.970±2.630	52.730±0.400	39.900±2.710	0.099±0.002	2.880±0.070	14.720±1.110
60~80	54.480±1.300	36.790±0.360	29.600±2.510	0.093±0.003	2.780±0.260	16.660±2.090
80~100	65.060±3.000	36.140±0.350	31.030±1.000	0.084±0.001	3.040±0.250	15.710±1.540

七、剖面 7：红壤亚类

1. 剖面位置

地籍号：44162200700900050070;

地理坐标：北纬 23.866134°，东经 115.33702°;

地区：广东省河源市龙川县紫市镇船肚村。

2. 剖面特征

龙川县典型森林土壤剖面7(图3-55,左图)土壤类型为红壤亚类、页红壤土属。该剖面采自紫市镇船肚村,海拔551 m,低山地貌,北坡向,坡度为20°,下坡坡位,无侵蚀,凋落物层厚度为2 cm,腐殖质层厚度为1 cm,植被类型为针阔混交林,优势树种为杉木、樟树、白楸(图3-55,右图)。

图3-55　龙川县红壤剖面7(左图)及植被(右图)

3. 主要性状

龙川县典型红壤剖面7的土壤理化性质如表3-109、3-110所示。

土壤养分包括有机碳、全氮、全磷和全钾,表层土壤(0~20 cm)中,其含量分别为18.530 g/kg、1.399 g/kg、0.695 g/kg和7.923 g/kg,依据土壤养分分级标准,分别属于Ⅱ级、Ⅲ级、Ⅲ级和Ⅴ级。表层土壤pH值为4.540,容重为1.17g/cm³。其余各土壤层(20~40 cm、40~60 cm、60~80 cm、80~100 cm)的土壤养分含量、土壤pH值和容重值见表3-109。

重金属元素包括镍、铅、铜、锌、汞、镉、砷和铬,表层土壤(0~20 cm)中,其含量分别为17.890 mg/kg、137.930 mg/kg、27.970 mg/kg、192.700 mg/kg、0.091 mg/kg、0.295 mg/kg、129.450 mg/kg和93.360 mg/kg。其中,铅、砷元素超过农用地土壤污染风险值,其他重金属元素均低于农用地土壤污染风险筛选值。其余各土壤层(20~40 cm、40~60 cm、60~80 cm、80~100 cm)的重金属元素含量见表3-110。

表 3-109　龙川县红壤剖面 7pH 值及养分含量统计表

深度 （cm）	pH （H₂O）	有机碳（SOC） （g/kg）	全氮（N） （g/kg）	全磷（P） （g/kg）	全钾（K） （g/kg）	容重 （g/cm³）
0~20	4.540±0.030	18.530±0.310	1.399±0.028	0.695±0.014	7.923±0.025	1.170±0.220
20~40	4.570±0.040	13.800±0.300	0.928±0.020	0.640±0.012	8.476±0.030	1.090±0.560
40~60	4.680±0.050	10.200±0.200	0.831±0.018	0.623±0.014	8.358±0.030	1.670±0.150
60~80	4.750±0.040	8.510±0.170	0.740±0.017	0.651±0.014	8.960±0.022	1.200±0.450
80~100	4.830±0.040	6.260±0.130	0.680±0.016	0.590±0.010	9.598±0.025	1.410±0.370

表 3-110　龙川县红壤剖面 7 重金属元素含量统计表

深度 （cm）	镍（Ni） （mg/kg）	铅（Pb） （mg/kg）	铜（Cu） （mg/kg）	锌（Zn） （mg/kg）	汞（Hg） （mg/kg）	镉（Cd） （mg/kg）	砷（As） （mg/kg）	铬（Cr） （mg/kg）
0~20	17.890±1.830	137.930±5.590	27.970±0.400	192.700±3.040	0.091±0.004	0.295±0.025	129.450±5.500	93.360±3.510
20~40	20.080±2.000	143.480±2.500	29.310±0.100	204.150±4.010	0.084±0.001	0.259±0.020	122.570±3.090	101.680±3.050
40~60	20.720±1.600	130.210±4.020	30.680±0.300	206.740±4.520	0.087±0.003	0.253±0.006	113.650±3.510	109.490±3.900
60~80	20.320±0.590	126.310±4.030	33.140±0.500	209.770±5.020	0.094±0.003	0.295±0.013	112.610±3.180	113.560±4.070
80~100	18.560±1.500	122.430±2.140	31.250±0.250	202.010±4.000	0.094±0.002	0.251±0.010	111.99±4.000	102.630±3.510

八、剖面 8：红壤亚类

1. 剖面位置

地籍号：441622008008000100500；

地理坐标：北纬 24.067534°，东经 115.295262°；

地区：广东省河源市龙川县通衢镇儒家村。

2. 剖面特征

龙川县典型森林土壤剖面 8（图 3-56，左图）土壤类型为红壤亚类、页红壤土属。该剖面采自通衢镇儒家村，海拔 394 m，丘陵地貌，南坡向，坡度为 40°，中坡坡位，无侵蚀，凋落物层厚度为 15 cm，腐殖质层厚度为 5 cm，植被类型为针阔混交林，优势树种为湿地松（图 3-56，右图）。

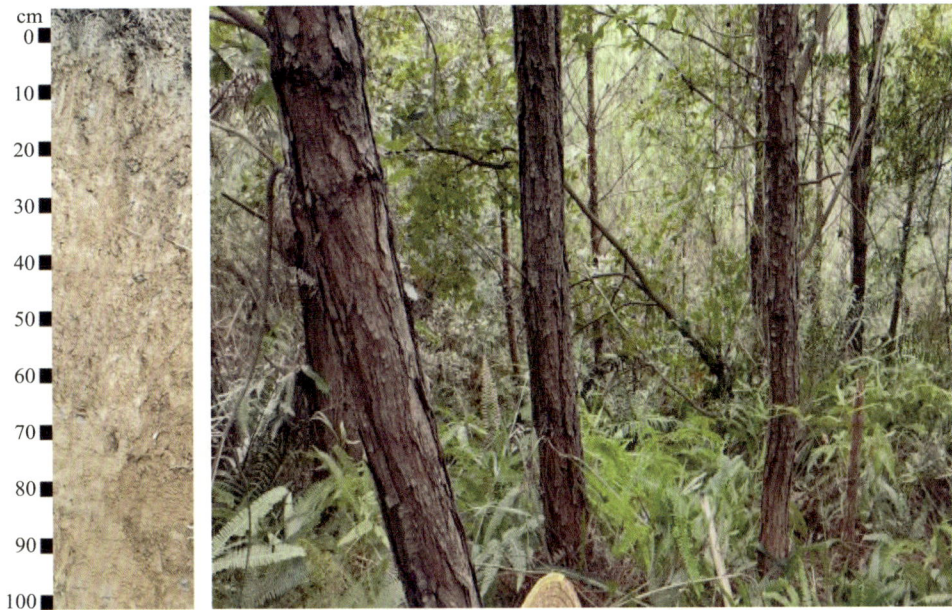

图 3-56　龙川县红壤剖面 8(左图)及植被(右图)

3. 主要性状

龙川县典型红壤剖面 8 的土壤理化性质如表 3-111、3-112 所示。

土壤养分包括有机碳、全氮、全磷和全钾，表层土壤(0~20 cm)中，其含量分别为 16.600 g/kg、0.991 g/kg、0.379 g/kg 和 14.235 g/kg，依据土壤养分分级标准，分别属于 Ⅲ级、Ⅳ级、Ⅴ级和Ⅳ级。表层土壤 pH 值为 4.410，容重为 0.94g/cm³。其余各土壤层(20~40 cm、40~60 cm、60~80 cm、80~100 cm)的土壤养分含量、土壤 pH 值和容重值见表 3-111。

重金属元素包括镍、铅、铜、锌、汞、镉、砷和铬，表层土壤(0~20 cm)中，其含量分别为 11.510 mg/kg、33.250 mg/kg、29.610 mg/kg、32.030 mg/kg、0.064 mg/kg、未检出、25.230 mg/kg 和 77.400 mg/kg。所有重金属元素均低于农用地土壤污染风险筛选值。其余各土壤层(20~40 cm、40~60 cm、60~80 cm、80~100 cm)的重金属元素含量见表 3-112。

表 3-111　龙川县红壤剖面 8pH 值及养分含量统计表

深度 (cm)	pH (H_2O)	有机碳(SOC) (g/kg)	全氮(N) (g/kg)	全磷(P) (g/kg)	全钾(K) (g/kg)	容重 (g/cm³)
0~20	4.410±0.030	16.600±0.700	0.991±0.019	0.379±0.008	14.235±0.221	0.940±0.330
20~40	4.480±0.040	9.590±0.190	0.736±0.016	0.403±0.008	16.126±0.283	0.660±0.020
40~60	4.600±0.050	6.550±0.120	0.623±0.014	0.398±0.009	17.477±0.250	1.320±0.260
60~80	4.700±0.040	5.300±0.110	0.520±0.012	0.379±0.008	16.438±0.191	0.930±0.190
80~100	4.750±0.040	4.530±0.090	0.481±0.012	0.377±0.007	16.210±0.235	1.330±0.240

表 3-112　　龙川县红壤剖面 8 重金属元素含量统计表

深度 (cm)	镍(Ni) (mg/kg)	铅(Pb) (mg/kg)	铜(Cu) (mg/kg)	锌(Zn) (mg/kg)	汞(Hg) (mg/kg)	砷(As) (mg/kg)	铬(Cr) (mg/kg)
0~20	11.510±1.310	33.250±2.380	29.610±0.260	32.030±2.000	0.064±0.002	25.230±0.250	77.400±2.510
20~40	9.780±0.700	32.790±2.550	32.830±0.300	31.120±3.010	0.053±0.003	26.750±0.350	75.050±2.680
40~60	9.820±1.050	33.500±3.120	33.370±0.250	27.760±2.040	0.052±0.001	25.670±0.350	71.660±2.090
60~80	8.950±1.000	33.470±2.500	33.230±0.250	43.860±2.580	0.052±0.003	23.670±0.150	63.040±2.000
80~100	8.840±0.280	32.010±1.740	31.490±0.300	27.670±2.520	0.045±0.003	22.380±0.300	57.030±3.000

九、剖面 9：红壤亚类

1. 剖面位置

地籍号：441622008015000100500；

地理坐标：北纬 23.990633°，东经 115.393303°；

地区：广东省河源市龙川县通衢镇高湖村。

2. 剖面特征

龙川县典型森林红壤剖面 9(图 3-57，左图)采自通衢镇高湖村，海拔 499 m，丘陵地貌，东坡向，坡度为 40°，中坡坡位，无侵蚀，凋落物层厚度为 12 cm，腐殖质层厚度为 3 cm，植被类型为针阔混交林，优势树种为杉木(图 3-57，右图)。

图 3-57　龙川县红壤剖面 9(左图)及植被(右图)

3. 主要性状

龙川县典型红壤剖面9的土壤理化性质如表3-113、3-114所示。

土壤养分包括有机碳、全氮、全磷和全钾，表层土壤(0~20 cm)中，其含量分别为17.930 g/kg、1.159 g/kg、0.290 g/kg 和 24.630 g/kg，依据土壤养分分级标准，分别属于Ⅱ级、Ⅲ级、Ⅴ级和Ⅱ级。表层土壤 pH 值为 4.680，容重为 0.93g/cm³。其余各土壤层(20~40 cm、40~60 cm、60~80 cm、80~100 cm)的土壤养分含量、土壤 pH 值和容重值见表3-113。

重金属元素包括镍、铅、铜、锌、汞、镉、砷和铬，表层土壤(0~20 cm)中，其含量分别为 9.510 mg/kg、39.370 mg/kg、19.240 mg/kg、44.150 mg/kg、0.114 mg/kg、未检出、10.260 mg/kg 和 18.820 mg/kg。所有重金属元素均低于农用地土壤污染风险筛选值。其余各土壤层(20~40 cm、40~60 cm、60~80 cm、80~100 cm)的重金属元素含量见表3-114。

表 3-113　龙川县红壤剖面 9pH 值及养分含量统计表

深度 (cm)	pH (H₂O)	有机碳(SOC) (g/kg)	全氮(N) (g/kg)	全磷(P) (g/kg)	全钾(K) (g/kg)	容重 (g/cm³)
0~20	4.680±0.030	17.930±0.850	1.159±0.023	0.290±0.015	24.630±0.246	0.930±0.510
20~40	4.670±0.040	12.130±0.550	1.066±0.023	0.263±0.014	26.958±1.906	1.280±0.260
40~60	4.700±0.050	8.750±0.200	0.955±0.021	0.263±0.012	25.884±1.270	1.570±0.110
60~80	4.720±0.040	7.150±0.130	0.880±0.020	0.268±0.015	27.251±2.586	1.280±0.250
80~100	4.790±0.040	6.710±0.220	0.810±0.019	0.292±0.013	30.270±0.778	1.080±0.380

表 3-114　龙川县红壤剖面 9 重金属元素含量统计表

深度 (cm)	镍(Ni) (mg/kg)	铅(Pb) (mg/kg)	铜(Cu) (mg/kg)	锌(Zn) (mg/kg)	汞(Hg) (mg/kg)	砷(As) (mg/kg)	铬(Cr) (mg/kg)
0~20	9.510±0.350	39.370±3.400	19.240±0.520	44.150±2.760	0.114±0.004	10.260±0.100	18.820±1.460
20~40	9.670±0.510	38.120±2.660	18.850±1.330	42.580±3.000	0.104±0.001	10.590±0.750	18.340±0.820
40~60	10.990±0.880	38.610±1.690	20.330±0.520	44.150±2.210	0.118±0.003	10.200±0.500	18.260±0.840
60~80	11.360±0.850	39.760±3.160	21.700±1.840	46.220±2.350	0.126±0.002	11.290±1.070	19.390±1.430
80~100	11.140±0.900	41.910±2.540	24.450±0.630	50.150±7.980	0.134±0.003	11.760±0.300	21.360±2.250

十、剖面 10：红壤亚类

1. 剖面位置

地籍号：441622008016000200802；

地理坐标：北纬 23.965852°，东经 115.409992°；

地区：广东省河源市龙川县通衢镇锦太村。

2. 剖面特征

龙川县典型森林土壤剖面 10(图 3-58,左图)土壤类型为红壤亚类、页红壤土属。该剖面采自通衢镇锦太村,海拔 464 m,丘陵地貌,北坡向,坡度为 40°,脊部坡位,无侵蚀,凋落物层厚度为 15 cm,腐殖质层厚度为 5 cm,植被类型为常绿阔叶林,优势树种为桉树(图 3-58,右图)。

图 3-58　龙川县红壤剖面 10(左图)及植被(右图)

3. 主要性状

龙川县典型红壤剖面 10 的土壤理化性质如表 3-115、3-116 所示。

土壤养分包括有机碳、全氮、全磷和全钾,表层土壤(0~20 cm)中,其含量分别为 34.770 g/kg、1.717 g/kg、0.215 g/kg 和 3.499 g/kg,依据土壤养分分级标准,分别属于 I 级、II 级、V 级和 VI 级。表层土壤 pH 值为 4.150,容重为 1.14g/cm³。其余各土壤层(20~40 cm、40~60 cm、60~80 cm、80~100 cm)的土壤养分含量、土壤 pH 值和容重值见表 3-115。

重金属元素包括镍、铅、铜、锌、汞、镉、砷和铬,表层土壤(0~20 cm)中,其含量分别为 6.210 mg/kg、25.620 mg/kg、1.540 mg/kg、26.570 mg/kg、0.125 mg/kg、0.084 mg/kg、10.420 mg/kg 和 57.350 mg/kg。所有重金属元素均低于农用地土壤污染风险筛选值。其余各土壤层(20~40 cm、40~60 cm、60~80 cm、80~100 cm)的重金属元素含量见表 3-116。

表 3-115　龙川县红壤剖面 10 pH 值及养分含量统计表

深度 (cm)	pH (H₂O)	有机碳(SOC) (g/kg)	全氮(N) (g/kg)	全磷(P) (g/kg)	全钾(K) (g/kg)	容重 (g/cm³)
0~20	4.150±0.030	34.770±1.600	1.717±0.034	0.215±0.011	3.499±0.272	1.140±0.220
20~40	4.410±0.040	12.800±0.600	0.932±0.020	0.164±0.009	4.493±0.202	1.170±0.540
40~60	4.490±0.050	10.470±0.450	0.815±0.018	0.167±0.007	3.988±0.183	1.200±0.190
60~80	4.570±0.040	8.480±0.230	0.752±0.017	0.150±0.008	4.506±0.332	1.060±0.420
80~100	4.560±0.040	8.710±0.280	0.756±0.018	0.146±0.007	3.626±0.382	0.850±0.200

表 3-116　龙川县红壤剖面 10 重金属元素含量统计表

深度 (cm)	镍(Ni) (mg/kg)	铅(Pb) (mg/kg)	铜(Cu) (mg/kg)	锌(Zn) (mg/kg)	汞(Hg) (mg/kg)	镉(Cd) (mg/kg)	砷(As) (mg/kg)	铬(Cr) (mg/kg)
0~20	6.210±0.060	25.620±0.690	1.540±0.120	26.570±2.290	0.125±0.004	0.084±0.0030	10.420±0.810	57.350±3.590
20~40	7.070±0.500	20.300±1.440	1.370±0.120	26.210±1.830	0.126±0.002	未检出	11.600±0.520	72.460±5.110
40~60	6.150±0.300	22.040±0.570	0.870±0.060	21.050±0.920	0.132±0.003	未检出	9.980±0.460	62.530±3.130
60~80	6.230±0.590	22.140±1.880	1.200±0.100	24.300±1.930	0.113±0.002	未检出	10.030±0.740	64.080±3.260
80~100	5.930±0.150	22.210±0.570	1.710±0.260	20.570±1.250	0.104±0.001	未检出	9.100±0.960	58.640±9.330

十一、剖面 11：赤红壤亚类

1. 剖面位置

地籍号：441622010006000101300；

地理坐标：北纬 24.163658°，东经 115.29744°；

地区：广东省河源市龙川县丰稔镇名光村。

2. 剖面特征

龙川县典型森林赤红壤剖面 11(图 3-59，左图)采自丰稔镇名光村，海拔 130.6 m，丘陵地貌，南坡向，坡度为 30°，中坡坡位，无侵蚀，凋落物层厚度为 5 cm，腐殖质层厚度为 2 cm，植被类型为热性针叶林，优势树种为湿地松(国外松)(图 3-59，右图)。

图 3-59　龙川县赤红壤剖面 11(左图)及植被(右图)

3. 主要性状

龙川县典型赤红壤剖面 11 的土壤理化性质如表 3-117、3-118 所示。

土壤养分包括有机碳、全氮、全磷和全钾,表层土壤(0~20 cm)中,其含量分别为 17.630 g/kg、0.406 g/kg、0.603 g/kg 和 12.110 g/kg,依据土壤养分分级标准,分别属于 Ⅱ级、Ⅵ级、Ⅲ级和 Ⅳ级。表层土壤 pH 值为 4.470,容重为 1.25g/cm³。其余各土壤层(20~40 cm、40~60 cm、60~80 cm、80~100 cm)的土壤养分含量、土壤 pH 值和容重值见表 3-117。

重金属元素包括镍、铅、铜、锌、汞、镉、砷和铬,表层土壤(0~20 cm)中,其含量分别为 12.990 mg/kg、49.300 mg/kg、48.450 mg/kg、45.140 mg/kg、0.055 mg/kg、未检出、4.930 mg/kg 和 64.840 mg/kg。所有重金属元素均低于农用地土壤污染风险筛选值。其余各土壤层(20~40 cm、40~60 cm、60~80 cm、80~100 cm)的重金属元素含量见表 3-118。

表 3-117　龙川县赤红壤剖面 11pH 值及养分含量统计表

深度 (cm)	pH (H₂O)	有机碳(SOC) (g/kg)	全氮(N) (g/kg)	全磷(P) (g/kg)	全钾(K) (g/kg)	容重 (g/cm³)
0~20	4.470±0.030	17.630±0.850	0.406±0.010	0.603±0.012	12.110±0.224	1.250±0.580
20~40	4.730±0.040	13.930±0.650	0.410±0.011	0.570±0.011	11.948±0.161	1.380±0.610
40~60	4.800±0.050	11.170±0.450	0.263±0.015	0.630±0.014	12.667±0.253	0.990±0.460
60~80	4.850±0.040	15.800±0.700	0.181±0.012	0.628±0.013	11.864±0.216	1.300±0.460
80~100	4.890±0.040	10.670±0.450	0.164±0.011	0.665±0.011	13.589±0.180	1.180±0.410

表 3-118　龙川县赤红壤剖面 11 重金属元素含量统计表

深度 (cm)	镍(Ni) (mg/kg)	铅(Pb) (mg/kg)	铜(Cu) (mg/kg)	锌(Zn) (mg/kg)	汞(Hg) (mg/kg)	砷(As) (mg/kg)	铬(Cr) (mg/kg)
0~20	12.990±1.740	49.300±3.520	48.450±0.350	45.140±2.580	0.055±0.004	4.930±0.250	64.840±1.040
20~40	11.620±1.520	36.480±1.500	46.160±0.150	40.060±3.00	0.046±0.002	4.770±0.250	66.620±3.510
40~60	14.600±2.110	33.520±1.300	49.450±0.220	39.050±1.000	0.045±0.002	4.930±0.150	66.260±1.560
60~80	15.190±2.030	31.980±1.720	47.210±0.300	37.440±2.500	0.043±0.003	5.140±0.250	61.930±1.680
80~100	14.220±2.040	25.540±2.160	46.080±0.240	37.380±2.110	0.036±0.004	4.620±0.280	55.440±3.100

十二、剖面 12：赤红壤亚类

1. 剖面位置

地籍号：441622010012000100700；

地理坐标：北纬 24.216185°，东经 115.339982°；

地区：广东省河源市龙川县丰稔镇高坑新村。

2. 剖面特征

龙川县典型森林土壤剖面 12(图 3-60，左图)土壤类型为赤红壤亚类、麻赤红壤土属。该剖面采自丰稔镇高坑新村村，海拔 220 m，丘陵地貌，南坡向，坡度为 30°，上坡坡位，无侵蚀，凋落物层厚度为 8 cm，腐殖质层厚度为 3 cm，植被类型为热性针叶林，优势树种为马尾松(含广东松)(图 3-60，右图)。

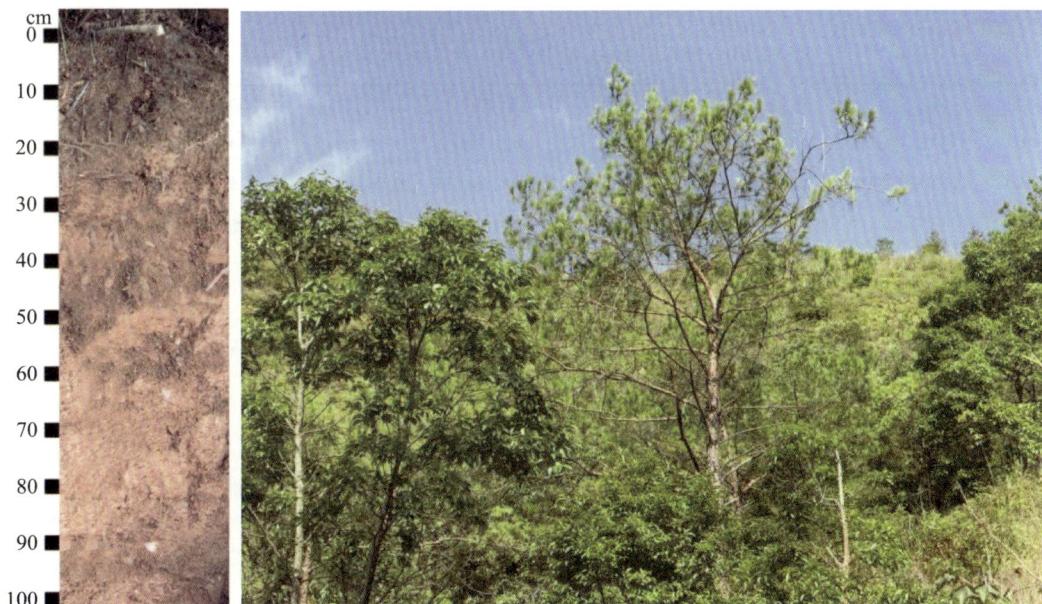

图 3-60　龙川县赤红壤剖面 12(左图)及植被(右图)

3. 主要性状

龙川县典型赤红壤剖面12的土壤理化性质如表3-119、3-120所示。

土壤养分包括有机碳、全氮、全磷和全钾，表层土壤(0~20 cm)中，其含量分别为17.430 g/kg、0.900 g/kg、0.257 g/kg和26.802 g/kg，依据土壤养分分级标准，分别属于Ⅱ级、Ⅳ级、Ⅴ级和Ⅰ级。表层土壤pH值为4.410，容重为1.11g/cm³。其余各土壤层(20~40 cm、40~60 cm、60~80 cm、80~100 cm)的土壤养分含量、土壤pH值和容重值见表3-119。

重金属元素包括镍、铅、铜、锌、汞、镉、砷和铬，表层土壤(0~20 cm)中，其含量分别为2.950 mg/kg、20.200 mg/kg、10.640 mg/kg、24.970 mg/kg、0.062 mg/kg、未检出、11.840 mg/kg和36.460 mg/kg。所有重金属元素均低于农用地土壤污染风险筛选值。其余各土壤层(20~40 cm、40~60 cm、60~80 cm、80~100 cm)的重金属元素含量见表3-120。

表 3-119　龙川县赤红壤剖面 12pH 值及养分含量统计表

深度 (cm)	pH (H₂O)	有机碳(SOC) (g/kg)	全氮(N) (g/kg)	全磷(P) (g/kg)	全钾(K) (g/kg)	容重 (g/cm³)
0~20	4.410±0.030	17.430±0.610	0.900±0.018	0.257±0.013	26.802±0.724	1.110±0.270
20~40	4.500±0.040	7.280±0.150	0.521±0.011	0.244±0.013	31.607±2.235	1.320±0.440
40~60	4.530±0.050	6.620±0.130	0.458±0.010	0.242±0.011	30.460±0.785	1.380±0.400
60~80	4.630±0.040	5.890±0.120	0.416±0.010	0.244±0.013	32.033±2.716	1.530±0.270
80~100	4.600±0.040	6.600±0.130	0.488±0.012	0.251±0.011	33.194±0.853	1.240±0.430

表 3-120　龙川县赤红壤剖面 12 重金属元素含量统计表

深度 (cm)	镍(Ni) (mg/kg)	铅(Pb) (mg/kg)	铜(Cu) (mg/kg)	锌(Zn) (mg/kg)	汞(Hg) (mg/kg)	砷(As) (mg/kg)	铬(Cr) (mg/kg)
0~20	2.950±0.230	20.200±1.620	10.640±0.400	24.970±0.670	0.062±0.002	11.840±0.740	36.460±3.150
20~40	3.930±0.180	21.810±1.850	13.620±0.720	29.190±2.060	0.062±0.003	14.050±0.990	42.680±2.970
40~60	3.430±0.160	22.040±1.410	14.280±1.150	35.000±0.900	0.068±0.003	13.660±0.680	44.820±1.960
60~80	3.770±0.280	23.980±1.910	15.690±1.170	36.540±3.100	0.060±0.002	13.830±0.700	44.200±3.520
80~100	4.610±0.490	24.430±3.770	13.310±1.080	31.310±0.800	0.072±0.003	13.330±2.120	45.660±2.770

十三、剖面 13：赤红壤亚类

1. 剖面位置

地籍号：441622013013000300300；

地理坐标：北纬 24.291117°，东经 115.388558°；

地区：广东省河源市龙川县龙母镇龙邦村。

2. 剖面特征

龙川县典型森林赤红壤剖面 13(图 3-61，左图)采自龙母镇龙邦村，海拔 234.6 m，丘陵地貌，东坡向，坡度为 45°，上坡坡位，无侵蚀，凋落物层厚度为 10 cm，腐殖质层厚度为 5 cm，植被类型为热性针叶林，优势树种为马尾松(含广东松)(图 3-61，右图)。

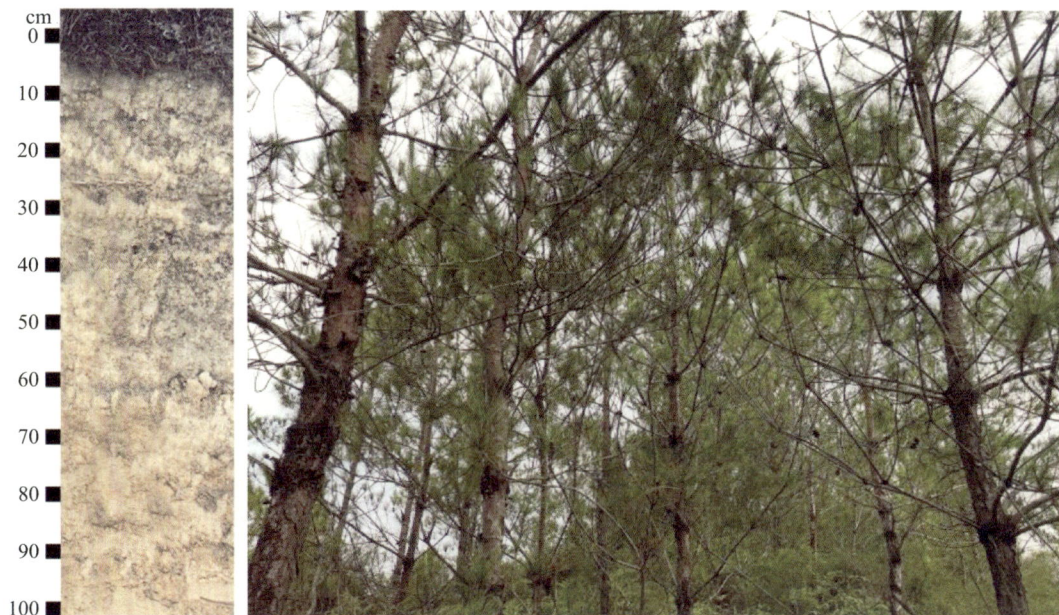

图 3-61　龙川县赤红壤剖面 13(左图)及植被(右图)

3. 主要性状

龙川县典型赤红壤剖面 13 的土壤理化性质如表 3-121、3-122 所示。

土壤养分包括有机碳、全氮、全磷和全钾，表层土壤(0~20 cm)中，其含量分别为 6.910 g/kg、0.445 g/kg、0.127 g/kg 和 35.540 g/kg，依据土壤养分分级标准，分别属于Ⅳ级、Ⅵ级、Ⅵ级和 Ⅰ 级。表层土壤 pH 值为 4.520，容重为 1.37g/cm³。其余各土壤层(20~40 cm、40~60 cm、60~80 cm、80~100 cm)的土壤养分含量、土壤 pH 值和容重值见表 3-121。

重金属元素包括镍、铅、铜、锌、汞、镉、砷和铬，表层土壤(0~20 cm)中，其含量分别为 3.610 mg/kg、51.040 mg/kg、8.620 mg/kg、15.200 mg/kg、0.036 mg/kg、未检出、4.590 mg/kg 和 10.970 mg/kg。所有重金属元素均低于农用地土壤污染风险筛选值。其余各土壤层(20~40 cm、40~60 cm、60~80 cm、80~100 cm)的重金属元素含量见表 3-122。

表 3-121　龙川县赤红壤剖面 13pH 值及养分含量统计表

深度 (cm)	pH (H₂O)	有机碳(SOC) (g/kg)	全氮(N) (g/kg)	全磷(P) (g/kg)	全钾(K) (g/kg)	容重 (g/cm³)
0~20	4.520±0.030	6.910±0.130	0.445±0.011	0.127±0.006	35.540±0.959	1.370±0.210
20~40	4.610±0.040	3.800±0.080	0.270±0.016	0.097±0.002	37.154±2.627	1.490±0.320
40~60	4.840±0.050	2.880±0.060	0.233±0.013	0.101±0.002	31.319±0.807	1.420±0.310
60~80	4.890±0.040	2.520±0.050	0.229±0.012	0.087±0.002	34.715±2.944	1.340±0.530
80~100	4.980±0.040	2.180±0.040	0.207±0.014	0.087±0.001	35.212±0.904	0.950±0.300

表 3-122　龙川县赤红壤剖面 13 重金属元素含量统计表

深度 (cm)	镍(Ni) (mg/kg)	铅(Pb) (mg/kg)	铜(Cu) (mg/kg)	锌(Zn) (mg/kg)	汞(Hg) (mg/kg)	砷(As) (mg/kg)	铬(Cr) (mg/kg)
0~20	3.610±0.290	51.040±3.200	8.620±0.740	15.200±1.180	0.036±0.002	4.590±0.170	10.970±0.110
20~40	4.320±0.370	52.440±3.700	8.060±0.560	11.820±0.530	0.046±0.002	3.820±0.200	11.140±0.790
40~60	2.840±0.180	57.200±2.860	8.650±0.380	11.230±0.520	0.058±0.001	4.190±0.340	9.510±0.470
60~80	2.900±0.230	63.610±3.240	8.280±0.660	9.930±0.730	0.055±0.003	4.550±0.340	9.280±0.880
80~100	4.010±0.620	51.340±8.170	7.000±0.420	9.280±0.980	0.047±0.003	3.370±0.270	8.880±0.230

第五节　紫金县森林土壤剖面

紫金县森林土壤养分指标(包括有机碳、全氮、全磷和全钾)含量平均值分别为 10.129 g/kg、0.834 g/kg、0.238 g/kg 和 16.291 g/kg。紫金县森林土壤 pH 值平均值为 4.56。紫金县森林土壤重金属元素(包括镍、铅、铜、锌、汞、镉、砷和铬)平均含量分别为 4.954 mg/kg、28.847 mg/kg、11.001 mg/kg、36.916 mg/kg、0.085 mg/kg、0.013 mg/kg、30.536 mg/kg 和 25.155 mg/kg。

一、剖面1：赤红壤亚类

1. 剖面位置

地籍号：44162100401200030090；

地理坐标：北纬 23.660963°，东经 115.071032°；

地区：广东省河源市紫金县黄塘镇庙前村。

2. 剖面特征

紫金县典型森林赤红壤剖面1(图 3-62，左图)采自黄塘镇庙前村，海拔 283 m，丘陵地貌，西坡向，坡度为 25°，中坡坡位，无侵蚀，凋落物层厚度为 25 cm，腐殖质层厚度为 7 cm，植被类型为针阔混交林，优势树种为杉木、荷木、枫香(图 3-62，右图)。

图 3-62　紫金县赤红壤剖面 1(左图)及植被(右图)

3. 主要性状

紫金县典型赤红壤剖面 1 的土壤理化性质如表 3-123、3-124 所示。

土壤养分包括有机碳、全氮、全磷和全钾，表层土壤(0~20 cm)中，其含量分别为 32.230 g/kg、1.437 g/kg、0.280 g/kg 和 22.747 g/kg，依据土壤养分分级标准，分别属于Ⅰ级、Ⅲ级、Ⅴ级和Ⅱ级。表层土壤 pH 值为 4.120，容重未知。其余各土壤层(20~40 cm、40~60 cm、60~80 cm、80~100 cm)的土壤养分含量、土壤 pH 值见表 3-123。

重金属元素包括镍、铅、铜、锌、汞、镉、砷和铬，表层土壤(0~20 cm)中，其含量分别为未检出、12.990 mg/kg、12.830 mg/kg、23.200 mg/kg、0.065 mg/kg、未检出、12.040 mg/kg 和 26.240 mg/kg。所有重金属元素均低于农用地土壤污染风险筛选值。其余各土壤层(20~40 cm、40~60 cm、60~80 cm、80~100 cm)的重金属元素含量见表 3-124。

表 3-123　紫金县赤红壤剖面 1pH 值及养分含量统计表

深度 (cm)	pH (H₂O)	有机碳(SOC) (g/kg)	全氮(N) (g/kg)	全磷(P) (g/kg)	全钾(K) (g/kg)
0~20	4.120±0.040	32.230±0.900	1.437±0.025	0.280±0.013	22.747±0.294
20~40	4.220±0.030	15.730±0.400	0.984±0.018	0.259±0.010	24.409±0.094
40~60	4.380±0.040	10.400±0.300	0.943±0.022	0.268±0.010	25.061±0.351
60~80	4.430±0.050	7.720±0.210	0.793±0.020	0.264±0.011	26.151±0.165
80~100	4.550±0.050	7.510±0.220	0.824±0.023	0.267±0.010	25.520±0.319

表 3-124　紫金县赤红壤剖面 1 重金属元素含量统计表

深度 (cm)	镍(Ni) (mg/kg)	铅(Pb) (mg/kg)	铜(Cu) (mg/kg)	锌(Zn) (mg/kg)	汞(Hg) (mg/kg)	砷(As) (mg/kg)	铬(Cr) (mg/kg)
0~20	未检出	12.990±1.000	12.830±0.380	23.200±1.590	0.065±0.001	12.040±0.150	26.240±2.040
20~40	未检出	14.220±1.070	16.800±1.180	31.76±2.370	0.053±0.004	15.200±1.080	32.480±1.500
40~60	未检出	15.380±0.650	17.230±0.400	24.520±1.500	0.052±0.002	15.040±0.740	32.670±1.150
60~80	3.330±0.580	17.670±1.530	19.300±1.670	29.940±1.790	0.054±0.004	15.970±1.480	35.000±2.650
80~100	3.000±0.000	17.610±1.060	21.790±0.550	27.360±4.510	0.080±0.003	17.400±0.440	36.140±4.010

二、剖面 2：赤红壤亚类

1. 剖面位置

地籍号：44162100600500010060 1；

地理坐标：北纬 23.651519°，东经 115.187157°；

地区：广东省河源市紫金县附城镇长塘村。

2. 剖面特征

紫金县典型森林赤红壤剖面 2(图 3-63，左图)采自附城镇长塘村，海拔 213.8 m，丘陵地貌，东南坡向，坡度为 46°，上坡坡位，无侵蚀，凋落物层厚度为 8 cm，腐殖质层厚度为 3 cm，植被类型为热性针阔混交林，优势树种为湿地松(图 3-63，右图)。

图 3-63　紫金县赤红壤剖面 2(左图)及植被(右图)

3. 主要性状

紫金县典型赤红壤剖面 2 的土壤理化性质如表 3-125、3-126 所示。

土壤养分包括有机碳、全氮、全磷和全钾，表层土壤（0~20 cm）中，其含量分别为15.370 g/kg、1.043 g/kg、0.182 g/kg 和 31.951 g/kg，依据土壤养分分级标准，分别属于Ⅲ级、Ⅲ级、Ⅵ级和Ⅰ级。表层土壤 pH 值为 5.150，容重未知。其余各土壤层（20~40 cm、40~60 cm、60~80 cm、80~100 cm）的土壤养分含量、土壤 pH 值见表 3-125。

重金属元素包括镍、铅、铜、锌、汞、镉、砷和铬，表层土壤（0~20 cm）中，其含量分别为 6.060 mg/kg、39.330 mg/kg、6.690 mg/kg、119.670 mg/kg、0.103 mg/kg、0.080 mg/kg、9.090 mg/kg 和 31.700 mg/kg。所有重金属元素均低于农用地土壤污染风险筛选值。其余各土壤层（20~40 cm、40~60 cm、60~80 cm、80~100 cm）的重金属元素含量见表 3-126。

表 3-125　紫金县赤红壤剖面 2 pH 值及养分含量统计表

深度 (cm)	pH (H₂O)	有机碳(SOC) (g/kg)	全氮(N) (g/kg)	全磷(P) (g/kg)	全钾(K) (g/kg)
0~20	5.150±0.040	15.370±0.450	1.043±0.015	0.182±0.008	31.951±0.206
20~40	5.150±0.030	4.610±0.120	0.390±0.008	0.150±0.006	34.079±0.208
40~60	5.230±0.040	4.820±0.130	0.354±0.008	0.141±0.005	35.495±0.177
60~80	5.180±0.050	2.910±0.080	0.245±0.006	0.146±0.006	35.584±0.347
80~100	5.170±0.050	2.920±0.090	0.245±0.007	0.144±0.005	35.379±0.269

表 3-126　紫金县赤红壤剖面 2 重金属元素含量统计表

深度 (cm)	镍(Ni) (mg/kg)	铅(Pb) (mg/kg)	铜(Cu) (mg/kg)	锌(Zn) (mg/kg)	汞(Hg) (mg/kg)	镉(Cd) (mg/kg)	砷(As) (mg/kg)	铬(Cr) (mg/kg)
0~20	6.060±0.110	39.330±1.150	6.690±0.520	119.670±10.070	0.103±0.002	0.080±0.000	9.090±0.720	31.700±2.070
20~40	6.330±0.580	39.680±3.050	8.170±0.700	122.400±8.360	0.092±0.003	未检出	9.840±0.450	33.690±2.470
40~60	7.070±0.130	37.880±0.830	7.180±0.470	115.870±5.060	0.106±0.001	未检出	9.800±0.440	32.670±1.530
60~80	6.500±0.500	39.200±3.540	7.990±0.660	133.100±10.860	0.096±0.003	未检出	11.110±0.820	30.950±1.780
80~100	7.760±0.410	38.330±1.150	7.340±1.150	112.890±7.030	0.090±0.003	0.083±0.006	10.410±1.100	32.940±5.000

三、剖面 3：赤红壤亚类

1. 剖面位置

地籍号：441621007011000401300；

地理坐标：北纬 23.68152°，东经 115.26717°；

地区：广东省河源市紫金县中坝镇径口村。

2. 剖面特征

紫金县典型森林赤红壤剖面3(图3-64,左图)采自中坝镇径口村,海拔308 m,丘陵地貌,南坡向,坡度为30°,上坡坡位,无侵蚀,凋落物层厚度为3 cm,腐殖质层厚度为2 cm,植被类型为常绿阔叶林,优势树种为桉树(图3-64,右图)。

图3-64　紫金县赤红壤剖面3(左图)及植被(右图)

3. 主要性状

紫金县典型赤红壤剖面3的土壤理化性质如表3-127、3-128所示。

土壤养分包括有机碳、全氮、全磷和全钾,表层土壤(0~20 cm)中,其含量分别为15.370 g/kg、0.765 g/kg、0.155 g/kg 和 5.369 g/kg,依据土壤养分分级标准,分别属于Ⅲ级、Ⅳ级、Ⅵ级和Ⅴ级。表层土壤 pH 值为 4.560,容重未知。其余各土壤层(20~40 cm、40~60 cm、60~80 cm、80~100 cm)的土壤养分含量、土壤 pH 值见表3-127。

重金属元素包括镍、铅、铜、锌、汞、镉、砷和铬,表层土壤(0~20 cm)中,其含量分别为 3.000 mg/kg、24.450 mg/kg、未检出、39.750 mg/kg、0.138 mg/kg、未检出、17.830 mg/kg 和 28.240 mg/kg。所有重金属元素均低于农用地土壤污染风险筛选值。其余各土壤层(20~40 cm、40~60 cm、60~80 cm、80~100 cm)的重金属元素含量见表3-128。

表 3-127　紫金县赤红壤剖面 3pH 值及养分含量统计表

深度 （cm）	pH （H₂O）	有机碳（SOC） （g/kg）	全氮（N） （g/kg）	全磷（P） （g/kg）	全钾（K） （g/kg）
0~20	4.560±0.040	15.370±0.450	0.765±0.013	0.155±0.007	5.369±0.023
20~40	4.670±0.030	7.890±0.210	0.511±0.010	0.161±0.006	7.726±0.028
40~60	4.750±0.040	7.720±0.220	0.526±0.012	0.155±0.006	7.236±0.028
60~80	4.760±0.050	5.930±0.160	0.441±0.011	0.160±0.007	7.964±0.025
80~100	4.840±0.050	3.510±0.100	0.334±0.009	0.154±0.006	7.383±0.045

表 3-128　紫金县赤红壤剖面 3 重金属元素含量统计表

深度 （cm）	镍（Ni） （mg/kg）	铅（Pb） （mg/kg）	锌（Zn） （mg/kg）	汞（Hg） （mg/kg）	砷（As） （mg/kg）	铬（Cr） （mg/kg）
0~20	3.000±0.010	24.450±0.510	39.750±1.650	0.138±0.003	17.830±0.470	28.240±1.970
20~40	3.500±0.500	25.180±1.600	46.220±2.410	0.120±0.002	19.320±1.340	33.870±3.010
40~60	3.010±0.010	28.630±1.480	45.950±3.630	0.123±0.003	18.310±0.470	29.920±1.880
60~80	3.470±0.500	29.220±2.550	48.620±3.580	0.126±0.003	19.150±1.620	31.340±2.520
80~100	4.000±0.010	31.000±1.000	43.860±3.800	0.124±0.004	19.030±0.480	33.000±5.000

四、剖面 4：赤红壤亚类

1. 剖面位置

地籍号：441621010003000500600；

地理坐标：北纬 23.57192°，东经 114.837387°；

地区：广东省河源市紫金县义容镇均安村。

2. 剖面特征

紫金县典型森林赤红壤剖面 4（图 3-65，左图）采自义容镇均安村村，海拔 150 m，丘陵地貌，东南坡向，坡度为 32°，下坡坡位，无侵蚀，凋落物层厚度为 10 cm，腐殖质层厚度为 7 cm，植被类型为暖性针阔混交林，优势树种为杉木（图 3-65，右图）。

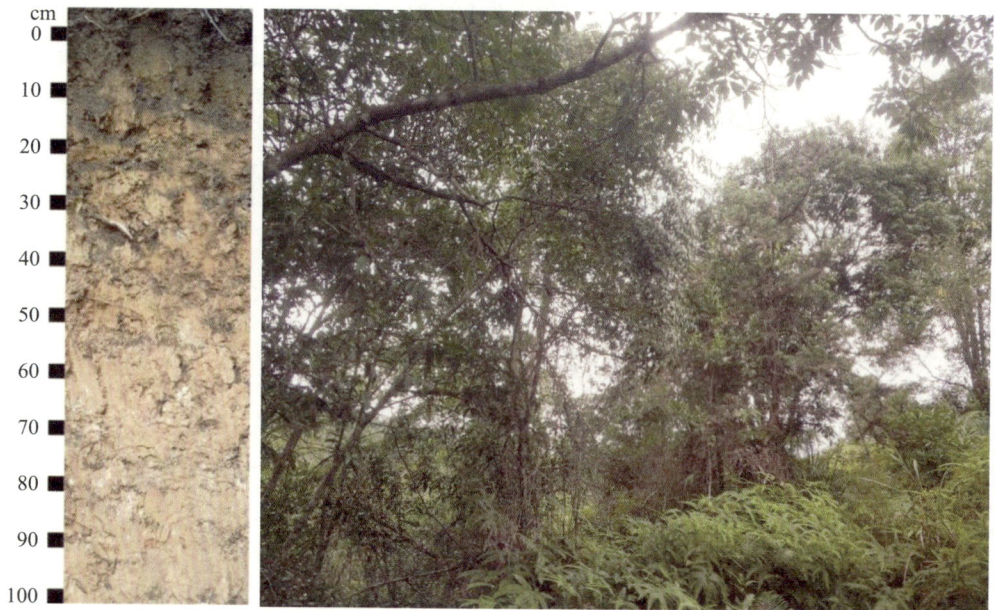

图 3-65 紫金县赤红壤剖面 4(左图)及植被(右图)

3. 主要性状

紫金县典型赤红壤剖面 4 的土壤理化性质如表 3-129、3-130 所示。

土壤养分包括有机碳、全氮、全磷和全钾,表层土壤(0~20 cm)中,其含量分别为 15. 600 g/kg、0. 994 g/kg、0. 135 g/kg 和 7. 203 g/kg,依据土壤养分分级标准,分别属于Ⅲ级、Ⅳ级、Ⅵ级和Ⅴ级。表层土壤 pH 值为 4. 460,容重未知。其余各土壤层(20~40 cm、40~60 cm、60~80 cm、80~100 cm)的土壤养分含量、土壤 pH 值见表 3-129。

重金属元素包括镍、铅、铜、锌、汞、镉、砷和铬,表层土壤(0~20 cm)中,其含量分别为未检出、14. 240 mg/kg、4. 510 mg/kg、19. 700 mg/kg、0. 077 mg/kg、未检出、17. 290 mg/kg 和 10. 590 mg/kg。所有重金属元素均低于农用地土壤污染风险筛选值。其余各土壤层(20~40 cm、40~60 cm、60~80 cm、80~100 cm)的重金属元素含量见表 3-130。

表 3-129 紫金县赤红壤剖面 4pH 值及养分含量统计表

深度 (cm)	pH (H_2O)	有机碳(SOC) (g/kg)	全氮(N) (g/kg)	全磷(P) (g/kg)	全钾(K) (g/kg)
0~20	4. 460±0. 040	15. 600±0. 500	0. 994±0. 016	0. 135±0. 006	7. 203±0. 017
20~40	4. 520±0. 030	6. 990±0. 180	0. 526±0. 010	0. 112±0. 004	8. 840±0. 030
40~60	4. 530±0. 040	5. 820±0. 160	0. 408±0. 009	0. 099±0. 003	9. 919±0. 024
60~80	4. 420±0. 050	4. 150±0. 110	0. 342±0. 009	0. 088±0. 004	9. 000±0. 034
80~100	4. 390±0. 050	3. 290±0. 100	0. 244±0. 007	0. 087±0. 003	9. 796±0. 038

表 3-130　紫金县赤红壤剖面 4 重金属元素含量统计表

深度 (cm)	铅(Pb) (mg/kg)	铜(Cu) (mg/kg)	锌(Zn) (mg/kg)	汞(Hg) (mg/kg)	砷(As) (mg/kg)	铬(Cr) (mg/kg)
0~20	14.240±0.240	4.510±0.410	19.700±0.260	0.077±0.000	17.290±0.120	10.590±0.520
20~40	15.000±1.000	5.350±0.150	28.660±2.090	0.073±0.002	17.870±0.350	9.870±2.010
40~60	17.670±2.080	4.880±0.350	20.750±1.090	0.083±0.003	16.610±0.270	8.970±1.000
60~80	17.610±2.510	5.030±0.250	16.440±2.500	0.075±0.004	14.830±0.290	7.830±1.040
80~100	17.330±2.080	4.920±0.270	25.480±2.170	0.060±0.002	11.440±0.250	6.130±1.020

五、剖面 5：赤红壤亚类

1. 剖面位置

地籍号：441621010005000802700；

地理坐标：北纬 23.595367°，东经 114.837908°；

地区：广东省河源市紫金县义容镇上锡田村。

2. 剖面特征

紫金县典型森林土壤剖面 5（图 3-66，左图）土壤类型为赤红壤亚类、页赤红壤土属。该剖面采自义容镇上锡田村，海拔 141 m，丘陵地貌，西北坡向，坡度为 27°，谷地坡位，轻微侵蚀，凋落物层厚度为 3 cm，腐殖质层厚度为 1 cm，植被类型为常绿阔叶林，优势树种为桉树（图 3-66，右图）。

图 3-66　紫金县赤红壤剖面 5（左图）及植被（右图）

3. 主要性状

紫金县典型赤红壤剖面 5 的土壤理化性质如表 3-131、3-132 所示。

土壤养分包括有机碳、全氮、全磷和全钾，表层土壤(0~20 cm)中，其含量分别为 7.100 g/kg、1.030 g/kg、0.155 g/kg 和 17.848 g/kg，依据土壤养分分级标准，分别属于Ⅳ级、Ⅲ级、Ⅵ级和Ⅲ级。表层土壤 pH 值为 4.300，容重未知。其余各土壤层(20~40 cm、40~60 cm、60~80 cm、80~100 cm)的土壤养分含量、土壤 pH 值见表 3-131。

重金属元素包括镍、铅、铜、锌、汞、镉、砷和铬，表层土壤(0~20 cm)中，其含量分别为 4.000 mg/kg、24.000 mg/kg、10.170 mg/kg、17.640 mg/kg、0.038 mg/kg、未检出、10.850 mg/kg 和 17.880 mg/kg。所有重金属元素均低于农用地土壤污染风险筛选值。其余各土壤层(20~40 cm、40~60 cm、60~80 cm、80~100 cm)的重金属元素含量见表 3-132。

表 3-131　紫金县赤红壤剖面 5pH 值及养分含量统计表

深度 (cm)	pH (H₂O)	有机碳(SOC) (g/kg)	全氮(N) (g/kg)	全磷(P) (g/kg)	全钾(K) (g/kg)
0~20	4.300±0.040	7.100±0.190	1.030±0.020	0.155±0.007	17.848±0.292
20~40	4.250±0.030	9.280±0.240	1.113±0.021	0.183±0.007	21.799±0.331
40~60	4.110±0.040	6.820±0.190	0.999±0.022	0.167±0.006	23.694±0.325
60~80	4.210±0.050	5.220±0.140	1.047±0.025	0.184±0.008	27.758±0.200
80~100	4.230±0.050	3.910±0.120	0.890±0.025	0.157±0.006	25.001±0.310

表 3-132　紫金县赤红壤剖面 5 重金属元素含量统计表

深度 (cm)	镍(Ni) (mg/kg)	铅(Pb) (mg/kg)	铜(Cu) (mg/kg)	锌(Zn) (mg/kg)	汞(Hg) (mg/kg)	砷(As) (mg/kg)	铬(Cr) (mg/kg)
0~20	4.000±0.000	24.000±1.730	10.170±0.640	17.640±1.180	0.038±0.003	10.850±0.650	17.880±1.020
20~40	4.800±0.340	35.570±2.680	14.370±0.970	20.640±1.570	0.057±0.002	14.870±1.070	23.630±1.590
40~60	3.950±0.080	31.400±1.510	10.390±0.500	15.470±0.500	0.053±0.002	13.170±0.650	21.010±1.000
60~80	5.330±0.580	48.040±3.540	17.260±1.270	16.790±1.340	0.061±0.003	17.900±1.310	24.960±2.060
80~100	4.490±0.500	38.160±6.530	12.540±2.160	17.000±3.000	0.048±0.003	14.490±2.510	20.470±3.500

六、剖面 6：赤红壤亚类

1. 剖面位置

地籍号：441621010014000200700；

地理坐标：北纬 23.47077°，东经 114.807003°；

地区：广东省河源市紫金县义容镇竹立村。

2. 剖面特征

紫金县典型森林土壤剖面 6(图 3-67，左图)土壤类型为赤红壤亚类、页赤红壤土属。

该剖面采自义容镇竹立村，海拔 152 m，丘陵地貌，北坡向，坡度为 25°，脊部坡位，无侵蚀，凋落物层厚度为 5 cm，腐殖质层厚度为 4 cm，植被类型为常绿阔叶林，优势树种为荷木(图 3-67，右图)。

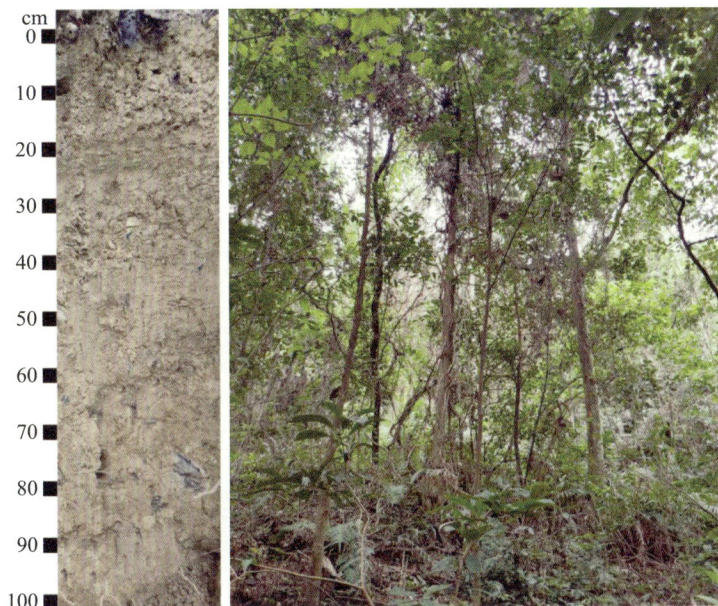

图 3-67　紫金县赤红壤剖面 6(左图)及植被(右图)

3. 主要性状

紫金县典型赤红壤剖面 6 的土壤理化性质如表 3-133、3-134 所示。

土壤养分包括有机碳、全氮、全磷和全钾，表层土壤(0~20 cm)中，其含量分别为 18.500 g/kg、1.840 g/kg、0.491 g/kg 和 25.811 g/kg，依据土壤养分分级标准，分别属于 Ⅱ级、Ⅱ级、Ⅳ级和 Ⅰ级。表层土壤 pH 值为 4.110，容重未知。其余各土壤层(20~40 cm、40~60 cm、60~80 cm、80~100 cm)的土壤养分含量、土壤 pH 值见表 3-133。

重金属元素包括镍、铅、铜、锌、汞、镉、砷和铬，表层土壤(0~20 cm)中，其含量分别为 13.510 mg/kg、21.000 mg/kg、26.450 mg/kg、43.900 mg/kg、0.102 mg/kg、未检出、21.360 mg/kg 和 36.730 mg/kg。所有重金属元素均低于农用地土壤污染风险筛选值。其余各土壤层(20~40 cm、40~60 cm、60~80 cm、80~100 cm)的重金属元素含量见表 3-134。

表 3-133　紫金县赤红壤剖面 6pH 值及养分含量统计表

深度 (cm)	pH (H₂O)	有机碳(SOC) (g/kg)	全氮(N) (g/kg)	全磷(P) (g/kg)	全钾(K) (g/kg)
0~20	4.110±0.040	18.500±0.600	1.840±0.030	0.491±0.022	25.811±0.295
20~40	4.130±0.030	12.870±0.350	1.530±0.030	0.457±0.017	25.592±0.155
40~60	4.210±0.040	9.430±0.260	1.330±0.030	0.446±0.016	25.736±0.150
60~80	4.280±0.050	6.750±0.180	1.347±0.035	0.450±0.020	25.115±0.187
80~100	4.410±0.050	5.910±0.180	1.317±0.035	0.479±0.017	26.353±0.358

表 3-134　紫金县赤红壤剖面 6 重金属元素含量统计表

深度 (cm)	镍(Ni) (mg/kg)	铅(Pb) (mg/kg)	铜(Cu) (mg/kg)	锌(Zn) (mg/kg)	汞(Hg) (mg/kg)	砷(As) (mg/kg)	铬(Cr) (mg/kg)
0~20	13.510±1.310	21.000±1.000	26.450±0.350	43.900±2.010	0.102±0.003	21.360±0.150	36.730±1.550
20~40	13.220±2.550	20.840±3.010	27.240±0.210	44.060±4.000	0.088±0.002	21.930±0.450	38.540±1.280
40~60	12.390±1.510	20.110±0.180	27.380±0.200	44.630±2.100	0.069±0.004	20.650±0.250	36.290±3.520
60~80	13.000±1.000	19.670±3.060	26.890±0.360	45.100±2.590	0.063±0.003	20.510±0.270	33.970±3.000
80~100	13.710±1.540	20.670±1.530	30.200±0.260	47.900±3.000	0.068±0.003	23.690±0.300	37.790±1.580

七、剖面 7：赤红壤亚类

1. 剖面位置

地籍号：44162101101012000700400；

地理坐标：北纬 23.434671°，东经 115.150763°；

地区：广东省河源市紫金县九和镇在上村村。

2. 剖面特征

紫金县典型森林赤红壤剖面 7(图 3-68，左图)采自九和镇在上村村，海拔 200 m，丘陵地貌，西坡向，坡度为 33°，下坡坡位，无侵蚀，凋落物层厚度为 8 cm，腐殖质层厚度为 4 cm，植被类型为暖性针阔混交林，优势树种为杉木(图 3-68，右图)。

图 3-68　紫金县赤红壤剖面 7(左图)及植被(右图)

3. 主要性状

紫金县典型赤红壤剖面 7 的土壤理化性质如表 3-135、3-136 所示。

土壤养分包括有机碳、全氮、全磷和全钾，表层土壤(0~20 cm)中，其含量分别为 12.070 g/kg、0.727 g/kg、0.167 g/kg 和 5.803 g/kg，依据土壤养分分级标准，分别属于Ⅲ级、Ⅴ级、Ⅵ级和Ⅴ级。表层土壤 pH 值为 4.420，容重未知。其余各土壤层(20~40 cm、40~60 cm、60~80 cm、80~100 cm)的土壤养分含量、土壤 pH 值见表 3-135。

重金属元素包括镍、铅、铜、锌、汞、镉、砷和铬，表层土壤(0~20 cm)中，其含量分别为 5.670 mg/kg、20.440 mg/kg、7.970 mg/kg、22.000 mg/kg、0.070 mg/kg、未检出、13.830 mg/kg 和 28.220 mg/kg。所有重金属元素均低于农用地土壤污染风险筛选值。其余各土壤层(20~40 cm、40~60 cm、60~80 cm、80~100 cm)的重金属元素含量见表 3-136。

表 3-135　紫金县赤红壤剖面 7pH 值及养分含量统计表

深度 (cm)	pH (H₂O)	有机碳(SOC) (g/kg)	全氮(N) (g/kg)	全磷(P) (g/kg)	全钾(K) (g/kg)
0~20	4.420±0.040	12.070±0.350	0.727±0.013	0.167±0.007	5.803±0.033
20~40	4.480±0.030	4.950±0.130	0.443±0.009	0.181±0.007	7.519±0.006
40~60	4.630±0.040	4.220±0.120	0.375±0.009	0.152±0.006	5.559±0.033
60~80	4.800±0.050	2.840±0.080	0.319±0.008	0.174±0.008	6.479±0.024
80~100	4.880±0.050	2.290±0.070	0.279±0.008	0.165±0.006	6.525±0.026

表 3-136　紫金县赤红壤剖面 7 重金属元素含量统计表

深度 (cm)	镍(Ni) (mg/kg)	铅(Pb) (mg/kg)	铜(Cu) (mg/kg)	锌(Zn) (mg/kg)	汞(Hg) (mg/kg)	砷(As) (mg/kg)	铬(Cr) (mg/kg)
0~20	5.670±0.580	20.440±0.510	7.970±0.610	22.000±1.000	0.070±0.003	13.830±0.380	28.220±1.950
20~40	6.100±0.170	18.330±1.530	7.850±0.350	23.650±1.170	0.062±0.002	13.470±0.930	29.360±2.510
40~60	6.130±0.220	18.670±0.580	7.360±0.360	21.330±1.530	0.057±0.002	12.740±0.320	29.380±2.130
60~80	7.480±0.500	24.280±2.530	9.800±0.720	23.570±1.690	0.069±0.003	14.300±1.210	33.340±2.510
80~100	7.330±0.580	29.080±0.880	11.270±1.150	20.830±1.750	0.083±0.002	14.490±0.380	33.060±5.000

八、剖面 8：红壤亚类

1. 剖面位置

地籍号：441621012011000100300；

地理坐标：北纬 23.497533°，东经 115.153797°；

地区：广东省河源市紫金县瓦溪镇公坑村。

2. 剖面特征

紫金县典型森林红壤剖面 8(图 3-69，左图)采自瓦溪镇公坑村，海拔 147 m，低山地貌，西北坡向，坡度为 50°，中坡坡位，无侵蚀，凋落物层厚度为 40 cm，腐殖质层厚度为 20 cm，植被类型为阔叶混交林，优势树种为桉树(图 3-69，右图)。

图 3-69　紫金县红壤剖面 8(左图)及植被(右图)

3. 主要性状

紫金县典型红壤剖面 8 的土壤理化性质如表 3-137、3-138 所示。

土壤养分包括有机碳、全氮、全磷和全钾，表层土壤（0~20 cm）中，其含量分别为 7.920 g/kg、0.651 g/kg、0.178 g/kg 和 18.247 g/kg，依据土壤养分分级标准，分别属于Ⅳ级、Ⅴ级、Ⅵ级和Ⅲ级。表层土壤 pH 值为 4.580，容重未知。其余各土壤层（20~40 cm、40~60 cm、60~80 cm、80~100 cm）的土壤养分含量、土壤 pH 值见表 3-137。

重金属元素包括镍、铅、铜、锌、汞、镉、砷和铬，表层土壤（0~20 cm）中，其含量分别为未检出、13.670 mg/kg、5.800 mg/kg、16.190 mg/kg、0.046 mg/kg、未检出、17.770 mg/kg 和 13.610 mg/kg。所有重金属元素均低于农用地土壤污染风险筛选值。其余各土壤层（20~40 cm、40~60 cm、60~80 cm、80~100 cm）的重金属元素含量见表 3-138。

表 3-137　紫金县红壤剖面 8pH 值及养分含量统计表

深度 （cm）	pH （H₂O）	有机碳（SOC） （g/kg）	全氮（N） （g/kg）	全磷（P） （g/kg）	全钾（K） （g/kg）
0~20	4.580±0.040	7.920±0.220	0.651±0.012	0.178±0.008	18.247±0.221
20~40	4.500±0.030	5.890±0.160	0.754±0.014	0.167±0.007	16.636±0.370
40~60	4.540±0.040	6.370±0.180	0.690±0.016	0.179±0.007	17.486±0.176
60~80	4.620±0.050	4.390±0.120	0.628±0.016	0.195±0.009	18.150±0.343
80~100	4.640±0.050	4.210±0.130	0.609±0.017	0.243±0.009	18.033±0.255

表 3-138　紫金县红壤剖面 8 重金属元素含量统计表

深度 （cm）	镍（Ni） （mg/kg）	铅（Pb） （mg/kg）	铜（Cu） （mg/kg）	锌（Zn） （mg/kg）	汞（Hg） （mg/kg）	砷（As） （mg/kg）	铬（Cr） （mg/kg）
0~20	未检出	13.670±2.080	5.800±0.260	16.190±1.590	0.046±0.002	17.770±0.250	13.610±1.510
20~40	未检出	11.240±0.670	8.630±0.250	19.430±2.130	0.042±0.002	20.000±0.400	14.160±1.610
40~60	3.540±1.280	16.010±2.000	8.670±0.110	20.490±2.500	0.053±0.002	17.430±0.250	16.770±2.540
60~80	3.670±0.580	13.590±1.230	6.400±0.300	16.760±1.090	0.038±0.002	13.530±0.060	17.000±1.730
80~100	3.270±0.640	17.670±2.310	8.200±0.260	20.930±2.000	0.039±0.003	13.400±0.300	16.300±2.070

九、剖面 9：赤红壤亚类

1. 剖面位置

地籍号：441621016012000400501；

地理坐标：北纬 23.35606°，东经 114.860023°；

地区：广东省河源市紫金县凤安镇回龙村。

2. 剖面特征

紫金县典型森林赤红壤剖面9(图3-70,左图)采自凤安镇回龙村,海拔198 m,丘陵地貌,北坡向,坡度为30°,中坡坡位,无侵蚀,凋落物层厚度为25 cm,腐殖质层厚度为5 cm,植被类型为针阔混交林,优势树种为马尾松(图3-70,右图)。

图 3-70　紫金县赤红壤剖面9(左图)及植被(右图)

3. 主要性状

紫金县典型赤红壤剖面9的土壤理化性质如表3-139、3-140所示。

土壤养分包括有机碳、全氮、全磷和全钾,表层土壤(0~20 cm)中,其含量分别为18.300 g/kg、0.947 g/kg、0.441 g/kg 和6.078 g/kg,依据土壤养分分级标准,分别属于Ⅱ级、Ⅳ级、Ⅳ级和Ⅴ级。表层土壤 pH 值为 4.270,容重未知。其余各土壤层(20~40 cm、40~60 cm、60~80 cm、80~100 cm)的土壤养分含量、土壤pH 值见表3-139。

重金属元素包括镍、铅、铜、锌、汞、镉、砷和铬,表层土壤(0~20 cm)中,其含量分别为 5.000 mg/kg、22.580 mg/kg、11.990 mg/kg、27.180 mg/kg、0.092 mg/kg、未检出、458.980 mg/kg 和27.650 mg/kg。其中,砷元素超过农用地土壤污染风险值,其他重金属元素均低于农用地土壤污染风险筛选值。其余各土壤层(20~40 cm、40~60 cm、60~80 cm、80~100 cm)的重金属元素含量见表3-140。

表 3-139　紫金县赤红壤剖面 9pH 值及养分含量统计表

深度 （cm）	pH （H₂O）	有机碳（SOC） （g/kg）	全氮（N） （g/kg）	全磷（P） （g/kg）	全钾（K） （g/kg）
0~20	4.270±0.040	18.300±0.500	0.947±0.017	0.441±0.020	6.078±0.016
20~40	4.380±0.050	23.030±0.600	0.708±0.014	0.437±0.016	6.930±0.025
40~60	4.470±0.030	8.670±0.240	0.713±0.016	0.431±0.015	7.599±0.026
60~80	4.410±0.040	12.630±0.350	0.708±0.018	0.427±0.018	7.133±0.028
80~100	4.450±0.040	5.820±0.170	0.669±0.019	0.454±0.016	7.754±0.027

表 3-140　紫金县赤红壤剖面 9 重金属元素含量统计表

深度 （cm）	镍（Ni） （mg/kg）	铅（Pb） （mg/kg）	铜（Cu） （mg/kg）	锌（Zn） （mg/kg）	汞（Hg） （mg/kg）	砷（As） （mg/kg）	铬（Cr） （mg/kg）
0~20	5.000±0.000	22.580±0.520	11.990±0.950	27.180±2.020	0.092±0.003	458.980±35.670	27.650±2.090
20~40	5.330±0.580	26.810±2.030	14.980±1.260	33.990±2.640	0.097±0.003	541.000±24.060	33.270±2.180
40~60	6.030±0.040	23.790±0.710	14.290±0.930	36.260±1.400	0.114±0.003	488.330±22.370	33.440±1.500
60~80	6.360±0.550	23.950±2.000	15.540±1.260	36.410±3.080	0.123±0.002	511.000±37.720	34.330±1.530
80~100	6.800±0.350	24.730±0.470	16.530±2.550	37.720±2.180	0.130±0.003	529.330±55.520	34.320±5.510

十、剖面 10：赤红壤亚类

1. 剖面位置

地籍号：44162101701600040070 0；

地理坐标：北纬 23.370635°，东经 114.979837°；

地区：广东省河源市紫金县蓝塘镇河塘村。

2. 剖面特征

紫金县典型森林赤红壤剖面 10（图 3-71，左图）采自蓝塘镇河塘村，海拔 102 m，丘陵地貌，东北坡向，坡度为 40°，中坡坡位，无侵蚀，凋落物层厚度为 20 cm，腐殖质层厚度为 5 cm，植被类型为针阔混交林，优势树种为杉木（图 3-71，右图）。

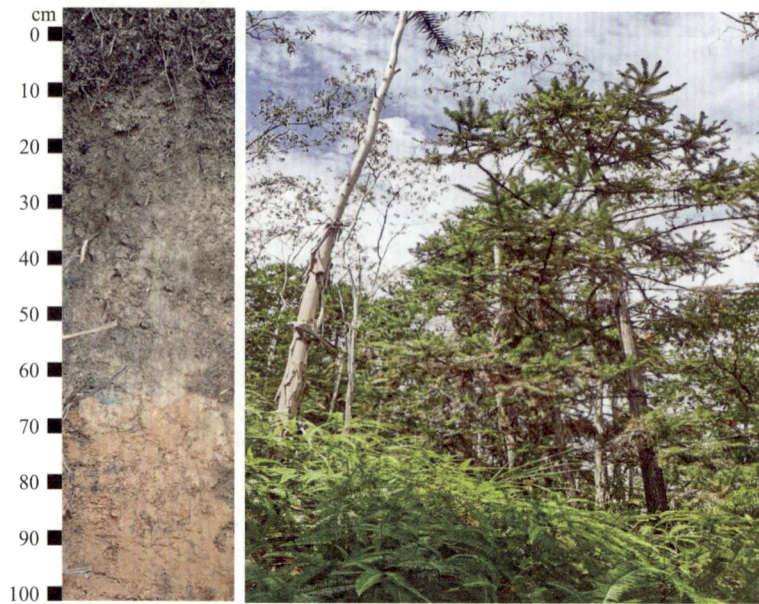

图 3-71　紫金县赤红壤剖面 10(左图)及植被(右图)

3. 主要性状

紫金县典型赤红壤剖面 10 的土壤理化性质如表 3-141、3-142 所示。

土壤养分包括有机碳、全氮、全磷和全钾,表层土壤(0~20 cm)中,其含量分别为 16.070 g/kg、0.881 g/kg、0.177 g/kg 和 4.998 g/kg,依据土壤养分分级标准,分别属于Ⅲ级、Ⅳ级、Ⅵ级和Ⅵ级。表层土壤 pH 值为 4.310,容重未知。其余各土壤层(20~40 cm、40~60 cm、60~80 cm、80~100 cm)的土壤养分含量、土壤 pH 值见表 3-141。

重金属元素包括镍、铅、铜、锌、汞、镉、砷和铬,表层土壤(0~20 cm)中,其含量分别为 3.330 mg/kg、13.240 mg/kg、8.080 mg/kg、9.330 mg/kg、0.038 mg/kg、未检出、4.370 mg/kg 和 18.670 mg/kg。所有重金属元素均低于农用地土壤污染风险筛选值。其余各土壤层(20~40 cm、40~60 cm、60~80 cm、80~100 cm)的重金属元素含量见表 3-142。

表 3-141　紫金县赤红壤剖面 10pH 值及养分含量统计表

深度 (cm)	pH (H₂O)	有机碳(SOC) (g/kg)	全氮(N) (g/kg)	全磷(P) (g/kg)	全钾(K) (g/kg)
0~20	4.310±0.040	16.070±0.450	0.881±0.016	0.177±0.008	4.998±0.026
20~40	4.340±0.050	8.130±0.210	0.623±0.012	0.152±0.006	6.569±0.022
40~60	4.360±0.030	7.210±0.200	0.573±0.013	0.155±0.006	6.250±0.570
60~80	4.430±0.040	3.950±0.110	0.441±0.011	0.160±0.007	9.873±0.034
80~100	4.570±0.040	3.480±0.100	0.422±0.012	0.170±0.006	7.405±1.705

表 3-142　紫金县赤红壤剖面 10 重金属元素含量统计表

深度 （cm）	镍（Ni） （mg/kg）	铅（Pb） （mg/kg）	铜（Cu） （mg/kg）	锌（Zn） （mg/kg）	汞（Hg） （mg/kg）	砷（As） （mg/kg）	铬（Cr） （mg/kg）
0~20	3.330±0.580	13.240±1.570	8.080±0.400	9.330±0.580	0.038±0.002	4.370±0.210	18.670±1.530
20~40	未检出	14.000±1.730	7.180±0.160	10.170±1.600	0.028±0.001	4.420±0.350	19.670±2.080
40~60	未检出	11.460±1.280	6.860±0.250	8.890±2.010	0.027±0.002	4.570±0.120	19.330±2.080
60~80	3.240±0.670	16.330±1.530	9.500±0.300	14.010±2.000	0.034±0.002	6.770±0.320	27.860±3.010
80~100	3.040±0.070	16.000±3.000	8.500±0.260	13.880±1.640	0.036±0.003	6.830±0.350	27.980±2.000

十一、剖面 11：赤红壤亚类

1. 剖面位置

地籍号：441621017024000600800；

地理坐标：北纬 23.311621°，东经 114.897968°；

地区：广东省河源市紫金县蓝塘镇布心村。

2. 剖面特征

紫金县典型森林赤红壤剖面 11（图 3-72，左图）采自蓝塘镇布心村，海拔 212 m，丘陵地貌，西坡向，坡度为 35°，下坡坡位，无侵蚀，凋落物层厚度为 15 cm，腐殖质层厚度为 3 cm，植被类型为针阔混交林，优势树种为荷木（图 3-72，右图）。

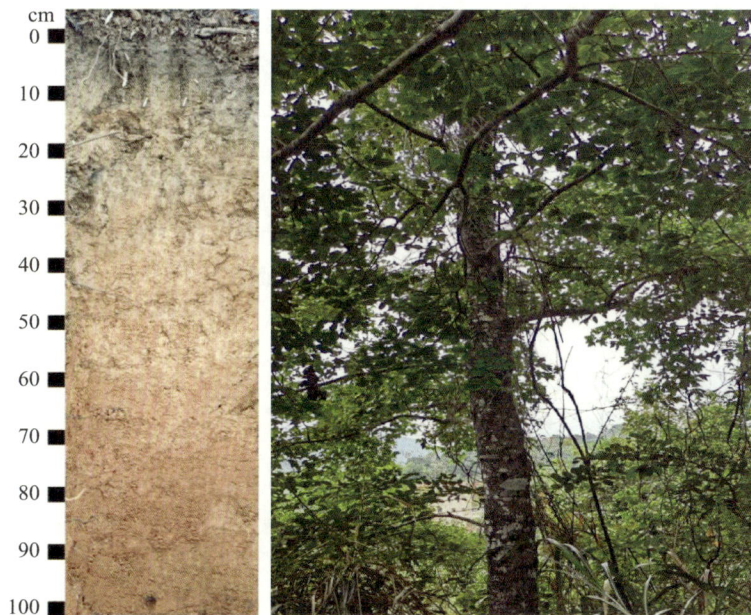

图 3-72　紫金县赤红壤剖面 11（左图）及植被（右图）

3. 主要性状

紫金县典型赤红壤剖面 11 的土壤理化性质如表 3-143、3-144 所示。

　　土壤养分包括有机碳、全氮、全磷和全钾，表层土壤（0～20 cm）中，其含量分别为 14.900 g/kg、0.952 g/kg、0.168 g/kg 和 4.571 g/kg，依据土壤养分分级标准，分别属于Ⅲ级、Ⅳ级、Ⅵ级和Ⅵ级。表层土壤 pH 值为 4.770，容重未知。其余各土壤层（20～40 cm、40～60 cm、60～80 cm、80～100 cm）的土壤养分含量、土壤 pH 值见表 3-143。

　　重金属元素包括镍、铅、铜、锌、汞、镉、砷和铬，表层土壤（0～20 cm）中，其含量分别为 3.330 mg/kg、62.200 mg/kg、4.210 mg/kg、48.240 mg/kg、0.108 mg/kg、0.083 mg/kg、24.180 mg/kg 和 9.430 mg/kg。所有重金属元素均低于农用地土壤污染风险筛选值。其余各土壤层（20～40 cm、40～60 cm、60～80 cm、80～100 cm）的重金属元素含量见表 3-144。

表 3-143　紫金县赤红壤剖面 11pH 值及养分含量统计表

深度 （cm）	pH （H₂O）	有机碳（SOC） （g/kg）	全氮（N） （g/kg）	全磷（P） （g/kg）	全钾（K） （g/kg）
0～20	4.770±0.040	14.900±0.400	0.952±0.017	0.168±0.007	4.571±0.027
20～40	4.800±0.050	6.360±0.170	0.506±0.010	0.148±0.006	3.680±0.018
40～60	4.990±0.030	4.080±0.110	0.398±0.009	0.128±0.005	3.196±0.029
60～80	5.050±0.040	2.110±0.060	0.267±0.007	0.124±0.005	4.439±0.039
80～100	5.200±0.040	1.430±0.040	0.267±0.007	0.105±0.004	5.879±0.024

表 3-144　紫金县赤红壤剖面 11 重金属元素含量统计表

深度 （cm）	镍（Ni） （mg/kg）	铅（Pb） （mg/kg）	铜（Cu） （mg/kg）	锌（Zn） （mg/kg）	汞（Hg） （mg/kg）	镉（Cd） （mg/kg）	砷（As） （mg/kg）	铬（Cr） （mg/kg）
0～20	3.330±0.580	62.200±2.550	4.210±0.260	48.240±3.030	0.108±0.003	0.083±0.006	24.180±0.270	9.430±1.500
20～40	3.000±0.000	60.360±0.560	4.370±0.250	52.590±2.120	0.066±0.002	未检出	24.760±0.250	7.420±0.520
40～60	未检出	79.000±4.000	4.030±0.310	54.330±2.080	0.057±0.002	未检出	25.740±0.410	6.330±1.530
60～80	未检出	71.220±3.030	3.840±0.210	58.610±3.510	0.049±0.001	未检出	21.900±0.300	5.330±0.580
80～100	未检出	74.200±2.030	3.550±0.250	62.720±2.530	0.057±0.004	未检出	20.600±0.260	4.330±0.580

十二、剖面 12：赤红壤亚类

1. 剖面位置

地籍号：44162101400800020 0600；

地理坐标：北纬 23.590828°，东经 115.400067°；

地区：广东省河源市紫金县水墩镇黎坑村。

2. 剖面特征

紫金县典型森林赤红壤剖面 12（图 3-73，左图）采自水墩镇黎坑村，海拔 245 m，丘陵地貌，南坡向，坡度为 40°，脊部坡位，无侵蚀，凋落物层厚度为 25 cm，腐殖质层厚度为 5 cm，植被类型为暖性常绿针叶林，优势树种为杉木（图 3-73，右图）。

图 3-73　紫金县赤红壤剖面 12(左图)及植被(右图)

3. 主要性状

紫金县典型赤红壤剖面 12 的土壤理化性质如表 3-145、3-146 所示。

土壤养分包括有机碳、全氮、全磷和全钾,表层土壤(0~20 cm)中,其含量分别为 9.490 g/kg、0.774 g/kg、0.280 g/kg 和 20.646 g/kg,依据土壤养分分级标准,分别属于Ⅳ级、Ⅳ级、Ⅴ级和Ⅱ级。表层土壤 pH 值为 4.400,容重未知。其余各土壤层(20~40 cm、40~60 cm、60~80 cm、80~100 cm)的土壤养分含量、土壤 pH 值见表 3-145。

重金属元素包括镍、铅、铜、锌、汞、镉、砷和铬,表层土壤(0~20 cm)中,其含量分别为 2.880 mg/kg、18.800 mg/kg、18.800 mg/kg、26.330 mg/kg、0.072 mg/kg、未检出、9.700 mg/kg 和 41.000 mg/kg。所有重金属元素均低于农用地土壤污染风险筛选值。其余各土壤层(20~40 cm、40~60 cm、60~80 cm、80~100 cm)的重金属元素含量见表 3-146。

表 3-145　紫金县赤红壤剖面 12pH 值及养分含量统计表

深度 (cm)	pH (H_2O)	有机碳(SOC) (g/kg)	全氮(N) (g/kg)	全磷(P) (g/kg)	全钾(K) (g/kg)
0~20	4.400±0.040	9.490±0.270	0.774±0.014	0.280±0.013	20.646±0.262
20~40	4.760±0.050	5.300±0.140	0.612±0.011	0.299±0.011	23.394±0.353
40~60	4.800±0.030	5.010±0.140	0.560±0.013	0.317±0.011	22.738±0.207
60~80	4.890±0.040	3.220±0.090	0.591±0.015	0.283±0.012	22.486±0.225
80~100	4.980±0.040	3.610±0.110	0.520±0.015	0.298±0.011	21.737±0.309

表 3-146　紫金县赤红壤剖面 12 重金属元素含量统计表

深度 (cm)	镍(Ni) (mg/kg)	铅(Pb) (mg/kg)	铜(Cu) (mg/kg)	锌(Zn) (mg/kg)	汞(Hg) (mg/kg)	镉(Cd) (mg/kg)	砷(As) (mg/kg)	铬(Cr) (mg/kg)
0~20	2.880±0.210	18.800±0.730	18.800±0.200	26.330±2.080	0.072±0.003	未检出	9.700±0.850	41.000±1.000
20~40	3.000±0.000	23.530±1.290	19.130±1.330	23.950±2.000	0.068±0.001	未检出	11.690±0.790	43.670±3.060
40~60	3.480±0.500	30.140±2.580	22.330±1.100	40.740±2.630	0.065±0.004	0.079±0.002	16.100±0.710	39.930±0.900
60~80	2.960±0.060	30.800±2.310	23.640±2.250	30.330±2.520	0.066±0.002	未检出	11.740±0.930	39.640±3.060
80~100	3.510±0.500	27.590±2.410	30.320±0.760	29.350±4.510	0.065±0.001	未检出	15.370±0.930	45.770±1.360

第六节　连平县森林土壤剖面

连平县森林土壤养分指标(包括有机碳、全氮、全磷和全钾)含量平均值分别为 11.662 g/kg、0.924 g/kg、0.329 g/kg 和 19.001 g/kg。连平县森林土壤 pH 值平均值为 4.59。连平县森林土壤重金属元素(包括镍、铅、铜、锌、汞、镉、砷和铬)平均含量分别为 9.716 mg/kg、36.401 mg/kg、18.368 mg/kg、48.811 mg/kg、0.111 mg/kg、0.061 mg/kg、22.350 mg/kg 和 34.231 mg/kg。

一、剖面 1：红壤亚类

1. 剖面位置

地籍号：441623001007000200802；

地理坐标：北纬 24.527027°，东经 114.570325°；

地区：广东省河源市连平县上坪镇旗石村。

2. 剖面特征

连平县典型森林土壤剖面 1(图 3-74，左图)土壤类型为红壤亚类、页红壤土属。该剖面采自上坪镇旗石村，海拔 426 m，丘陵地貌，西北坡向，坡度为 60°，下坡坡位，无侵蚀，凋落物层厚度为 4 cm，腐殖质层厚度为 5 cm，植被类型为灌草丛，优势种为白茅(图 3-74，右图)。

图 3-74 连平县红壤剖面 1(左图)及植被(右图)

3. 主要性状

连平县典型红壤剖面 1 的土壤理化性质如表 3-147、3-148 所示。

土壤养分包括有机碳、全氮、全磷和全钾,表层土壤(0~20 cm)中,其含量分别为6.500 g/kg、0.721 g/kg、0.510 g/kg 和 13.793 g/kg,依据土壤养分分级标准,分别属于Ⅳ级、Ⅴ级、Ⅳ级和Ⅳ级。表层土壤 pH 值为 4.830,容重为 0.86g/cm³。其余各土壤层(20~40 cm、40~60 cm、60~80 cm、80~100 cm)的土壤养分含量、土壤 pH 值和容重值见表 3-147。

重金属元素包括镍、铅、铜、锌、汞、镉、砷和铬,表层土壤(0~20 cm)中,其含量分别为 37.000 mg/kg、36.630 mg/kg、39.300 mg/kg、75.330 mg/kg、0.083 mg/kg、0.171 mg/kg、6.140 mg/kg 和 63.010 mg/kg。所有重金属元素均低于农用地土壤污染风险筛选值。其余各土壤层(20~40 cm、40~60 cm、60~80 cm、80~100 cm)的重金属元素含量见表 3-148。

表 3-147 连平县红壤剖面 1pH 值及养分含量统计表

深度 (cm)	pH (H₂O)	有机碳(SOC) (g/kg)	全氮(N) (g/kg)	全磷(P) (g/kg)	全钾(K) (g/kg)	容重 (g/cm³)
0~20	4.830±0.030	6.500±0.180	0.721±0.013	0.510±0.018	13.793±0.209	0.860±0.260
20~40	4.770±0.040	4.960±0.130	0.602±0.011	0.505±0.018	13.266±0.273	1.080±0.270
40~60	4.780±0.030	3.730±0.110	0.556±0.013	0.459±0.016	15.018±0.243	1.030±0.390
60~80	4.800±0.050	3.710±0.100	0.515±0.013	0.421±0.015	15.349±0.372	0.920±0.160
80~100	4.810±0.040	5.740±0.140	0.679±0.019	0.465±0.017	13.354±0.224	1.620±0.160

表 3-148　连平县红壤剖面 1 重金属元素含量统计表

深度 (cm)	镍(Ni) (mg/kg)	铅(Pb) (mg/kg)	铜(Cu) (mg/kg)	锌(Zn) (mg/kg)	汞(Hg) (mg/kg)	镉(Cd) (mg/kg)	砷(As) (mg/kg)	铬(Cr) (mg/kg)
0~20	37.000±2.650	36.630±2.100	39.300±3.420	75.330±5.690	0.083±0.002	0.171±0.003	6.140±0.210	63.010±1.000
20~40	39.400±3.500	41.430±2.890	39.520±2.770	77.330±3.510	0.076±0.001	0.157±0.012	6.780±0.360	63.880±4.620
40~60	31.450±2.230	33.670±1.530	35.980±1.580	66.800±3.120	0.064±0.003	0.122±0.003	6.330±0.510	49.410±2.170
60~80	33.200±2.550	31.480±1.340	29.810±2.330	66.120±4.620	0.060±0.002	0.118±0.011	6.110±0.450	50.930±4.610
80~100	35.330±5.510	33.000±5.000	32.800±1.970	73.070±8.000	0.070±0.004	0.128±0.004	5.450±0.430	55.270±1.270

二、剖面 2：红壤亚类

1. 剖面位置

地籍号：441623003006000300700；

地理坐标：北纬 24.409262°，东经 114.32757°；

地区：广东省河源市连平县陂头镇连星村。

2. 剖面特征

连平县典型森林红壤剖面 2(图 3-75，左图)采自陂头镇连星村，海拔 427 m，丘陵地貌，西南坡向，坡度为 38°，下坡坡位，无侵蚀，凋落物层厚度为 3.5 cm，腐殖质层厚度为 8.5 cm，植被类型为常绿阔叶混交林，优势树种为蓝果树(图 3-75，右图)。

图 3-75　连平县红壤剖面 2(左图)及植被(右图)

3. 主要性状

连平县典型红壤剖面 2 的土壤理化性质如表 3-149、3-150 所示。

土壤养分包括有机碳、全氮、全磷和全钾，表层土壤（0~20 cm）中，其含量分别为 8.650 g/kg、0.925 g/kg、0.188 g/kg 和 20.532 g/kg，依据土壤养分分级标准，分别属于 Ⅳ 级、Ⅳ 级、Ⅵ 级和 Ⅱ 级。表层土壤 pH 值为 4.500，容重为 1.15g/cm³。其余各土壤层（20~40 cm、40~60 cm、60~80 cm、80~100 cm）的土壤养分含量、土壤 pH 值和容重值见表 3-149。

重金属元素包括镍、铅、铜、锌、汞、镉、砷和铬，表层土壤（0~20 cm）中，其含量分别为 12.140 mg/kg、16.430 mg/kg、15.670 mg/kg、21.830 mg/kg、0.109 mg/kg、未检出、34.340 mg/kg 和 29.520 mg/kg。所有重金属元素均低于农用地土壤污染风险筛选值。其余各土壤层（20~40 cm、40~60 cm、60~80 cm、80~100 cm）的重金属元素含量见表 3-150。

表 3-149　连平县红壤剖面 2pH 值及养分含量统计表

深度 （cm）	pH （H₂O）	有机碳（SOC） （g/kg）	全氮（N） （g/kg）	全磷（P） （g/kg）	全钾（K） （g/kg）	容重 （g/cm³）
0~20	4.500±0.030	8.650±0.230	0.925±0.016	0.188±0.007	20.532±0.336	1.150±0.380
20~40	4.620±0.040	5.820±0.150	0.813±0.015	0.158±0.006	16.754±0.311	1.040±0.270
40~60	4.640±0.030	7.560±0.220	0.905±0.021	0.198±0.007	18.980±0.164	1.200±0.290
60~80	4.530±0.050	7.640±0.200	0.752±0.019	0.182±0.006	16.537±0.281	1.090±0.360
80~100	4.600±0.040	11.400±0.300	1.090±0.030	0.208±0.007	20.322±0.282	1.450±0.510

表 3-150　连平县红壤剖面 2 重金属元素含量统计表

深度 （cm）	镍（Ni） （mg/kg）	铅（Pb） （mg/kg）	铜（Cu） （mg/kg）	锌（Zn） （mg/kg）	汞（Hg） （mg/kg）	镉（Cd） （mg/kg）	砷（As） （mg/kg）	铬（Cr） （mg/kg）
0~20	12.140±1.030	16.430±1.240	15.670±0.610	21.830±0.760	0.109±0.003	未检出	34.340±2.150	29.520±2.500
20~40	14.570±0.510	16.480±1.500	15.680±0.800	23.800±2.030	0.104±0.003	未检出	31.060±2.200	25.350±2.090
40~60	13.480±0.830	17.580±1.410	17.540±1.430	24.880±0.830	0.113±0.002	0.082±0.004	37.700±1.900	31.300±1.480
60~80	15.180±1.050	19.330±1.530	19.660±1.480	24.900±2.010	0.099±0.004	未检出	38.930±2.000	33.000±2.650
80~100	11.930±1.010	20.670±3.510	18.220±1.490	23.660±0.590	0.117±0.002	未检出	37.280±5.900	28.420±1.670

三、剖面 3：红壤亚类

1. 剖面位置

地籍号：441623003010000701702；

地理坐标：北纬 24.452295°，东经 114.395177°；

地区：广东省河源市连平县陂头镇陂头村。

2. 剖面特征

连平县典型森林土壤剖面 3(图 3-76,左图)土壤类型为红壤亚类、页红壤土属。该剖面采自陂头镇陂头村,海拔 581 m,低山地貌,东南坡向,坡度为 41°,下坡坡位,无侵蚀,凋落物层厚度为 2 cm,腐殖质层厚度为 10 cm,植被类型为竹林,优势树种为毛竹(图3-76,右图)。

图 3-76　连平县红壤剖面 3(左图)及植被(右图)

3. 主要性状

连平县典型红壤剖面 3 的土壤理化性质如表 3-151、3-152 所示。

土壤养分包括有机碳、全氮、全磷和全钾,表层土壤(0～20 cm)中,其含量分别为20.500 g/kg、1.583 g/kg、0.264 g/kg 和 20.395 g/kg,依据土壤养分分级标准,分别属于Ⅱ级、Ⅱ级、Ⅴ级和Ⅱ级。表层土壤 pH 值为 4.970,容重为 1.30g/cm³。其余各土壤层(20～40 cm、40～60 cm、60～80 cm、80～100 cm)的土壤养分含量、土壤 pH 值和容重值见表 3-151。

重金属元素包括镍、铅、铜、锌、汞、镉、砷和铬,表层土壤(0～20 cm)中,其含量分别为 10.670 mg/kg、825.330 mg/kg、34.420 mg/kg、266.150 mg/kg、0.192 mg/kg、0.164 mg/kg、48.190 mg/kg 和 21.540 mg/kg。其中,铅、锌、砷元素超过农用地土壤污染风险值,其他重金属元素均低于农用地土壤污染风险筛选值。其余各土壤层(20～40cm、40～60 cm、60～80 cm、80～100 cm)的重金属元素含量见表 3-152。

表 3-151　连平县红壤剖面 3pH 值及养分含量统计表

深度 （cm）	pH （H₂O）	有机碳（SOC） （g/kg）	全氮（N） （g/kg）	全磷（P） （g/kg）	全钾（K） （g/kg）	容重 （g/cm³）
0~20	4.970±0.030	20.500±0.600	1.583±0.025	0.264±0.010	20.395±0.308	1.300±0.410
20~40	4.910±0.040	13.730±0.450	1.019±0.021	0.240±0.009	27.113±0.113	1.100±0.390
40~60	4.830±0.030	14.630±0.450	1.037±0.025	0.236±0.008	28.718±0.315	0.810±0.110
60~80	4.810±0.050	11.200±0.300	1.097±0.025	0.219±0.008	26.405±0.218	1.200±0.480
80~100	4.870±0.040	14.100±0.400	1.270±0.040	0.227±0.008	27.869±0.226	1.390±0.190

表 3-152　连平县红壤剖面 3 重金属元素含量统计表

深度 （cm）	镍（Ni） （mg/kg）	铅（Pb） （mg/kg）	铜（Cu） （mg/kg）	锌（Zn） （mg/kg）	汞（Hg） （mg/kg）	镉（Cd） （mg/kg）	砷（As） （mg/kg）	铬（Cr） （mg/kg）
0~20	10.670±1.150	825.330±5.030	34.420±0.260	266.150±4.640	0.192±0.002	0.164±0.012	48.190±0.270	21.540±1.500
20~40	10.670±1.530	519.000±3.000	25.140±0.220	208.750±3.530	0.167±0.004	0.120±0.020	28.920±0.400	23.680±3.510
40~60	13.100±2.010	332.520±3.110	21.990±0.260	182.940±3.000	0.167±0.002	0.123±0.012	24.400±0.300	27.350±1.520
60~80	14.710±2.060	206.370±4.050	20.170±0.290	152.060±3.630	0.158±0.004	0.117±0.015	21.370±0.110	26.000±2.000
80~100	13.940±2.000	189.740±3.530	18.290±0.270	144.330±4.510	0.154±0.003	0.139±0.016	19.760±0.350	27.870±2.580

四、剖面 4：赤红壤亚类

1. 剖面位置

地籍号：441623004004000201000；

地理坐标：北纬 24.406714°，东经 114.568475°；

地区：广东省河源市连平县内莞镇显村。

2. 剖面特征

连平县典型森林土壤剖面 4（图 3-77，左图）土壤类型为赤红壤亚类、页赤红壤土属。该剖面采自内莞镇显村，海拔 286 m，丘陵地貌，北坡向，坡度为 41°，上坡坡位，无侵蚀，凋落物层厚度为 8 cm，腐殖质层厚度为 7 cm，植被类型为针阔混交林，优势树种为马尾松（图 3-77，右图）。

图 3-77　连平县赤红壤剖面 4(左图)及植被(右图)

3. 主要性状

连平县典型赤红壤剖面 4 的土壤理化性质如表 3-153、3-154 所示。

土壤养分包括有机碳、全氮、全磷和全钾,表层土壤(0~20 cm)中,其含量分别为 7.220 g/kg、0.527 g/kg、0.145 g/kg 和 18.986 g/kg,依据土壤养分分级标准,分别属于Ⅳ级、Ⅴ级、Ⅵ级和Ⅲ级。表层土壤 pH 值为 4.660,容重为 1.51g/cm³。其余各土壤层(20~40 cm、40~60 cm、60~80 cm、80~100 cm)的土壤养分含量、土壤 pH 值和容重值见表 3-153。

重金属元素包括镍、铅、铜、锌、汞、镉、砷和铬,表层土壤(0~20 cm)中,其含量分别为 29.760 mg/kg、30.330 mg/kg、26.050 mg/kg、89.000 mg/kg、0.100 mg/kg、0.442 mg/kg、13.210 mg/kg 和 32.560 mg/kg。其中,镉元素超过农用地土壤污染风险值,其他重金属元素均低于农用地土壤污染风险筛选值。其余各土壤层(20~40 cm、40~60 cm、60~80 cm、80~100 cm)的重金属元素含量见表 3-154。

表 3-153　连平县赤红壤剖面 4 pH 值及养分含量统计表

深度 (cm)	pH (H₂O)	有机碳(SOC) (g/kg)	全氮(N) (g/kg)	全磷(P) (g/kg)	全钾(K) (g/kg)	容重 (g/cm³)
0~20	4.660±0.030	7.220±0.170	0.527±0.010	0.145±0.005	18.986±0.216	1.510±0.190
20~40	4.880±0.040	3.130±0.080	0.299±0.006	0.165±0.006	22.122±0.288	1.340±0.360
40~60	5.130±0.030	2.120±0.060	0.244±0.006	0.174±0.006	21.608±0.062	1.190±0.550
60~80	5.160±0.050	1.590±0.040	0.232±0.006	0.172±0.006	21.144±0.252	1.170±0.600
80~100	5.180±0.040	2.340±0.080	0.247±0.007	0.169±0.006	21.344±0.199	1.340±0.160

表 3-154　连平县赤红壤剖面 4 重金属元素含量统计表

深度 (cm)	镍(Ni) (mg/kg)	铅(Pb) (mg/kg)	铜(Cu) (mg/kg)	锌(Zn) (mg/kg)	汞(Hg) (mg/kg)	镉(Cd) (mg/kg)	砷(As) (mg/kg)	铬(Cr) (mg/kg)
0~20	29.760±0.670	30.330±2.080	26.050±1.620	89.000±1.000	0.100±0.009	0.442±0.040	13.210±1.060	32.560±1.390
20~40	39.680±3.050	21.040±1.000	27.400±1.930	76.670±5.690	0.069±0.005	0.268±0.016	10.400±0.850	31.030±1.710
40~60	17.690±0.600	11.300±0.520	17.800±0.900	47.000±2.650	0.037±0.002	0.153±0.005	4.930±0.310	18.380±1.510
60~80	21.330±1.530	14.270±1.100	21.490±1.070	55.310±5.140	0.043±0.003	0.152±0.011	6.570±0.500	23.540±1.740
80~100	18.850±0.260	12.030±1.000	18.330±2.900	49.330±1.170	0.032±0.002	0.120±0.010	5.530±0.850	17.190±1.290

五、剖面 5：红壤亚类

1. 剖面位置

地籍号：441623004007000601102；

地理坐标：北纬 24.398639°，东经 114.61043°；

地区：广东省河源市连平县内莞镇蓝州村。

2. 剖面特征

连平县典型森林红壤剖面 5(图 3-78，左图)采自内莞镇蓝州村，海拔 343 m，丘陵地貌，西坡向，坡度为 10°，上坡坡位，无侵蚀，凋落物层厚度为 7 cm，腐殖质层厚度为 3 cm，植被类型为针叶混交林，优势树种为杉木、马尾松(图 3-78，右图)。

图 3-78　连平县红壤剖面 5(左图)及植被(右图)

3. 主要性状

连平县典型红壤剖面 5 的土壤理化性质如表 3-155、3-156 所示。

土壤养分包括有机碳、全氮、全磷和全钾，表层土壤(0~20 cm)中，其含量分别为 6.200 g/kg、0.440 g/kg、0.141 g/kg 和 27.848 g/kg，依据土壤养分分级标准，分别属于Ⅳ级、Ⅵ级、Ⅵ级和Ⅰ级。表层土壤 pH 值为 4.330，容重为 1.41g/cm³。其余各土壤层(20~40 cm、40~60 cm、60~80 cm、80~100 cm)的土壤养分含量、土壤 pH 值和容重值见表 3-155。

重金属元素包括镍、铅、铜、锌、汞、镉、砷和铬，表层土壤(0~20 cm)中，其含量分别为 10.800 mg/kg、18.820 mg/kg、22.280 mg/kg、32.630 mg/kg、0.058 mg/kg、未检出、5.330 mg/kg 和 14.370 mg/kg。所有重金属元素均低于农用地土壤污染风险筛选值。其余各土壤层(20~40 cm、40~60 cm、60~80 cm、80~100 cm)的重金属元素含量见表 3-156。

表 3-155　连平县红壤剖面 5pH 值及养分含量统计表

深度 (cm)	pH (H₂O)	有机碳(SOC) (g/kg)	全氮(N) (g/kg)	全磷(P) (g/kg)	全钾(K) (g/kg)	容重 (g/cm³)
0~20	4.330±0.030	6.200±0.180	0.440±0.008	0.141±0.005	27.848±0.167	1.410±0.430
20~40	4.720±0.040	2.050±0.070	0.395±0.008	0.228±0.008	37.253±0.193	1.400±0.320
40~60	4.880±0.030	1.310±0.040	0.328±0.008	0.192±0.007	33.457±0.265	1.040±0.370
60~80	4.810±0.050	1.140±0.030	0.263±0.007	1.367±0.005	33.340±0.216	1.570±0.220
80~100	5.010±0.040	1.110±0.030	0.164±0.005	0.083±0.002	33.265±0.191	1.140±0.490

表 3-156　连平县红壤剖面 5 重金属元素含量统计表

深度 (cm)	镍(Ni) (mg/kg)	铅(Pb) (mg/kg)	铜(Cu) (mg/kg)	锌(Zn) (mg/kg)	汞(Hg) (mg/kg)	砷(As) (mg/kg)	铬(Cr) (mg/kg)
0~20	10.800±1.060	18.820±1.050	22.280±0.270	32.630±3.070	0.058±0.002	5.330±0.210	14.370±1.520
20~40	15.980±2.000	28.300±3.040	41.670±0.210	53.330±2.080	0.065±0.004	7.830±0.210	18.010±3.000
40~60	15.870±1.850	29.390±3.500	25.760±0.250	46.400±2.510	0.048±0.001	6.290±0.370	14.450±0.510
60~80	10.950±1.770	21.070±1.010	14.490±0.260	22.110±2.590	0.030±0.001	3.530±0.060	9.550±1.270
80~100	11.060±1.010	17.360±3.060	8.700±0.300	22.260±1.100	0.014±0.001	1.700±0.300	5.330±1.530

六、剖面 6：红壤亚类

1. 剖面位置

地籍号：4416230040070008 03704；

地理坐标：北纬 24.373067°，东经 114.655973°；

地区：广东省河源市连平县内莞镇蓝州村。

2. 剖面特征

连平县典型森林红壤剖面 6(图 3-79，左图)采自内莞镇蓝州村，海拔 692 m，低山地貌，东坡向，坡度为 30°，上坡坡位，无侵蚀，凋落物层厚度为 4 cm，腐殖质层厚度为 5 cm，植被类型为常绿阔叶林，优势树种为木荷(图 3-79，右图)。

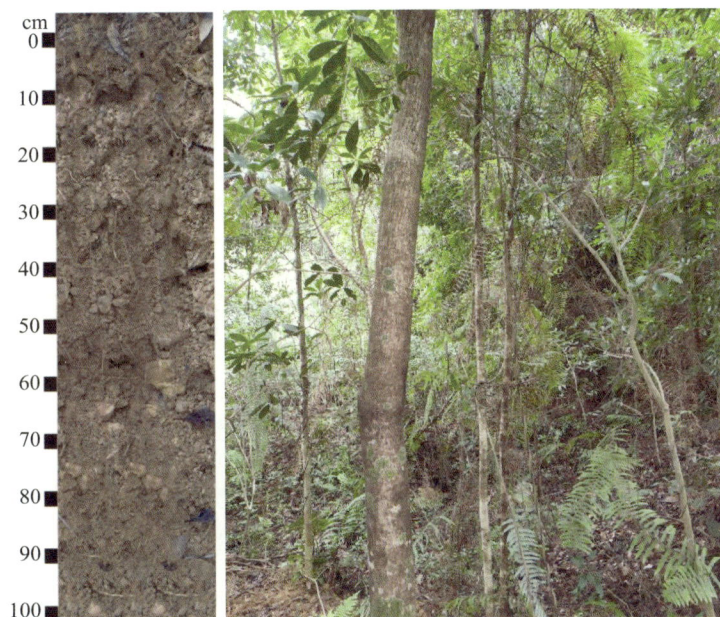

图 3-79　连平县红壤剖面 6(左图)及植被(右图)

3. 主要性状

连平县典型红壤剖面 6 的土壤理化性质如表 3-157、3-158 所示。

土壤养分包括有机碳、全氮、全磷和全钾，表层土壤(0~20 cm)中，其含量分别为 11.100 g/kg、0.924 g/kg、0.461 g/kg 和 22.200 g/kg，依据土壤养分分级标准，分别属于 Ⅳ级、Ⅳ级、Ⅳ级和 Ⅱ级。表层土壤 pH 值为 6.070，容重为 1.17g/cm³。其余各土壤层(20~40 cm、40~60 cm、60~80 cm、80~100 cm)的土壤养分含量、土壤 pH 值和容重值见表 3-157。

重金属元素包括镍、铅、铜、锌、汞、镉、砷和铬，表层土壤(0~20 cm)中，其含量分别为 5.480 mg/kg、60.770 mg/kg、30.030 mg/kg、37.370 mg/kg、0.100 mg/kg、0.140 mg/kg、137.360 mg/kg 和 19.560 mg/kg。其中，砷元素超过农用地土壤污染风险值，其他重金属元素均低于农用地土壤污染风险筛选值。其余各土壤层(20~40 cm、40~60 cm、60~80 cm、80~100 cm)的重金属元素含量见表 3-158。

表 3-157　连平县红壤剖面 6 pH 值及养分含量统计表

深度 (cm)	pH (H₂O)	有机碳(SOC) (g/kg)	全氮(N) (g/kg)	全磷(P) (g/kg)	全钾(K) (g/kg)	容重 (g/cm³)
0~20	6.070±0.030	11.100±0.300	0.924±0.016	0.461±0.017	22.200±1.735	1.170±0.430
20~40	6.420±0.040	7.460±0.190	0.899±0.017	0.468±0.017	25.267±1.102	1.570±0.200
40~60	6.220±0.030	8.900±0.260	0.901±0.021	0.459±0.016	23.567±1.079	1.440±0.540
60~80	6.350±0.050	7.760±0.170	0.890±0.023	0.445±0.016	23.333±1.747	1.460±0.260
80~100	6.070±0.030	11.100±0.300	0.924±0.016	0.461±0.017	22.200±1.735	1.170±0.430

表 3-158　连平县红壤剖面 6 重金属元素含量统计表

深度 (cm)	镍(Ni) (mg/kg)	铅(Pb) (mg/kg)	铜(Cu) (mg/kg)	锌(Zn) (mg/kg)	汞(Hg) (mg/kg)	镉(Cd) (mg/kg)	砷(As) (mg/kg)	铬(Cr) (mg/kg)
0~20	5.480±0.500	60.770±5.040	30.030±1.120	37.370±1.180	0.100±0.008	0.140±0.000	137.360±8.620	19.560±1.500
20~40	5.550±0.510	62.680±5.030	34.640±1.880	38.070±2.610	0.089±0.008	0.117±0.012	150.900±10.640	19.830±1.600
40~60	5.650±0.560	59.780±3.670	34.480±2.760	36.440±1.260	0.099±0.007	0.080±0.000	131.800±6.600	20.520±0.890
60~80	5.040±0.070	61.130±4.550	35.330±2.630	38.600±3.080	0.088±0.007	0.144±0.015	132.010±6.700	20.330±2.080
80~100	4.420±0.520	58.670±9.020	28.900±2.350	32.510±0.850	0.099±0.016	0.087±0.006	113.930±18.110	19.630±1.100

七、剖面 7：红壤亚类

1. 剖面位置

地籍号：441623004007000900100；

地理坐标：北纬 24.431279°，东经 114.616917°；

地区：广东省河源市连平县内莞镇蓝州村。

2. 剖面特征

连平县典型森林红壤剖面 7(图 3-80，左图)采自内莞镇蓝州村，海拔 463 m，丘陵地貌，西北坡向，坡度为 35°，上坡坡位，无侵蚀，凋落物层厚度为 2 cm，腐殖质层厚度为 22 cm，植被类型为常绿阔叶林，优势树种为木荷(图 3-80，右图)。

图 3-80　连平县红壤剖面 7(左图) 及植被 (右图)

3. 主要性状

连平县典型红壤剖面 7 的土壤理化性质如表 3-159、3-160 所示。

土壤养分包括有机碳、全氮、全磷和全钾，表层土壤 (0 ~ 20 cm) 中，其含量分别为 26. 170 g/kg、1. 720 g/kg、0. 132 g/kg 和 21. 715 g/kg，依据土壤养分分级标准，分别属于 Ⅰ 级、Ⅱ 级、Ⅵ 级和 Ⅱ 级。表层土壤 pH 值为 4. 280，容重为 1. 13g/cm³。其余各土壤层 (20 ~ 40 cm、40 ~ 60 cm、60 ~ 80 cm、80 ~ 100 cm) 的土壤养分含量、土壤 pH 值和容重值见表 3-159。

重金属元素包括镍、铅、铜、锌、汞、镉、砷和铬，表层土壤 (0 ~ 20 cm) 中，其含量分别为 3. 000 mg/kg、36. 330 mg/kg、2. 880 mg/kg、35. 000 mg/kg、0. 076 mg/kg、0. 096 mg/kg、9. 200 mg/kg 和 6. 890 mg/kg。所有重金属元素均低于农用地土壤污染风险筛选值。其余各土壤层 (20 ~ 40 cm、40 ~ 60 cm、60 ~ 80 cm、80 ~ 100 cm) 的重金属元素含量见表 3-160。

表 3-159　连平县红壤剖面 7 pH 值及养分含量统计表

深度 (cm)	pH (H_2O)	有机碳 (SOC) (g/kg)	全氮 (N) (g/kg)	全磷 (P) (g/kg)	全钾 (K) (g/kg)	容重 (g/cm³)
0 ~ 20	4. 280±0. 030	26. 170±0. 750	1. 720±0. 030	0. 132±0. 005	21. 715±0. 290	1. 130±0. 500
20 ~ 40	4. 530±0. 040	9. 580±0. 250	0. 755±0. 014	0. 069±0. 002	26. 281±0. 320	1. 180±0. 550
40 ~ 60	4. 540±0. 030	4. 680±0. 140	0. 461±0. 011	0. 053±0. 002	28. 753±0. 316	1. 670±0. 130
60 ~ 80	4. 680±0. 050	4. 220±0. 660	0. 442±0. 011	0. 049±0. 002	30. 134±0. 368	1. 200±0. 570
80 ~ 100	4. 640±0. 040	3. 020±0. 090	0. 367±0. 010	0. 040±0. 001	29. 434±0. 226	0. 780±0. 200

表 3-160　连平县红壤剖面 7 重金属元素含量统计表

深度 (cm)	镍(Ni) (mg/kg)	铅(Pb) (mg/kg)	铜(Cu) (mg/kg)	锌(Zn) (mg/kg)	汞(Hg) (mg/kg)	镉(Cd) (mg/kg)	砷(As) (mg/kg)	铬(Cr) (mg/kg)
0~20	3.000±0.000	36.330±1.150	2.880±0.250	35.000±3.000	0.076±0.002	0.096±0.006	9.200±0.720	6.890±0.190
20~40	未检出	30.210±2.550	2.130±0.150	27.330±2.080	0.058±0.002	未检出	10.030±0.450	6.750±0.440
40~60	未检出	29.760±0.670	2.520±0.140	26.080±1.130	0.054±0.001	未检出	10.670±0.470	6.000±0.000
60~80	未检出	31.000±2.650	2.690±0.200	26.220±2.040	0.062±0.002	未检出	10.370±0.780	5.330±0.580
80~100	未检出	27.520±0.830	4.340±0.650	36.620±2.010	0.056±0.001	未检出	9.760±1.050	4.910±1.010

八、剖面 8：红壤亚类

1. 剖面位置

地籍号：44162300400800040050l；

地理坐标：北纬 24.442888°，东经 114.675928°；

地区：广东省河源市连平县内莞镇桃坪村。

2. 剖面特征

连平县典型森林土壤剖面 8(图 3-81，左图)土壤类型为红壤亚类、页红壤土属。该剖面采自内莞镇桃坪村，海拔 726 m，低山地貌，东南坡向，坡度为 40°，上坡坡位，无侵蚀，凋落物层厚度为 1 cm，腐殖质层厚度为 30 cm，植被类型为常绿阔叶林，优势树种为木荷(图 3-81，右图)。

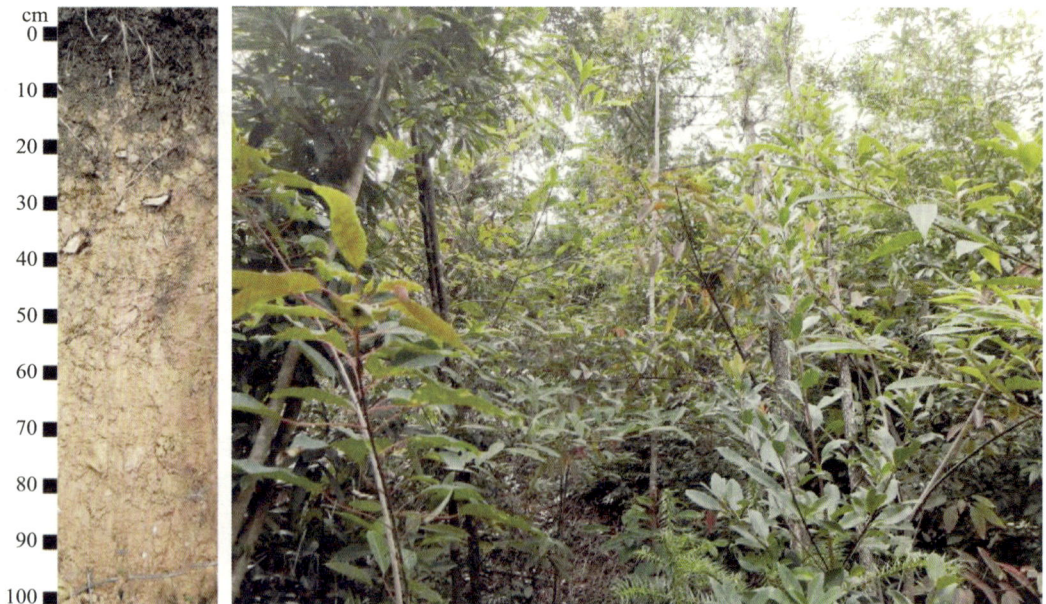

图 3-81　连平县红壤剖面 8(左图)及植被(右图)

3. 主要性状

连平县典型红壤剖面8的土壤理化性质如表3-161、3-162所示。

土壤养分包括有机碳、全氮、全磷和全钾，表层土壤(0~20 cm)中，其含量分别为37.530 g/kg、2.257 g/kg、0.305 g/kg和17.777 g/kg，依据土壤养分分级标准，分别属于Ⅰ级、Ⅰ级、Ⅴ级和Ⅲ级。表层土壤pH值为4.260，容重为1.24g/cm³。其余各土壤层(20~40 cm、40~60 cm、60~80 cm、80~100 cm)的土壤养分含量、土壤pH值和容重值见表3-161。

重金属元素包括镍、铅、铜、锌、汞、镉、砷和铬，表层土壤(0~20 cm)中，其含量分别为 4.330 mg/kg、17.980 mg/kg、12.870 mg/kg、25.260 mg/kg、0.114 mg/kg、0.080 mg/kg、7.250 mg/kg和34.100 mg/kg。所有重金属元素均低于农用地土壤污染风险筛选值。其余各土壤层(20~40 cm、40~60 cm、60~80 cm、80~100 cm)的重金属元素含量见表3-162。

表 3-161　连平县红壤剖面 8 pH 值及养分含量统计表

深度 (cm)	pH (H₂O)	有机碳(SOC) (g/kg)	全氮(N) (g/kg)	全磷(P) (g/kg)	全钾(K) (g/kg)	容重 (g/cm³)
0~20	4.260±0.030	37.530±1.000	2.257±0.040	0.305±0.011	17.777±0.324	1.240±0.310
20~40	4.370±0.040	13.570±0.350	1.090±0.020	0.312±0.011	23.430±0.231	1.580±0.020
40~60	4.440±0.030	8.900±0.260	0.874±0.020	0.319±0.012	24.614±0.090	1.090±0.520
60~80	4.540±0.050	7.670±0.200	0.852±0.022	0.318±0.012	24.668±0.369	1.290±0.470
80~100	4.600±0.040	7.170±0.210	0.810±0.023	0.304±0.011	22.888±0.239	1.160±0.220

表 3-162　连平县红壤剖面 8 重金属元素含量统计表

深度 (cm)	镍(Ni) (mg/kg)	铅(Pb) (mg/kg)	铜(Cu) (mg/kg)	锌(Zn) (mg/kg)	汞(Hg) (mg/kg)	镉(Cd) (mg/kg)	砷(As) (mg/kg)	铬(Cr) (mg/kg)
0~20	4.330±0.580	17.980±1.720	12.870±0.510	25.260±1.100	0.114±0.003	0.080±0.000	7.250±0.480	34.100±3.010
20~40	6.330±0.580	18.910±2.010	20.240±1.100	33.000±2.650	0.102±0.002	0.000±0.000	9.070±0.610	43.460±3.110
40~60	5.270±0.470	17.540±1.360	19.610±1.540	31.990±0.990	0.101±0.002	0.000±0.000	8.450±0.450	42.490±1.790
60~80	6.530±0.500	20.330±1.530	23.420±1.730	35.720±3.040	0.128±0.003	0.000±0.000	9.200±0.440	46.000±3.610
80~100	6.480±0.500	21.580±3.500	18.860±1.540	45.000±1.000	0.121±0.001	0.000±0.000	8.530±1.350	43.910±2.490

九、剖面 9：红壤亚类

1. 剖面位置

地籍号：441623004011000803800；

地理坐标：北纬 24.333809°，东经 114.694728°；

地区：广东省河源市连平县内莞镇大水村。

2. 剖面特征

连平县典型森林土壤剖面9(图3-82，左图)土壤类型为红壤亚类、页红壤土属。该剖面采自内莞镇大水村，海拔544 m，低山地貌，南坡向，坡度为49°，上坡坡位，无侵蚀，凋落物层厚度为45 cm，腐殖质层厚度为24.5 cm，植被类型为常绿阔叶林，优势树种为杜英(图3-82，右图)。

图3-82　连平县红壤剖面9(左图)及植被(右图)

3. 主要性状

连平县典型红壤剖面9的土壤理化性质如表3-163、3-164所示。

土壤养分包括有机碳、全氮、全磷和全钾，表层土壤(0~20 cm)中，其含量分别为34.670 g/kg、1.653 g/kg、0.332 g/kg和12.200 g/kg，依据土壤养分分级标准，分别属于Ⅰ级、Ⅱ级、Ⅴ级和Ⅳ级。表层土壤pH值为4.220，容重为1.26g/cm³。其余各土壤层(20~40 cm、40~60 cm、60~80 cm、80~100 cm)的土壤养分含量、土壤pH值和容重值见表3-163。

重金属元素包括镍、铅、铜、锌、汞、镉、砷和铬，表层土壤(0~20 cm)中，其含量分别为4.000 mg/kg、31.670 mg/kg、2.830 mg/kg、20.670 mg/kg、0.190 mg/kg、未检出、12.000 mg/kg和40.440 mg/kg。所有重金属元素均低于农用地土壤污染风险筛选值。其余各土壤层(20~40 cm、40~60 cm、60~80 cm、80~100 cm)的重金属元素含量见表3-164。

表 3-163　连平县红壤剖面 9 pH 值及养分含量统计表

深度 （cm）	pH （H₂O）	有机碳（SOC） （g/kg）	全氮（N） （g/kg）	全磷（P） （g/kg）	全钾（K） （g/kg）	容重 （g/cm³）
0~20	4.220±0.030	34.670±0.950	1.653±0.025	0.332±0.012	12.200±0.794	1.260±0.480
20~40	4.480±0.040	16.870±0.450	0.993±0.019	0.276±0.010	13.767±0.971	1.180±0.540
40~60	4.540±0.030	12.630±0.450	0.825±0.019	0.279±0.010	13.300±0.700	1.270±0.280
60~80	4.590±0.050	10.220±0.280	0.813±0.021	0.274±0.010	14.667±0.737	1.300±0.370
80~100	4.740±0.040	9.990±0.310	0.812±0.023	0.272±0.010	14.800±2.352	1.040±0.340

表 3-164　连平县红壤剖面 9 重金属元素含量统计表

深度 （cm）	镍（Ni） （mg/kg）	铅（Pb） （mg/kg）	铜（Cu） （mg/kg）	锌（Zn） （mg/kg）	汞（Hg） （mg/kg）	砷（As） （mg/kg）	铬（Cr） （mg/kg）
0~20	4.000±0.000	31.670±2.520	2.830±0.110	20.670±1.150	0.190±0.005	12.000±0.100	40.440±3.100
20~40	4.670±0.580	25.340±2.080	2.420±0.160	18.730±1.430	0.204±0.014	13.060±0.930	47.900±2.010
40~60	4.550±0.510	25.150±1.230	3.280±0.070	16.670±0.580	0.198±0.005	11.980±0.610	46.710±2.150
60~80	5.710±0.500	25.360±2.090	3.210±0.260	17.610±1.210	0.230±0.020	12.940±1.230	48.000±3.610
80~100	4.750±0.670	19.100±1.150	6.210±0.160	71.360±11.500	0.175±0.004	10.000±0.260	37.670±3.510

十、剖面 10：红壤亚类

1. 剖面位置

地籍号：441623008004000200400；

地理坐标：北纬 24.264962°，东经 114.739136°；

地区：广东省河源市连平县高莞镇太平村。

2. 剖面特征

连平县典型森林土壤剖面 10（图 3-83，左图）土壤类型为红壤亚类、页红壤土属。该剖面采自高莞镇太平村，海拔 428 m，丘陵地貌，南坡向，坡度为 10°，上坡坡位，无侵蚀，凋落物层厚度为 1 cm，腐殖质层厚度为 16 cm，植被类型为常绿落叶阔叶混交林，优势树种为木荷（图 3-83，右图）。

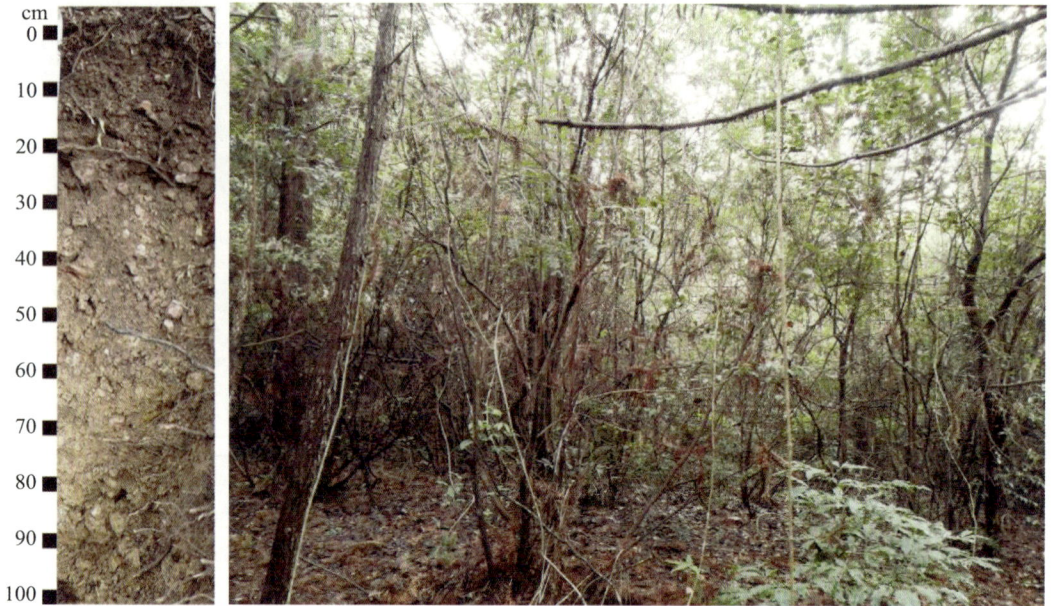

图 3-83　连平县红壤剖面 10(左图)及植被(右图)

3. 主要性状

连平县典型红壤剖面 10 的土壤理化性质如表 3-165、3-166 所示。

土壤养分包括有机碳、全氮、全磷和全钾,表层土壤(0~20 cm)中,其含量分别为 28. 870 g/kg、2. 267 g/kg、0. 461 g/kg 和 17. 598 g/kg,依据土壤养分分级标准,分别属于Ⅰ级、Ⅰ级、Ⅳ级和Ⅲ级。表层土壤 pH 值为 3. 920,容重为 1. 29g/cm³。其余各土壤层(20~40 cm、40~60 cm、60~80 cm、80~100 cm)的土壤养分含量、土壤 pH 值和容重值见表 3-165。

重金属元素包括镍、铅、铜、锌、汞、镉、砷和铬,表层土壤(0~20 cm)中,其含量分别为 6. 080 mg/kg、21. 240 mg/kg、22. 440 mg/kg、35. 130 mg/kg、0. 093 mg/kg、0. 083 mg/kg、28. 300 mg/kg 和 32. 000 mg/kg。所有重金属元素均低于农用地土壤污染风险筛选值。其余各土壤层(20~40 cm、40~60 cm、60~80 cm、80~100 cm)的重金属元素含量见表 3-166。

表 3-165　连平县红壤剖面 10pH 值及养分含量统计表

深度 (cm)	pH (H₂O)	有机碳(SOC) (g/kg)	全氮(N) (g/kg)	全磷(P) (g/kg)	全钾(K) (g/kg)	容重 (g/cm³)
0~20	3. 920±0. 030	28. 870±0. 750	2. 267±0. 040	0. 461±0. 016	17. 598±0. 368	1. 290±0. 620
20~40	4. 060±0. 040	15. 830±0. 400	1. 667±0. 035	0. 432±0. 015	19. 278±0. 238	1. 030±0. 290
40~60	4. 280±0. 030	10. 800±0. 300	1. 027±0. 025	0. 374±0. 013	18. 529±0. 344	0. 940±0. 330
60~80	4. 280±0. 050	8. 550±0. 230	0. 887±0. 023	0. 347±0. 012	18. 295±0. 311	1. 520±0. 290
80~100	4. 420±0. 040	6. 230±0. 180	0. 820±0. 023	0. 330±0. 012	17. 616±0. 274	0. 690±0. 140

表 3-166　连平县红壤剖面 10 重金属元素含量统计表

深度 （cm）	镍（Ni） （mg/kg）	铅（Pb） （mg/kg）	铜（Cu） （mg/kg）	锌（Zn） （mg/kg）	汞（Hg） （mg/kg）	镉（Cd） （mg/kg）	砷（As） （mg/kg）	铬（Cr） （mg/kg）
0~20	6.080±0.140	21.240±0.410	22.440±1.790	35.130±3.010	0.093±0.002	0.083±0.006	28.300±2.190	32.000±1.730
20~40	6.430±0.510	23.670±2.080	25.820±2.160	35.450±2.150	0.092±0.002	未检出	30.590±1.350	38.420±2.920
40~60	6.570±0.510	26.690±0.600	24.890±1.600	37.380±1.600	0.086±0.003	未检出	32.250±1.490	37.000±2.000
60~80	6.530±0.500	26.300±2.530	26.170±2.070	35.470±3.110	0.085±0.004	未检出	32.640±2.370	37.910±1.810
80~100	6.890±0.190	29.600±0.700	25.250±3.900	34.590±1.950	0.081±0.001	未检出	35.260±3.700	36.840±6.010

十一、剖面 11：红壤亚类

1. 剖面位置

地籍号：441623017002000301101；

地理坐标：北纬 24.49491°，东经 114.396764°；

地区：广东省河源市连平县牛岭水林场。

2. 剖面特征

连平县典型森林土壤剖面 11（图 3-84，左图）土壤类型为红壤亚类、页红壤土属。该剖面采自牛岭水林场，海拔 574 m，低山地貌，西坡向，坡度为 13°，中坡坡位，无侵蚀，凋落物层厚度为 2 cm，腐殖质层厚度为 20 cm，植被类型为常绿阔叶林，优势树种为桉树（图 3-84，右图）。

图 3-84　连平县红壤剖面 11（左图）及植被（右图）

3. 主要性状

连平县典型红壤剖面 11 的土壤理化性质如表 3-167、3-168 所示。

土壤养分包括有机碳、全氮、全磷和全钾，表层土壤(0~20 cm)中，其含量分别为 36.130 g/kg、1.553 g/kg、0.273 g/kg 和 15.667 g/kg，依据土壤养分分级标准，分别属于 Ⅰ 级、Ⅱ 级、Ⅴ 级和 Ⅲ 级。表层土壤 pH 值为 4.340，容重为 1.36g/cm³。其余各土壤层(20~40 cm、40~60 cm、60~80 cm、80~100 cm)的土壤养分含量、土壤 pH 值和容重值见表 3-167。

重金属元素包括镍、铅、铜、锌、汞、镉、砷和铬，表层土壤(0~20 cm)中，其含量分别为 4.000 mg/kg、15.590 mg/kg、16.500 mg/kg、21.610 mg/kg、0.133 mg/kg、0.080 mg/kg、17.420 mg/kg 和 34.260 mg/kg。所有重金属元素均低于农用地土壤污染风险筛选值。其余各土壤层(20~40 cm、40~60 cm、60~80 cm、80~100 cm)的重金属元素含量见表 3-168。

表 3-167　连平县红壤剖面 11pH 值及养分含量统计表

深度 (cm)	pH (H₂O)	有机碳(SOC) (g/kg)	全氮(N) (g/kg)	全磷(P) (g/kg)	全钾(K) (g/kg)	容重 (g/cm³)
0~20	4.340±0.030	36.130±0.950	1.553±0.025	0.273±0.010	15.667±1.286	1.360±0.320
20~40	4.510±0.040	14.570±0.350	0.975±0.018	0.226±0.008	20.500±1.709	1.050±0.330
40~60	4.690±0.030	8.000±0.230	0.703±0.016	0.242±0.009	20.667±1.305	1.090±0.360
60~80	4.720±0.050	6.330±0.180	0.673±0.017	0.232±0.008	24.267±1.914	1.210±0.450
80~100	4.770±0.040	6.050±0.180	0.638±0.018	0.239±0.009	24.767±3.800	1.110±0.260

表 3-168　连平县红壤剖面 11 重金属元素含量统计表

深度 (cm)	镍(Ni) (mg/kg)	铅(Pb) (mg/kg)	铜(Cu) (mg/kg)	锌(Zn) (mg/kg)	汞(Hg) (mg/kg)	镉(Cd) (mg/kg)	砷(As) (mg/kg)	铬(Cr) (mg/kg)
0~20	4.000±0.000	15.590±1.430	16.500±0.630	21.610±0.540	0.133±0.002	0.080±0.000	17.420±1.120	34.260±3.030
20~40	4.330±0.580	14.020±1.000	23.330±1.270	23.280±1.550	0.166±0.004	未检出	24.550±1.750	45.590±3.170
40~60	5.010±0.010	14.040±1.060	27.040±2.150	31.670±0.580	0.192±0.002	未检出	25.270±1.250	45.620±2.010
60~80	4.330±0.580	15.940±1.000	29.470±2.210	23.790±2.030	0.201±0.002	未检出	26.110±1.310	45.120±3.660
80~100	4.560±0.510	20.430±3.500	28.370±2.300	24.590±0.700	0.190±0.004	未检出	25.120±4.000	44.970±2.590

十二、剖面 12：红壤亚类

1. 剖面位置

地籍号：441623018002000200501；

地理坐标：北纬 24.388049°，东经 114.395975°；

地区：广东省河源市连平县九连山林场。

2. 剖面特征

连平县典型森林土壤剖面 12(图 3-85，左图)土壤类型为红壤亚类、页红壤土属。该剖面采自九连山林场，海拔 608 m，低山地貌，西坡向，坡度为 16°，下坡坡位，无侵蚀，凋落物层厚度为 1 cm，腐殖质层厚度为 40 cm，植被类型为暖性针阔混交林，优势树种为马尾松(图 3-85，右图)。

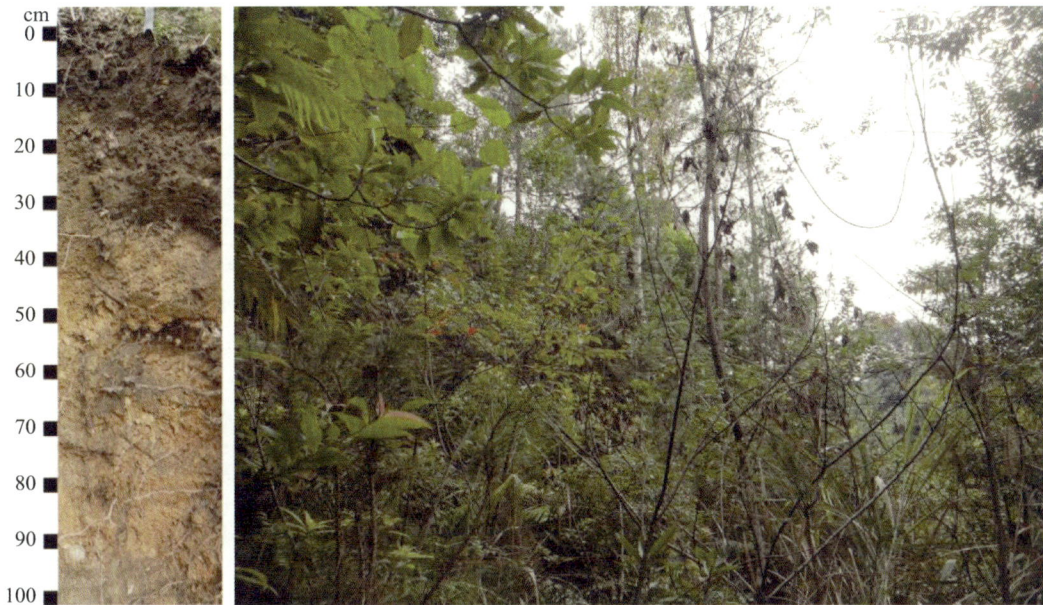

图 3-85 连平县红壤剖面 12(左图)及植被(右图)

3. 主要性状

连平县典型红壤剖面 12 的土壤理化性质如表 3-169、3-170 所示。

土壤养分包括有机碳、全氮、全磷和全钾，表层土壤(0~20 cm)中，其含量分别为 27.300 g/kg、1.323 g/kg、0.232 g/kg 和 15.633 g/kg，依据土壤养分分级标准，分别属于 Ⅰ级、Ⅲ级、Ⅴ级和Ⅲ级。表层土壤 pH 值为 4.470，容重未知。其余各土壤层(20~40 cm、40~60 cm、60~80 cm、80~100 cm)的土壤养分含量、土壤 pH 值见表 3-169。

重金属元素包括镍、铅、铜、锌、汞、镉、砷和铬，表层土壤(0~20 cm)中，其含量分别为 6.640 mg/kg、12.000 mg/kg、22.430 mg/kg、25.000 mg/kg、0.132 mg/kg、未检出、12.890 mg/kg 和 41.290 mg/kg。所有重金属元素均低于农用地土壤污染风险筛选值。其余各土壤层(20~40 cm、40~60 cm、60~80 cm、80~100 cm)的重金属元素含量见表 3-170。

表 3-169　连平县红壤剖面 12pH 值及养分含量统计表

深度 (cm)	pH (H₂O)	有机碳(SOC) (g/kg)	全氮(N) (g/kg)	全磷(P) (g/kg)	全钾(K) (g/kg)
0~20	4.470±0.030	27.300±0.800	1.323±0.025	0.232±0.008	15.633±1.358
20~40	4.500±0.040	13.870±0.350	0.938±0.018	0.229±0.008	15.300±1.058
40~60	4.630±0.030	8.920±0.240	0.751±0.017	0.235±0.008	15.233±0.681
60~80	4.800±0.050	5.890±0.160	0.696±0.018	0.240±0.009	19.733±1.553
80~100	4.890±0.040	10.300±0.310	0.647±0.018	0.246±0.009	17.133±1.041

表 3-170　连平县红壤剖面 12 重金属元素含量统计表

深度 (cm)	镍(Ni) (mg/kg)	铅(Pb) (mg/kg)	铜(Cu) (mg/kg)	锌(Zn) (mg/kg)	汞(Hg) (mg/kg)	砷(As) (mg/kg)	铬(Cr) (mg/kg)
0~20	6.640±0.560	12.000±1.000	22.430±0.640	25.000±1.730	0.132±0.002	12.890±0.100	41.290±3.040
20~40	8.860±0.250	11.190±1.050	27.930±1.960	33.250±2.210	0.149±0.001	15.390±1.080	46.940±2.000
40~60	7.290±0.620	9.670±0.580	26.910±0.670	26.590±1.510	0.209±0.003	12.800±0.620	38.530±1.850
60~80	8.630±0.640	12.000±1.000	31.440±2.640	28.330±1.540	0.238±0.002	14.190±1.380	37.840±2.570
80~100	7.670±0.580	12.500±0.860	35.970±0.940	31.670±5.030	0.257±0.004	16.070±0.420	38.200±4.010

十三、剖面 13：红壤亚类

1. 剖面位置

地籍号：4416230180040000200200；

地理坐标：北纬 24.276723°，东经 114.47813°；

地区：广东省河源市连平县九连山林场。

2. 剖面特征

连平县典型森林土壤剖面 13(图 3-86，左图)土壤类型为红壤亚类、页红壤土属。该剖面采自九连山林场，海拔 416 m，丘陵地貌，东坡向，坡度为 16°，下坡坡位，无侵蚀，凋落物层厚度为 3 cm，腐殖质层厚度为 7 cm，植被类型为暖性针阔混交林，优势树种为马尾松(图 3-86，右图)。

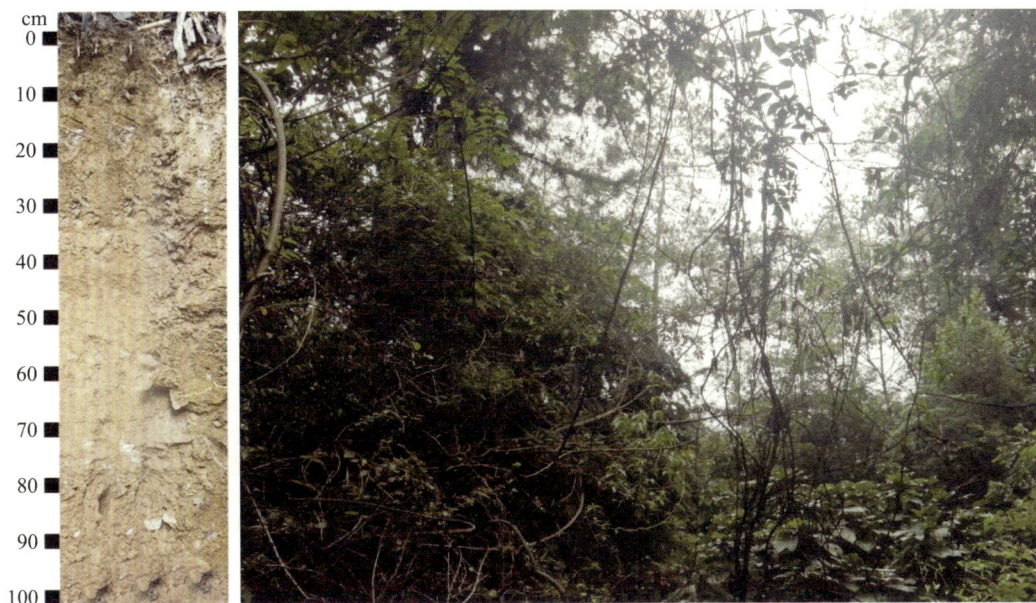

图 3-86 连平县红壤剖面 13(左图)及植被(右图)

3. 主要性状

连平县典型红壤剖面 13 的土壤理化性质如表 3-171、3-172 所示。

土壤养分包括有机碳、全氮、全磷和全钾，表层土壤(0~20 cm)中，其含量分别为 12.770 g/kg、1.012 g/kg、0.458 g/kg 和 35.667 g/kg，依据土壤养分分级标准，分别属于 Ⅲ级、Ⅲ级、Ⅳ级和Ⅰ级。表层土壤 pH 值为 4.140，容重为 1.66g/cm³。其余各土壤层(20~40 cm、40~60 cm、60~80 cm、80~100 cm)的土壤养分含量、土壤 pH 值和容重值见表 3-171。

重金属元素包括镍、铅、铜、锌、汞、镉、砷和铬，表层土壤(0~20 cm)中，其含量分别为 9.670 mg/kg、31.160 mg/kg、24.940 mg/kg、52.350 mg/kg、0.098 mg/kg、未检出、32.470 mg/kg 和 17.770 mg/kg。所有重金属元素均低于农用地土壤污染风险筛选值。其余各土壤层(20~40 cm、40~60 cm、60~80 cm、80~100 cm)的重金属元素含量见表 3-172。

表 3-171 连平县红壤剖面 13pH 值及养分含量统计表

深度 (cm)	pH (H₂O)	有机碳(SOC) (g/kg)	全氮(N) (g/kg)	全磷(P) (g/kg)	全钾(K) (g/kg)	容重 (g/cm³)
0~20	4.140±0.030	12.770±0.350	1.012±0.018	0.458±0.016	35.667±0.351	1.660±0.060
20~40	4.460±0.040	8.170±0.220	0.767±0.015	0.411±0.015	36.000±2.524	1.500±0.200
40~60	4.510±0.030	6.600±0.190	0.657±0.015	0.404±0.014	36.967±1.834	1.060±0.650
60~80	4.620±0.050	5.600±0.150	0.631±0.016	0.409±0.014	34.667±3.317	0.750±0.170
80~100	4.680±0.040	5.820±0.170	0.622±0.017	0.389±0.014	33.767±0.850	1.080±0.420

表 3-172　连平县红壤剖面 13 重金属元素含量统计表

深度 (cm)	镍(Ni) (mg/kg)	铅(Pb) (mg/kg)	铜(Cu) (mg/kg)	锌(Zn) (mg/kg)	汞(Hg) (mg/kg)	砷(As) (mg/kg)	铬(Cr) (mg/kg)
0~20	9.670±0.580	31.160±3.010	24.940±0.650	52.350±3.210	0.098±0.002	32.470±0.350	17.770±1.570
20~40	10.400±0.530	22.800±1.590	24.160±1.750	46.720±3.430	0.078±0.003	34.400±2.430	19.010±1.000
40~60	17.670±1.150	36.400±1.630	38.270±1.010	71.460±3.500	0.072±0.002	56.120±2.760	31.830±1.440
60~80	12.000±1.000	23.320±2.080	25.340±2.180	52.990±2.660	0.074±0.002	35.030±3.330	21.560±1.500
80~100	8.970±0.950	20.660±1.140	23.950±0.620	40.330±6.510	0.066±0.003	30.790±0.820	21.500±2.500

第七节　新丰江森林土壤剖面

新丰江森林土壤养分指标(包括有机碳、全氮、全磷和全钾)含量平均值分别为 11.635 g/kg、0.985 g/kg、0.292 g/kg 和 23.587 g/kg。新丰江森林土壤 pH 值平均值为 4.45。新丰江森林土壤重金属元素(包括镍、铅、铜、锌、汞、镉、砷和铬)平均含量分别为 6.404 mg/kg、28.498 mg/kg、10.359 mg/kg、31.889 mg/kg、0.088 mg/kg、0.011 mg/kg、26.991 mg/kg 和 28.342 mg/kg。

一、剖面 1：赤红壤亚类

1. 剖面位置

地籍号：44160300100300060901；

地理坐标：北纬 24.036678°，东经 114.561654°；

地区：广东省河源市东源县半江镇横嶂村。

2. 剖面特征

新丰江典型森林土壤剖面 1(图 3-87，左图)土壤类型为赤红壤亚类、页赤红壤土属。该剖面采自半江镇横嶂村，海拔 153 m，丘陵地貌，西北坡向，坡度为 30°，下坡坡位，无侵蚀，凋落物层厚度为 4 cm，腐殖质层厚度为 40 cm，植被类型为常绿阔叶林，优势树种为荷木(图 3-87，右图)。

图 3-87　新丰江赤红壤剖面 1(左图)及植被(右图)

3. 主要性状

新丰江典型赤红壤剖面 1 的土壤理化性质如表 3-173、3-174 所示。

土壤养分包括有机碳、全氮、全磷和全钾，表层土壤(0~20 cm)中，其含量分别为 20.170 g/kg、1.363 g/kg、0.199 g/kg 和 16.900 g/kg，依据土壤养分分级标准，分别属于 Ⅱ级、Ⅲ级、Ⅵ级和Ⅲ级。表层土壤 pH 值为 4.210，容重为 0.98g/cm³。其余各土壤层(20~40 cm、40~60 cm、60~80 cm、80~100 cm)的土壤养分含量、土壤 pH 值和容重值见表 3-173。

重金属元素包括镍、铅、铜、锌、汞、镉、砷和铬，表层土壤(0~20 cm)中，其含量分别为 4.010 mg/kg、9.880 mg/kg、7.600 mg/kg、13.670 mg/kg、0.084 mg/kg、未检出、11.520 mg/kg 和 24.680 mg/kg。所有重金属元素均低于农用地土壤污染风险筛选值。其余各土壤层(20~40 cm、40~60 cm、60~80 cm、80~100 cm)的重金属元素含量见表 3-174。

表 3-173　新丰江赤红壤剖面 1pH 值及养分含量统计表

深度 (cm)	pH (H₂O)	有机碳(SOC) (g/kg)	全氮(N) (g/kg)	全磷(P) (g/kg)	全钾(K) (g/kg)	容重 (g/cm³)
0~20	4.210±0.030	20.170±0.550	1.363±0.025	0.199±0.008	16.900±0.200	0.980±0.280
20~40	4.340±0.040	11.600±0.300	0.876±0.016	0.177±0.006	18.567±1.290	1.110±0.460
40~60	4.460±0.040	6.710±0.200	0.729±0.017	0.188±0.007	21.100±1.058	1.440±0.410
60~80	4.630±0.040	5.280±0.140	0.740±0.019	0.192±0.007	20.933±1.986	1.340±0.580
80~100	4.640±0.030	8.560±0.250	0.752±0.021	0.115±0.003	21.000±0.529	1.090±0.450

表 3-174　新丰江赤红壤剖面 1 重金属元素含量统计表

深度 (cm)	镍(Ni) (mg/kg)	铅(Pb) (mg/kg)	铜(Cu) (mg/kg)	锌(Zn) (mg/kg)	汞(Hg) (mg/kg)	砷(As) (mg/kg)	铬(Cr) (mg/kg)
0~20	4.010±0.020	9.880±0.200	7.600±0.560	13.67±0.580	0.084±0.001	11.520±0.290	24.680±2.320
20~40	3.620±0.540	8.330±0.580	6.780±0.300	12.670±1.150	0.067±0.005	12.230±0.8700	25.820±2.020
40~60	4.170±0.290	8.600±0.530	8.170±0.380	17.230±1.570	0.061±0.003	14.070±0.360	29.860±1.790
60~80	4.110±0.180	9.850±1.040	8.030±0.570	14.850±1.230	0.066±0.006	15.670±1.320	32.200±2.550
80~100	4.100±0.170	10.840±0.280	10.130±1.100	13.670±1.530	0.111±0.003	15.870±0.420	31.000±5.000

二、剖面 2：红壤亚类

1. 剖面位置

地籍号：44160300100700040240O；

地理坐标：北纬 23.977049°，东经 114.536127°；

地区：广东省河源市东源县半江镇积洞村。

2. 剖面特征

新丰江典型森林红壤剖面 2(图 3-88，左图)采自半江镇积洞村，海拔 363.5 m，丘陵地貌，东南坡向，坡度为 40°，上坡坡位，无侵蚀，凋落物层厚度为 10 cm，腐殖质层厚度为 5 cm，植被类型为热性针阔混交林，优势树种为杉木(图 3-88，右图)。

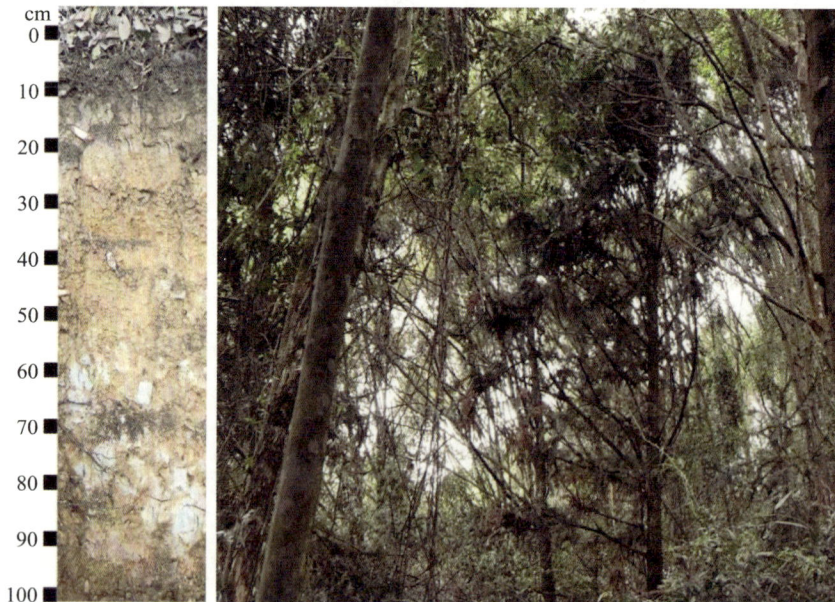

图 3-88　新丰江红壤剖面 2(左图)及植被(右图)

3. 主要性状

新丰江典型红壤剖面 2 的土壤理化性质如表 3-175、3-176 所示。

土壤养分包括有机碳、全氮、全磷和全钾，表层土壤（0～20 cm）中，其含量分别为 17. 670 g/kg、1. 110 g/kg、0. 163 g/kg 和 16. 933 g/kg，依据土壤养分分级标准，分别属于 Ⅱ 级、Ⅲ 级、Ⅵ 级和 Ⅲ 级。表层土壤 pH 值为 4. 040，容重为 0. 98g/cm³。其余各土壤层（20～40 cm、40～60 cm、60～80 cm、80～100 cm）的土壤养分含量、土壤 pH 值和容重值见表 3-175。

重金属元素包括镍、铅、铜、锌、汞、镉、砷和铬，表层土壤（0～20 cm）中，其含量分别为未检出、13. 580 mg/kg、4. 640 mg/kg、14. 790 mg/kg、0. 092 mg/kg、未检出、6. 300 mg/kg 和 14. 250 mg/kg。所有重金属元素均低于农用地土壤污染风险筛选值。其余各土壤层（20～40 cm、40～60 cm、60～80 cm、80～100 cm）的重金属元素含量见表 3-176。

表 3-175　新丰江红壤剖面 2 pH 值及养分含量统计表

深度 （cm）	pH （H₂O）	有机碳（SOC） （g/kg）	全氮（N） （g/kg）	全磷（P） （g/kg）	全钾（K） （g/kg）	容重 （g/cm³）
0～20	4. 040±0. 030	17. 670±0. 450	1. 110±0. 020	0. 163±0. 006	16. 933±1. 343	0. 980±0. 430
20～40	4. 280±0. 040	6. 230±0. 170	0. 623±0. 012	0. 137±0. 005	18. 000±1. 510	1. 360±0. 500
40～60	4. 340±0. 040	3. 640±0. 100	0. 508±0. 012	0. 131±0. 005	19. 133±1. 258	1. 480±0. 290
60～80	4. 300±0. 040	3. 640±0. 100	0. 499±0. 013	0. 128±0. 004	22. 033±1. 762	0. 960±0. 420
80～100	4. 310±0. 030	2. 420±0. 070	0. 480±0. 013	0. 138±0. 004	21. 033±3. 250	1. 550±0. 160

表 3-176　新丰江红壤剖面 2 重金属元素含量统计表

深度 （cm）	铅（Pb） （mg/kg）	铜（Cu） （mg/kg）	锌（Zn） （mg/kg）	汞（Hg） （mg/kg）	砷（As） （mg/kg）	铬（Cr） （mg/kg）
0～20	13. 580±1. 510	4. 640±0. 120	14. 790±1. 070	0. 092±0. 008	6. 300±0. 100	14. 250±1. 090
20～40	12. 250±1. 090	3. 070±0. 200	15. 400±1. 040	0. 044±0. 003	7. 330±0. 510	16. 330±0. 580
40～60	13. 330±0. 580	4. 090±0. 080	14. 940±1. 010	0. 040±0. 002	7. 340±0. 380	15. 330±0. 580
60～80	14. 670±1. 530	3. 470±0. 310	15. 100±0. 860	0. 038±0. 003	8. 590±0. 820	16. 680±1. 530
80～100	14. 960±0. 940	4. 230±0. 110	17. 430±2. 500	0. 038±0. 002	7. 250±0. 170	17. 000±2. 000

三、剖面 3：赤红壤亚类

1. 剖面位置

地籍号：441603003009000500400；

地理坐标：北纬 23. 793995°，东经 114. 474299°；

地区：广东省河源市东源县新回龙镇十洞村。

2. 剖面特征

新丰江典型森林赤红壤剖面3(图3-89，左图)采自新回龙镇十洞村，海拔260 m，丘陵地貌，西坡向，坡度为30°，中坡坡位，无侵蚀，凋落物层厚度为4 cm，腐殖质层厚度为20 cm，植被类型为常绿阔叶林，优势树种为荷木(图3-89，右图)。

图3-89　新丰江赤红壤剖面3(左图)及植被(右图)

3. 主要性状

新丰江典型赤红壤剖面3的土壤理化性质如表3-177、3-178所示。

土壤养分包括有机碳、全氮、全磷和全钾，表层土壤(0~20 cm)中，其含量分别为16.170 g/kg、1.423 g/kg、0.094 g/kg和43.567 g/kg，依据土壤养分分级标准，分别属于Ⅲ级、Ⅲ级、Ⅵ级和Ⅰ级。表层土壤pH值为4.530，容重为1.11g/cm³。其余各土壤层(20~40 cm、40~60 cm、60~80 cm、80~100 cm)的土壤养分含量、土壤pH值和容重值见表3-177。

重金属元素包括镍、铅、铜、锌、汞、镉、砷和铬，表层土壤(0~20 cm)中，其含量分别为3.000 mg/kg、15.230 mg/kg、1.790 mg/kg、17.410 mg/kg、0.075 mg/kg、未检出、5.070 mg/kg和5.120 mg/kg。所有重金属元素均低于农用地土壤污染风险筛选值。其余各土壤层(20~40 cm、40~60 cm、60~80 cm、80~100 cm)的重金属元素含量见表3-178。

表 3-177　新丰江赤红壤剖面 3pH 值及养分含量统计表

深度 （cm）	pH （H₂O）	有机碳（SOC） （g/kg）	全氮（N） （g/kg）	全磷（P） （g/kg）	全钾（K） （g/kg）	容重 （g/cm³）
0~20	4.530±0.030	16.170±0.450	1.423±0.025	0.094±0.004	43.567±3.769	1.110±0.290
20~40	4.560±0.040	7.170±0.190	0.857±0.016	0.071±0.003	42.267±2.987	0.830±0.270
40~60	4.670±0.040	6.050±0.170	0.654±0.015	0.070±0.003	37.100±1.609	1.130±0.390
60~80	4.700±0.040	5.880±0.160	0.621±0.016	0.083±0.002	37.300±2.955	1.570±0.090
80~100	4.830±0.030	5.160±0.160	0.583±0.016	0.083±0.002	34.400±2.066	1.110±0.120

表 3-178　新丰江赤红壤剖面 3 重金属元素含量统计表

深度 （cm）	镍（Ni） （mg/kg）	铅（Pb） （mg/kg）	铜（Cu） （mg/kg）	锌（Zn） （mg/kg）	汞（Hg） （mg/kg）	砷（As） （mg/kg）	铬（Cr） （mg/kg）
0~20	3.000±0.000	15.230±0.400	1.790±0.020	17.410±1.220	0.075±0.006	5.070±0.450	5.120±0.210
20~40	3.000±0.000	13.350±0.570	0.990±0.100	15.870±1.030	0.054±0.005	4.650±0.310	5.550±0.510
40~60	4.000±0.000	14.670±1.150	1.120±0.040	16.910±0.870	0.060±0.004	4.750±0.180	6.150±0.250
60~80	2.920±0.140	19.710±1.460	1.630±0.150	21.310±1.530	0.076±0.006	4.960±0.410	7.330±0.580
80~100	3.330±0.580	19.890±1.840	1.680±0.030	22.430±3.500	0.074±0.012	5.430±0.320	7.860±0.230

四、剖面 4：红壤亚类

1. 剖面位置

地籍号：44160300700100050350O；

地理坐标：北纬 23.734297°，东经 114.585992°；

地区：广东省河源市东源县新丰江场桂山风景区。

2. 剖面特征

新丰江典型森林土壤剖面 4（图 3-90，左图）土壤类型为红壤亚类、麻红壤土属。该剖面采自新丰江场桂山风景区，海拔 363 m，丘陵地貌，西北坡向，坡度为 35°，脊部坡位，无侵蚀，凋落物层厚度为 15 cm，腐殖质层厚度为 7 cm，植被类型为针阔混交林，优势树种为荷木（图 3-90，右图）。

图 3-90　新丰江红壤剖面 4(左图)及植被(右图)

3. 主要性状

新丰江典型红壤剖面 4 的土壤理化性质如表 3-179、3-180 所示。

土壤养分包括有机碳、全氮、全磷和全钾，表层土壤(0~20 cm)中，其含量分别为 19.670 g/kg、1.080 g/kg、0.161 g/kg 和 28.000 g/kg，依据土壤养分分级标准，分别属于 Ⅱ级、Ⅲ级、Ⅵ级和 Ⅰ级。表层土壤 pH 值为 4.700，容重为 1.11g/cm³。其余各土壤层(20~40 cm、40~60 cm、60~80 cm、80~100 cm)的土壤养分含量、土壤 pH 值和容重值见表 3-179。

重金属元素包括镍、铅、铜、锌、汞、镉、砷和铬，表层土壤(0~20 cm)中，其含量分别为 3.470 mg/kg、53.530 mg/kg、1.410 mg/kg、35.670 mg/kg、0.114 mg/kg、未检出、20.870 mg/kg 和 4.670 mg/kg。所有重金属元素均低于农用地土壤污染风险筛选值。其余各土壤层(20~40 cm、40~60 cm、60~80 cm、80~100 cm)的重金属元素含量见表 3-180。

表 3-179　新丰江红壤剖面 4pH 值及养分含量统计表

深度 (cm)	pH (H₂O)	有机碳(SOC) (g/kg)	全氮(N) (g/kg)	全磷(P) (g/kg)	全钾(K) (g/kg)	容重 (g/cm³)
0~20	4.700±0.030	19.670±0.55	1.080±0.020	0.161±0.006	28.000±1.082	1.110±0.370
20~40	4.720±0.040	5.850±0.150	0.394±0.008	0.126±0.004	32.967±1.767	1.060±0.430
40~60	4.730±0.040	2.980±0.500	0.243±0.006	0.123±0.004	35.833±2.871	1.520±0.190
60~80	4.620±0.040	3.780±0.100	0.225±0.006	0.106±0.004	32.900±2.425	1.350±0.360
80~100	4.840±0.030	2.530±0.090	0.193±0.005	0.115±0.003	29.933±2.401	1.250±0.490

表 3-180　新丰江红壤剖面 4 重金属元素含量统计表

深度 (cm)	镍(Ni) (mg/kg)	铅(Pb) (mg/kg)	铜(Cu) (mg/kg)	锌(Zn) (mg/kg)	汞(Hg) (mg/kg)	砷(As) (mg/kg)	铬(Cr) (mg/kg)
0~20	3.470±0.500	53.530±0.500	1.410±0.100	35.670±1.530	0.114±0.009	20.870±0.590	4.670±0.580
20~40	3.470±0.500	61.330±4.160	1.130±0.060	32.900±1.830	0.077±0.004	21.230±1.500	6.950±1.000
40~60	3.130±0.230	76.900±3.480	1.030±0.050	31.120±2.590	0.079±0.004	17.800±0.460	6.630±0.550
60~80	未检出	51.330±5.130	1.300±0.100	34.570±2.680	0.085±0.007	20.480±1.770	4.580±0.520
80~100	未检出	64.050±1.650	1.560±0.150	29.000±2.000	0.081±0.009	22.580±0.570	3.670±0.580

五、剖面 5：红壤亚类

1. 剖面位置

地籍号：441603002012000800600；

地理坐标：北纬 23.868122°，东经 114.586295°；

地区：广东省河源市东源县新港镇青溪村。

2. 剖面特征

新丰江典型森林红壤剖面 5(图 3-91，左图)采自新港镇青溪村，海拔 206 m，丘陵地貌，南坡向，坡度为 45°，中坡坡位，无侵蚀，凋落物层厚度为 7 cm，腐殖质层厚度为 5 cm，植被类型为常绿落叶阔叶混交林，优势树种为椎树(图 3-91，右图)。

图 3-91　新丰江红壤剖面 5(左图)及植被(右图)

3. 主要性状

新丰江典型红壤剖面 5 的土壤理化性质如表 3-181、3-182 所示。

土壤养分包括有机碳、全氮、全磷和全钾，表层土壤(0~20 cm)中，其含量分别为 14.300 g/kg、1.217 g/kg、0.109 g/kg 和 13.467 g/kg，依据土壤养分分级标准，分别属于 Ⅲ级、Ⅲ级、Ⅵ级和Ⅳ级。表层土壤 pH 值为 4.680，容重为 1.44g/cm³。其余各土壤层(20~40 cm、40~60 cm、60~80 cm、80~100 cm)的土壤养分含量、土壤 pH 值和容重值见表 3-181。

重金属元素包括镍、铅、铜、锌、汞、镉、砷和铬，表层土壤(0~20 cm)中，其含量分别为 4.000 mg/kg、46.000 mg/kg、2.470 mg/kg、30.590 mg/kg、0.083 mg/kg、未检出、7.630 mg/kg 和 11.670 mg/kg。所有重金属元素均低于农用地土壤污染风险筛选值。其余各土壤层(20~40 cm、40~60 cm、60~80 cm、80~100 cm)的重金属元素含量见表 3-182。

表 3-181　新丰江红壤剖面 5pH 值及养分含量统计表

深度 (cm)	pH (H₂O)	有机碳(SOC) (g/kg)	全氮(N) (g/kg)	全磷(P) (g/kg)	全钾(K) (g/kg)	容重 (g/cm³)
0~20	4.680±0.030	14.300±0.400	1.217±0.021	0.109±0.004	13.467±1.069	1.440±0.260
20~40	4.810±0.040	7.230±0.190	0.717±0.014	0.094±0.003	12.867±0.603	1.170±0.280
40~60	4.860±0.040	5.670±0.150	0.614±0.014	0.094±0.003	12.433±0.586	1.320±0.350
60~80	4.930±0.040	5.140±0.130	0.519±0.013	0.087±0.003	13.633±1.026	1.470±0.180
80~100	5.030±0.030	5.050±0.140	0.485±0.014	0.091±0.003	12.767±1.350	1.430±0.580

表 3-182　新丰江红壤剖面 5 重金属元素含量统计表

深度 (cm)	镍(Ni) (mg/kg)	铅(Pb) (mg/kg)	铜(Cu) (mg/kg)	锌(Zn) (mg/kg)	汞(Hg) (mg/kg)	砷(As) (mg/kg)	铬(Cr) (mg/kg)
0~20	4.000±0.000	46.000±3.610	2.470±0.110	30.590±0.520	0.083±0.006	7.630±0.640	11.670±0.580
20~40	4.900±0.170	51.330±2.520	3.080±0.230	34.000±2.650	0.080±0.004	8.370±0.700	12.350±0.560
40~60	5.070±0.120	57.500±2.600	2.500±0.100	32.000±1.730	0.086±0.004	7.970±0.550	13.000±1.000
60~80	5.390±0.540	67.330±4.730	3.580±0.190	35.560±3.100	0.097±0.007	9.230±0.710	13.970±1.040
80~100	6.760±0.420	83.220±9.010	3.030±0.450	38.000±1.000	0.106±0.011	10.030±1.550	13.550±1.380

第四章
森林土壤基本计量指标统计分析

第一节　森林土壤酸碱度

河源市各区(县)森林土壤酸碱度如表 4-1 所示。全市森林土壤酸碱度总体呈酸性，均值为 4.59，标准差为 0.28，最小值为 3.86，最大值为 7.22，多集中在 4.50~4.63 的范围。各区(县)的土壤酸碱度平均值由小到大依次为新丰江、紫金县、源城区、连平县、和平县、东源县和龙川县，分别为 4.45、4.56、4.57、4.59、4.63、4.64、4.65。各区(县)的土壤酸碱度标准差范围为 0.22~0.37，由小到大依次为东源县、和平县、紫金县、龙川县、新丰江、源城区和连平县，分别为 0.22、0.23、0.25、0.27、0.27、0.33、0.37。各区(县)的土壤酸碱度最小值范围为 3.86~4.21，由小到大依次为紫金县、新丰江、源城区、连平县、龙川县、东源县、和平县，分别为 3.86、3.91、4.00、4.01、4.15、4.20、4.21。各区(县)的土壤酸碱度最大值范围为 5.21~7.22，由小到大依次为和平县、东源县、源城区、紫金县、新丰江、龙川县、连平县，分别为 5.21、5.26、5.33、5.39、5.83、5.99、7.22。其中，连平县的森林土壤酸碱度多集中于 4.47~4.58；紫金县的森林土壤酸碱度多集中于 4.47~4.61；和平县的森林土壤酸碱度多集中于 4.56~4.69；源城区的森林土壤酸碱度多集中于 4.48~4.60；新丰江的森林土壤酸碱度多集中于 4.34~4.43；东源县的森林土壤酸碱度多集中于 4.56~4.68；龙川县的森林土壤酸碱度多集中于 4.57~4.68。

表 4-1　河源市各区(县)森林土壤酸碱度

地区	均值	标准差	最小值	最大值	百分位数(%)			
					20	40	60	80
连平县	4.59	0.37	4.01	7.22	4.35	4.47	4.58	4.76
紫金县	4.56	0.25	3.86	5.39	4.34	4.47	4.61	4.75
和平县	4.63	0.23	4.21	5.21	4.41	4.56	4.69	4.85
源城区	4.57	0.33	4.00	5.33	4.30	4.48	4.60	4.81
新丰江	4.45	0.27	3.91	5.83	4.24	4.34	4.43	4.67
东源县	4.64	0.22	4.20	5.26	4.46	4.56	4.68	4.81
龙川县	4.65	0.27	4.15	5.99	4.45	4.57	4.68	4.82
全市	4.59	0.28	3.86	7.22	4.37	4.50	4.63	4.78

第二节 森林土壤养分含量

一、土壤有机碳含量

河源市各区(县)森林土壤有机碳含量如表 4-2 所示。由表可知，全市森林土壤有机碳含量的平均值为 18.30 g/kg，对应的土壤肥力等级为Ⅱ级，土壤肥力很高。各区(县)森林土壤有机碳含量的平均值由小到大依次为和平县、龙川县、紫金县、东源县、新丰江、连平县、源城区，分别为 16.13 g/kg、17.22 g/kg、17.65 g/kg、18.57 g/kg、20.27 g/kg、20.32 g/kg、24.52 g/kg，其中连平县、新丰江、东源县和源城区高于全市的平均水平，紫金县、和平县和龙川县低于全市的平均水平。源城区森林土壤有机碳含量的平均值对应的土壤肥力等级为Ⅰ级，土壤肥力极高；连平县、紫金县、东源县、龙川县和新丰江森林土壤有机碳含量的平均值对应的土壤肥力等级均为Ⅱ级，土壤肥力很高；和平县为Ⅲ级，土壤肥力高。

全市森林土壤有机碳含量的最大值为 72.18 g/kg，分布在紫金县，对应的土壤肥力等级为Ⅰ级，土壤肥力极高。其他各区(县)森林土壤有机碳含量的最大值范围在 39.15~72.18 g/kg 之间，由小到大依次为东源县、龙川县、和平县、连平县、源城区、新丰江和紫金县，分别为 39.15 g/kg、44.06 g/kg、49.31 g/kg、56.34 g/kg、63.12 g/kg、71.40 g/kg 和 72.18 g/kg；所有区(县)的有机碳含量的最大值对应的土壤肥力等级均为Ⅰ级，土壤肥力极高。

全市森林土壤有机碳含量的最小值为 2.40 g/kg，分布在连平县，对应的土壤肥力等级为Ⅵ级，土壤肥力很低。其他各区(县)森林土壤有机碳含量的最小值范围在 2.40~5.94 g/kg 之间，由小到大依次为连平县、紫金县、和平县、龙川县、东源县、源城区和新丰江，分别为 2.40 g/kg、2.67 g/kg、2.71 g/kg、2.90 g/kg、3.68 g/kg、3.84 g/kg 和 5.94 g/kg；源城区、新丰江和东源县森林土壤有机碳含量的最小值对应的土壤肥力等级为Ⅴ级，土壤肥力低，其余区(县)森林土壤有机碳含量的最小值对应的土壤肥力等级为Ⅵ级，土壤肥力很低。

表 4-2　河源市各区(县)森林土壤有机碳含量

地区	平均值		最大值		最小值	
	含量(g/kg)	等级	含量(g/kg)	等级	含量(g/kg)	等级
连平县	20.32	Ⅱ	56.34	Ⅰ	2.40	Ⅵ
紫金县	17.65	Ⅱ	72.18	Ⅰ	2.67	Ⅵ
和平县	16.13	Ⅲ	49.31	Ⅰ	2.71	Ⅵ
源城区	24.52	Ⅰ	63.12	Ⅰ	3.84	Ⅴ

（续）

地区	平均值		最大值		最小值	
	含量（g/kg）	等级	含量（g/kg）	等级	含量（g/kg）	等级
新丰江	20.27	Ⅱ	71.40	Ⅰ	5.94	Ⅴ
东源县	18.57	Ⅱ	39.15	Ⅰ	3.68	Ⅴ
龙川县	17.22	Ⅱ	44.06	Ⅰ	2.90	Ⅵ
全市	18.30	Ⅱ	72.18	Ⅰ	2.40	Ⅵ

二、土壤全氮含量

河源市各区（县）森林土壤氮含量如表4-3所示。由表可知，全市森林土壤氮含量的平均值为0.84 g/kg，对应的土壤肥力等级为Ⅳ级，土壤肥力一般。各区（县）森林土壤氮含量的平均值由小到大依次为龙川县、和平县、紫金县、东源县、连平县、新丰江、源城区，分别为0.7 g/kg、0.76 g/kg、0.83 g/kg、0.85 g/kg、0.92 g/kg、0.98 g/kg、1.16 g/kg，其中东源县、连平县、新丰江和源城区高于全市的平均水平，紫金县、和平县和龙川县低于全市的平均水平。源城区森林土壤氮含量的平均值对应的土壤肥力等级均为Ⅲ级，土壤肥力高，连平县、紫金县、和平县、东源县和新丰江为Ⅳ级，土壤肥力一般，龙川县为Ⅴ级，土壤肥力低。

全市森林土壤氮含量的最大值为2.95 g/kg，分布在源城区，对应的土壤肥力等级为Ⅰ级，土壤肥力极高。其他各区（县）森林土壤氮含量的最大值范围在1.69~2.95 g/kg之间，由小到大依次为东源县、和平县、龙川县、紫金县、连平县、新丰江和源城区，分别为1.69 g/kg、1.91 g/kg、2.12 g/kg、2.37 g/kg、2.52 g/kg、2.58 g/kg和2.95 g/kg；除东源县和和平县外，其余区（县）的氮含量的最大值对应的土壤肥力等级为Ⅰ级，土壤肥力极高，东源县和和平县为Ⅱ级，土壤肥力很高。

全市森林土壤氮含量的最小值为0.13 g/kg，分布在紫金县，对应的土壤肥力等级为Ⅵ级，土壤肥力很低。其他各区（县）森林土壤氮含量的最小值范围在0.13~0.43 g/kg之间，由小到大依次为紫金县、龙川县、和平县、连平县、东源县、源城区和新丰江，分别为0.13 g/kg、0.15 g/kg、0.17 g/kg、0.22 g/kg、0.29 g/kg、0.4 g/kg和0.43 g/kg；全市各区（县）森林土壤氮含量的最小值对应的土壤肥力等级为Ⅵ级，土壤肥力很低。

表4-3　河源市各区（县）森林土壤全氮含量

地区	平均值		最大值		最小值	
	含量（g/kg）	等级	含量（g/kg）	等级	含量（g/kg）	等级
连平县	0.92	Ⅳ	2.52	Ⅰ	0.22	Ⅵ
紫金县	0.83	Ⅳ	2.37	Ⅰ	0.13	Ⅵ
和平县	0.76	Ⅳ	1.91	Ⅱ	0.17	Ⅵ
源城区	1.16	Ⅲ	2.95	Ⅰ	0.40	Ⅵ

(续)

地区	平均值		最大值		最小值	
	含量(g/kg)	等级	含量(g/kg)	等级	含量(g/kg)	等级
新丰江	0.98	Ⅳ	2.58	Ⅰ	0.43	Ⅵ
东源县	0.85	Ⅳ	1.69	Ⅱ	0.29	Ⅵ
龙川县	0.70	Ⅴ	2.12	Ⅰ	0.15	Ⅵ
全市	0.84	Ⅳ	2.95	Ⅰ	0.13	Ⅵ

河源市各区(县)森林土壤氮含量各级别数量占比如图4-1所示。从河源市整体来看，土壤氮含量等级主要集中于Ⅳ级、Ⅴ级，土壤肥力为中等或低，其次为Ⅲ级、Ⅵ级，土壤肥力等级为高、很低，极少数土壤肥力等级为极高或很高。全市土壤氮含量各等级数量占比由大到小依次为Ⅳ级(31%)>Ⅴ级(30%)>Ⅲ级(20%)>Ⅵ级(14%)>Ⅱ级(4%)>Ⅰ级(1%)。各区(县)的森林土壤氮含量各等级数量占比如下：连平县Ⅳ级(30%)>Ⅲ级(29%)>Ⅴ级(22%)>Ⅵ级(11%)>Ⅱ级(7%)>Ⅰ级(1%)；紫金县Ⅴ级(34%)>Ⅳ级(30%)>Ⅲ级(17%)>Ⅵ级(13%)>Ⅱ级(4%)>Ⅰ级(2%)；和平县Ⅴ级(35%)>Ⅳ级(28%)>Ⅵ级(18%)>Ⅲ级(16%)>Ⅱ级(3%)；源城区Ⅲ级(43%)>Ⅳ级(22%)>Ⅵ级(13%)>Ⅴ级(9%)=Ⅰ级(9%)>Ⅱ级(4%)；新丰江Ⅳ级(37%)>Ⅲ级(27%)>Ⅴ级(25%)>Ⅱ级(7%)>Ⅵ级(2%)>Ⅰ级(2%)；东源县Ⅳ级(40%)>Ⅴ级(27%)>Ⅲ级(24%)>Ⅵ级(9%)>Ⅱ级(1%)；龙川县Ⅳ级(31%)>Ⅴ级(30%)>Ⅲ级(20%)>Ⅵ级(14%)>Ⅱ级(4%)>Ⅰ级(1%)。

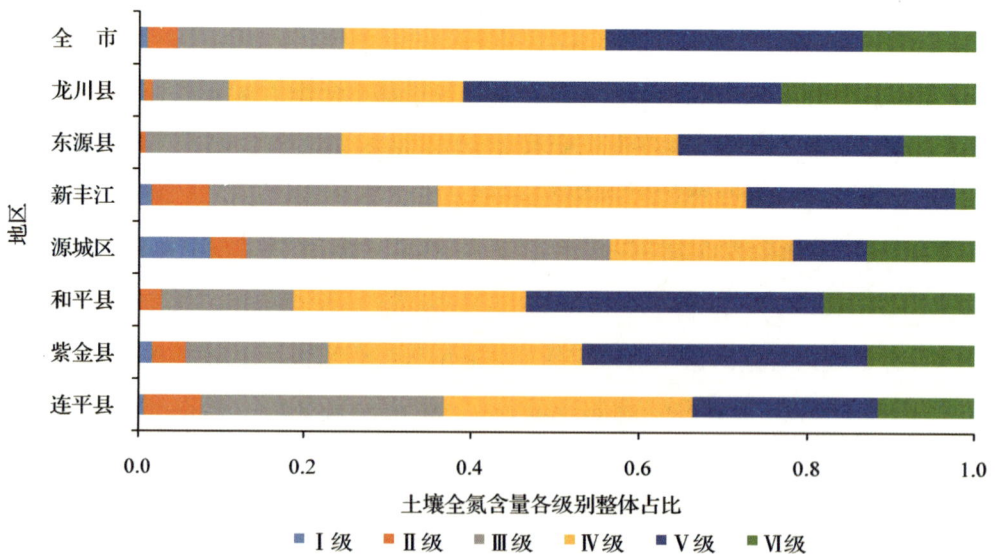

图4-1 河源市各区(县)森林土壤全氮含量各级别占比

三、土壤全磷含量

河源市各区（县）森林土壤磷含量如表 4-4 所示。由表可知，全市森林土壤磷含量的平均值为 0.27 g/kg，对应的土壤肥力等级为 V 级，土壤肥力低。各区（县）森林土壤磷含量的平均值由小到大依次为东源县、紫金县、和平县、新丰江、龙川县、连平县和源城区，分别为 0.18 g/kg、0.24 g/kg、0.28 g/kg、0.29 g/kg、0.3 g/kg、0.33 g/kg、0.33 g/kg，其中和平县、新丰江、龙川县、连平县和源城区高于全市的平均水平，紫金县和东源县低于全市的平均水平。东源县森林土壤磷含量的平均值对应的土壤肥力等级均为 VI 级，土壤肥力很低，紫金县、和平县、新丰江、龙川县、连平县和源城区为 V 级，土壤肥力低。

全市森林土壤磷含量的最大值为 2.07 g/kg，分布在和平县，对应的土壤肥力等级为 I 级，土壤肥力极高。其他各区（县）森林土壤磷含量的最大值范围在 0.55～2.07 g/kg 之间，由小到大依次为东源县、紫金县、连平县、龙川县、源城区、新丰江和和平县，分别为 0.55 g/kg、0.75 g/kg、1.09 g/kg、1.13 g/kg、1.32 g/kg、1.45 g/kg 和 2.07 g/kg；除紫金县和东源县外，其余各区（县）的磷含量的最大值对应的土壤肥力等级为 I 级，土壤肥力极高，紫金县和东源县分别为 III 和 IV 级，土壤肥力为高和一般。

全市森林土壤磷含量的最小值为 0.03 g/kg，分布在和平县，对应的土壤肥力等级为 VI 级，土壤肥力很低。其他各区（县）森林土壤磷含量的最小值范围在 0.03～0.10 g/kg 之间，由小到大依次为和平县、龙川县、紫金县、新丰江、东源县、连平县和源城区，分别为 0.03 g/kg、0.04 g/kg、0.05 g/kg、0.06 g/kg、0.07 g/kg、0.07 g/kg 和 0.10 g/kg；全市各区（县）森林土壤磷含量的最小值对应的土壤肥力等级为 VI 级，土壤肥力很低。

表 4-4　河源市各区（县）森林土壤全磷含量

地区	平均值		最大值		最小值	
	含量（g/kg）	等级	含量（g/kg）	等级	含量（g/kg）	等级
连平县	0.33	V	1.09	I	0.07	VI
紫金县	0.24	V	0.75	III	0.05	VI
和平县	0.28	V	2.07	I	0.03	VI
源城区	0.33	V	1.32	I	0.10	VI
新丰江	0.29	V	1.45	I	0.06	VI
东源县	0.18	VI	0.55	IV	0.07	VI
龙川县	0.30	V	1.13	I	0.04	VI
全市	0.27	V	2.07	I	0.03	VI

河源市各区（县）森林土壤磷含量各级别数量占比如图 4-2 所示。从河源市整体来看，土壤磷含量等级主要集中于 V 级、VI 级，土壤肥力为低和很低，其次为 IV 级、III 级，土壤肥力等级为一般、高，极少数土壤肥力等级为极高或很高。全市土壤磷含量各等级数量占比由大到小依次为 VI 级（42%）＞ V 级（40%）＞ IV 级（12%）＞ III 级（4%）＞ I 级（1%）＞ II

级(1%)。各区(县)的森林土壤磷含量各等级数量占比如下：连平县 V 级(52%) > Ⅵ
级(22%) > Ⅳ级(17%) > Ⅲ级(6%) > Ⅰ级(2%) > Ⅱ级(1%)；紫金县 Ⅵ级(49%) > V 级
(39%) > Ⅳ级(10%) > Ⅲ级(3%)；和平县 V 级(43%) > Ⅵ级(41%) > Ⅳ级(10%) > Ⅲ级
(4%) > Ⅰ级(2%) > Ⅱ级(1%)；源城区 V 级(43%) > Ⅵ级(39%) > Ⅲ级(9%) > Ⅳ级(4%) =
Ⅰ级(4%)；新丰江 Ⅵ级(45%) > V 级(31%) > Ⅳ级(18%) > Ⅲ级(2%) = Ⅱ级(2%) > Ⅰ
级(2%)；东源县 Ⅵ级(67%) > V 级(30%) > Ⅳ级(3%)；龙川县 V 级(43%) > V 级
(33%) > Ⅳ级(16%) > Ⅲ级(6%) > Ⅱ级(2%) > Ⅰ级(1%)。

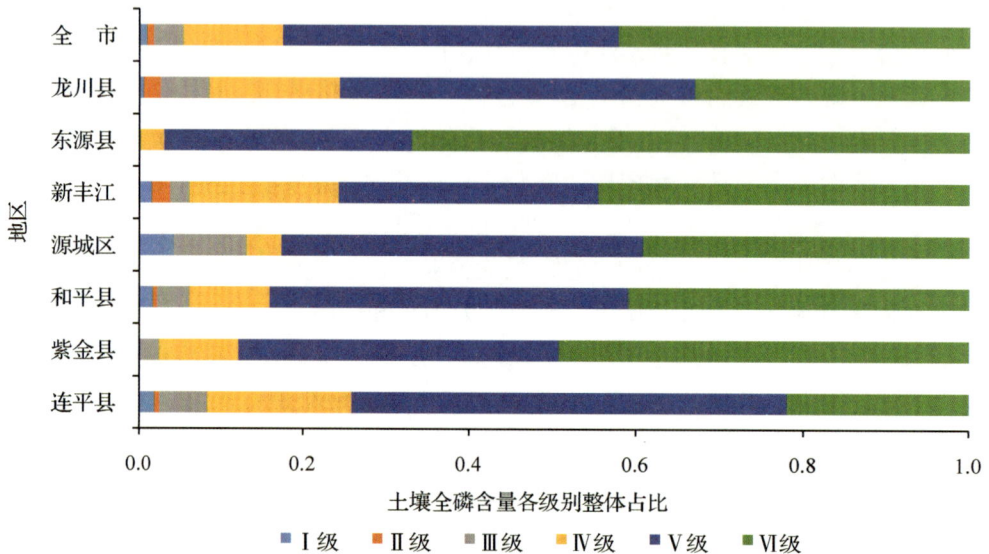

图 4-2　河源市各区(县)森林土壤全磷含量各级别占比

四、土壤全钾含量

　　河源市各区(县)森林土壤钾含量如表 4-5 所示。由表可知，全市森林土壤钾含量的平
均值为 19.49 g/kg，对应的土壤肥力等级为Ⅲ级，土壤肥力高。各区(县)森林土壤钾含量
的平均值由小到大依次为紫金县、龙川县、连平县、东源县、和平县、源城区和新丰江，
分别为 16.3 g/kg、17.65 g/kg、19.00 g/kg、21.25 g/kg、21.54 g/kg、22.88 g/kg、
23.59 g/kg，其中新丰江、源城区、和平县和东源县高于全市的平均水平，连平县、龙川
县和紫金县低于全市的平均水平。和平县、源城区、新丰江和东源县森林土壤钾含量的平
均值对应的土壤肥力等级均为Ⅱ级，土壤肥力很高，连平县、紫金县和龙川县为Ⅲ级，土
壤肥力高。

　　全市森林土壤钾含量的最大值为 62.01 g/kg，分布在东源县，对应的土壤肥力等级为
Ⅰ级，土壤肥力极高。其他各区(县)森林土壤钾含量的最大值范围在 42.30~62.01 g/
kg 之间，由小到大依次为连平县、新丰江、和平县、源城区、龙川县、紫金县和东源县，
分别为 42.30 g/kg、48.35 g/kg、48.44 g/kg、49.19 g/kg、50.23 g/kg、50.88 g/kg 和
62.01 g/kg；全市各区(县)的钾含量的最大值对应的土壤肥力等级为Ⅰ级，土壤肥力

极高。

　　全市森林土壤钾含量的最小值为 1.06 g/kg，分布在东源县，对应的土壤肥力等级为Ⅵ级，土壤肥力很低。其他各区(县)森林土壤钾含量的最小值范围在 1.06~8.38 g/kg 之间，由小到大依次为东源县、和平县、紫金县、龙川县、连平县、新丰江和源城区，分别为 1.06 g/kg、1.17 g/kg、1.19 g/kg、1.58 g/kg、2.11 g/kg、2.49 g/kg 和 8.38 g/kg；除源城区外，全市其余区(县)森林土壤钾含量的最小值对应的土壤肥力等级为Ⅵ级，土壤肥力很低，源城区为Ⅴ级，土壤肥力低。

表 4-5　河源市各区(县)森林土壤全钾含量

地区	平均值		最大值		最小值	
	含量(g/kg)	等级	含量(g/kg)	等级	含量(g/kg)	等级
连平县	19.00	Ⅲ	42.30	Ⅰ	2.11	Ⅵ
紫金县	16.30	Ⅲ	50.88	Ⅰ	1.19	Ⅵ
和平县	21.54	Ⅱ	48.44	Ⅰ	1.17	Ⅵ
源城区	22.88	Ⅱ	49.19	Ⅰ	8.38	Ⅴ
新丰江	23.59	Ⅱ	48.35	Ⅰ	2.49	Ⅵ
东源县	21.25	Ⅱ	62.01	Ⅰ	1.06	Ⅵ
龙川县	17.65	Ⅲ	50.23	Ⅰ	1.58	Ⅵ
全市	19.49	Ⅲ	62.01	Ⅰ	1.06~	Ⅵ

　　河源市各区(县)森林土壤钾含量各级别数量占比如图 4-3 所示。从河源市整体来看，土壤钾含量等级主要集中于Ⅰ级、Ⅲ级，土壤肥力为极高和高，其次为Ⅱ级、Ⅳ级，土壤肥力等级为很高、一般，极少数土壤肥力等级为低或很低。全市土壤钾含量各等级数量占比由大到小依次为Ⅰ级(26%)>Ⅲ级(21%)>Ⅱ级(19%)>Ⅳ级(15%)>Ⅴ级(12%)>Ⅵ级(8%)。各区(县)的森林土壤钾含量各等级数量占比如下：连平县Ⅱ级(28%)>Ⅲ级(26%)>Ⅰ级(17%)=Ⅳ级(17%)>Ⅴ级(9%)>Ⅵ级(3%)；紫金县(20%)>Ⅲ级(20%)>Ⅴ级(18%)>Ⅱ级(16%)>Ⅰ级(15%)>Ⅵ级(10%)；和平县Ⅰ级(34%)>Ⅱ级(30%)>Ⅲ级(13%)=Ⅳ级(13%)>Ⅵ级(9%)>Ⅴ级(5%)；源城区Ⅰ级(35%)>Ⅱ级(30%)>Ⅲ级(13%)=Ⅳ级(13%)>Ⅴ级(9%)；新丰江Ⅰ级(42%)>Ⅲ级(22%)>Ⅱ级(20%)>Ⅳ级(10%)>Ⅴ级(4%)>Ⅵ级(2%)；东源县Ⅰ级(38%)>Ⅲ级(17%)>Ⅴ级(14%)>Ⅳ级(12%)>Ⅵ级(11%)>Ⅱ级(9%)；龙川县Ⅲ级(22%)>Ⅰ级(21%)>Ⅳ级(18%)>Ⅴ级(15%)>Ⅱ级(15%)>Ⅵ级(10%)。

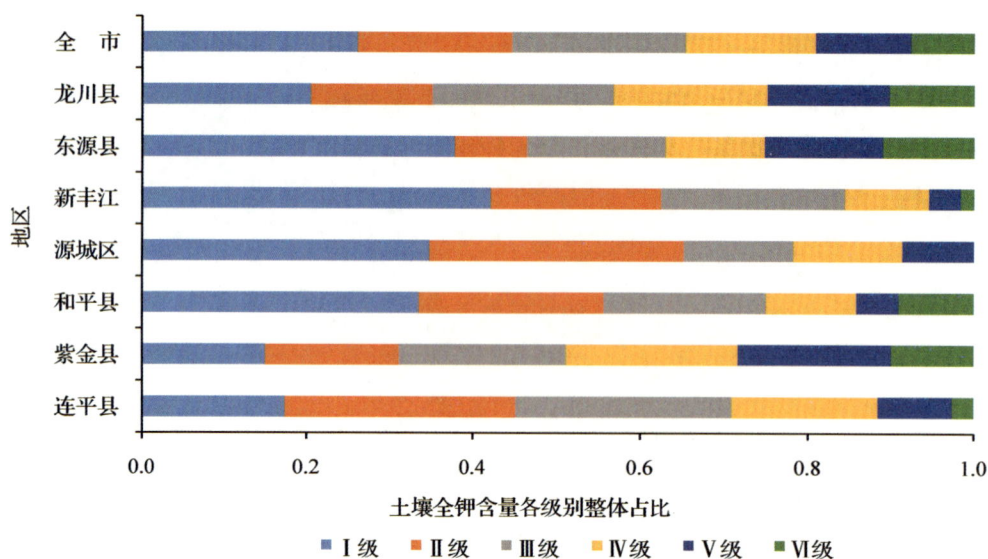

图 4-3　河源市各区（县）森林土壤全钾含量各级别占比

第三节　森林土壤重金属元素含量

一、土壤重金属汞含量

参照农用地土壤污染风险筛选值，河源市各区（县）森林土壤重金属汞含量超标情况如表 4-6 所示，全市共调查森林土壤点位数 1030 个，无污染风险个数为 1029 个，超标个数为 1 个，土壤重金属汞超标率为 0.1%。其中，东源县无污染风险个数为 126 个，无土壤重金属汞超标；龙川县无污染风险个数为 184 个，超标个数为 1 个，土壤重金属汞超标率为 0.54%；源城区无污染风险个数为 22 个，无土壤重金属汞超标；新丰江无污染风险个数为 128 个，无土壤重金属汞超标；紫金县无污染风险个数为 240 个，无土壤重金属汞超标；连平县无污染风险个数为 155，无土壤重金属汞超标；和平县无污染风险个数为 112 个，无土壤重金属汞超标。

表 4-6　河源市各区（县）森林土壤重金属汞含量超标情况

地区	无污染风险个数（个）	超标个数（个）	总数（个）	超标率（%）
东源县	126	0	126	0.00
龙川县	184	1	185	0.54
源城区	22	0	22	0.00
新丰江	128	0	128	0.00

（续）

地区	无污染风险个数(个)	超标个数(个)	总数(个)	超标率(%)
紫金县	240	0	240	0.00
连平县	155	0	155	0.00
和平县	174	0	174	0.00
全市	1029	1	1030	0.10

　　如图4-4所示，河源市各区（县）森林土壤汞含量均值从大到小依次为连平县>源城区>龙川县>东源县>新丰江>紫金县>和平县，其含量分别为0.111 mg/kg、0.101 mg/kg、0.100 mg/kg、0.090 mg/kg、0.089 mg/kg、0.085 mg/kg、0.073 mg/kg。龙川县森林土壤汞含量离散程度极大，其标准差为0.156 mg/kg，连平县、源城区、新丰江、紫金县、东源县和和平县森林土壤汞含量离散程度相对较小，标准差分别为0.036 mg/kg、0.034 mg/kg、0.029 mg/kg、0.026 mg/kg、0.022 mg/kg和0.018 mg/kg。除龙川县外，全市各县（区）均无森林土壤重金属汞含量超标现象，龙川县超标率为0.54%。

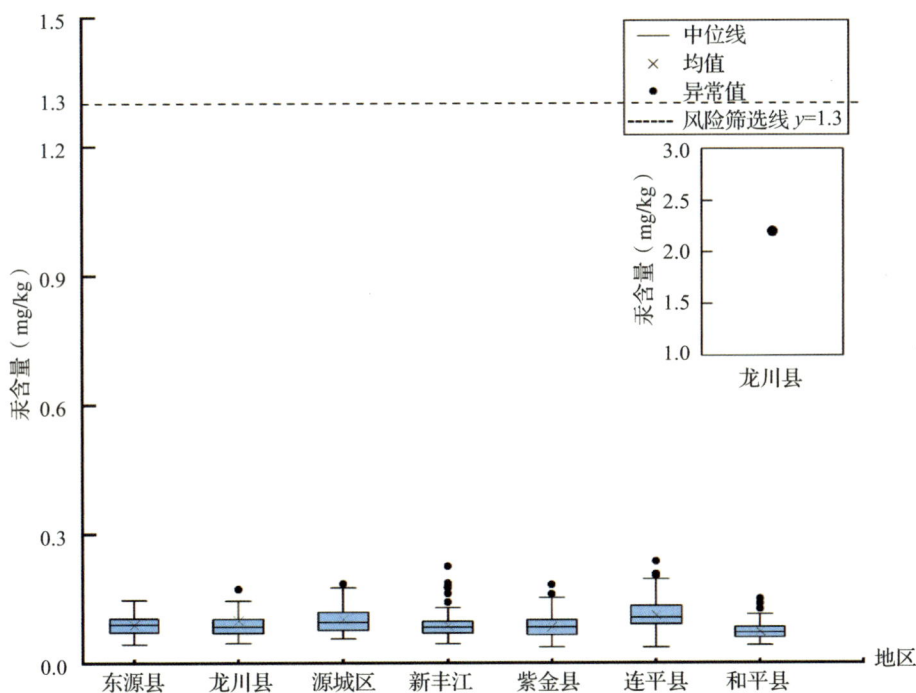

图4-4　河源市各区(县)森林土壤汞含量分布情况

二、土壤重金属镉含量

　　参照农用地土壤污染风险筛选值，河源市各区（县）森林土壤重金属镉含量超标情况如表4-7所示，全市共调查森林土壤点位数377个，无污染风险个数为377个，超标个数为

18个, 土壤重金属镉超标率为4.56%。其中, 东源县无污染风险个数为81个, 超标个数为3, 土壤重金属镉超标率为3.57%; 龙川县无污染风险个数为62个, 超标个数为2个, 土壤重金属镉超标率为3.13%; 源城区无污染风险个数为10个, 无土壤重金属镉超标; 新丰江无污染风险个数为37个, 超标个数为1个, 土壤重金属镉超标率为2.63%; 紫金县无污染风险个数为61个, 超标个数为2个, 土壤重金属镉超标率为3.17%; 连平县无污染风险个数为66个, 超标个数为7个, 土壤重金属镉超标率为9.59%; 和平县无污染风险个数为60个, 超标个数为3个, 土壤重金属镉超标率为4.76%。

表4-7　河源市各区(县)森林土壤重金属镉含量超标情况

地区	无污染风险个数(个)	超标个数(个)	总数(个)	超标率(%)
东源县	81	3	84	3.57
龙川县	62	2	64	3.13
源城区	10	0	10	0.00
新丰江	37	1	38	2.63
紫金县	61	2	63	3.17
连平县	66	7	73	9.59
和平县	60	3	63	4.76
全市	377	18	395	4.56

如图4-5所示, 河源市各区(县)森林土壤镉含量均值从大到小依次为连平县>龙川县>东源县>和平县>紫金县>新丰江>源城区, 其含量分别为0.225 mg/kg、0.133 mg/kg、0.130 mg/kg、0.129 mg/kg、0.124 mg/kg、0.115 mg/kg、0.104 mg/kg。连平县森林土壤镉含量离散程度极大, 其标准差为0.534 mg/kg, 和平县森林土壤镉含量离散程度较大, 标准差为0.147 mg/kg, 龙川县、紫金县、新丰江、东源县和源城区的森林土壤镉含量离散程度相对较小, 标准差分别为0.076 mg/kg、0.074 mg/kg、0.069 mg/kg、0.066 mg/kg和0.025 mg/kg和0.018 mg/kg。除源城区外, 全市各县(区)均存在森林土壤重金属镉含量超标现象, 其中, 超标率由高到低依次为连平县、和平县、东源县、紫金县、龙川县和新丰江。

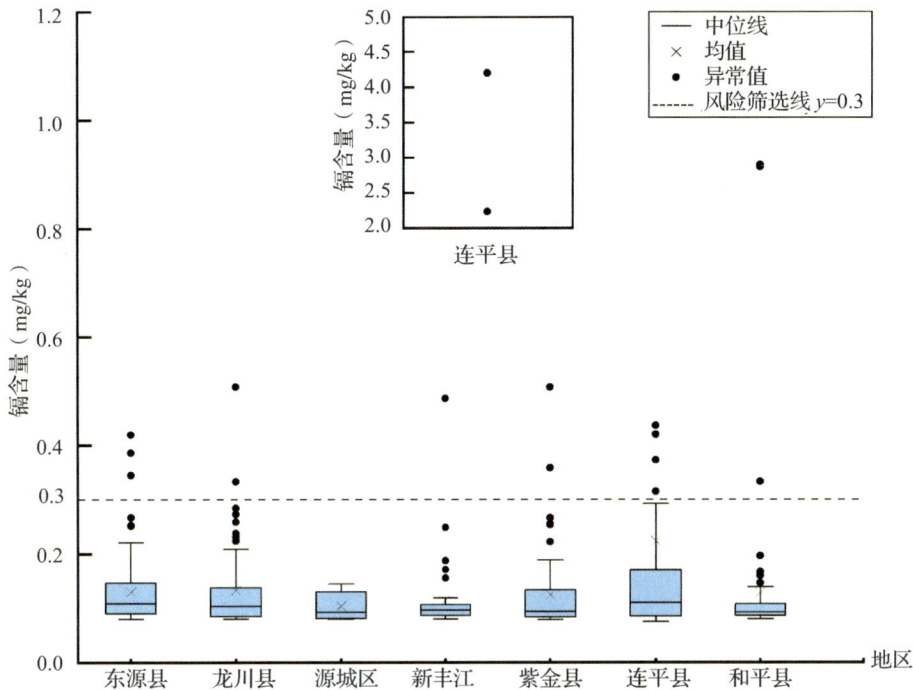

图 4-5 河源市各区(县)森林土壤镉含量分布情况

三、土壤重金属砷含量

参照农用地土壤污染风险筛选值，河源市各区(县)森林土壤重金属砷含量超标情况如表 4-8 所示，全市共调查森林土壤点位数 1030 个，无污染风险个数为 937 个，超标个数为 93 个，土壤重金属砷超标率为 9.03%。其中，东源县无污染风险个数为 120 个，超标个数为 6 个，土壤重金属砷超标率为 4.76%；龙川县无污染风险个数为 181 个，超标个数为 4 个，土壤重金属砷超标率为 2.16%；源城区无污染风险个数为 21 个，超标个数为 1 个，土壤重金属砷超标率为 4.55%；新丰江无污染风险个数为 110 个，超标个数为 18 个，土壤重金属砷超标率为 14.06%；紫金县无污染风险个数为 207 个，超标个数为 33 个，土壤重金属砷超标率为 13.75%；连平县无污染风险个数为 141 个，超标个数为 14 个，土壤重金属砷超标率为 9.03%；和平县无污染风险个数为 157 个，超标个数为 17 个，土壤重金属砷超标率为 9.77%。

表 4-8 河源市各区(县)森林土壤重金属砷含量超标情况

地区	无污染风险个数(个)	超标个数(个)	总数(个)	超标率(%)
东源县	120	6	126	4.76
龙川县	181	4	185	2.16
源城区	21	1	22	4.55

（续）

地区	无污染风险个数(个)	超标个数(个)	总数(个)	超标率(%)
新丰江	110	18	128	14.06
紫金县	207	33	240	13.75
连平县	141	14	155	9.03
和平县	157	17	174	9.77
全市	937	93	1030	9.03

如图 4-6 所示，河源市各区(县)森林土壤砷含量均值从大到小依次为紫金县>新丰江>和平县>连平县>东源县>源城区>龙川县，其含量分别为 30.42 mg/kg、27.06 mg/kg、24.59 mg/kg、22.37 mg/kg、14.05 mg/kg、11.62 mg/kg、10.93 mg/kg。紫金县和连平县森林土壤砷含量离散程度极大，其标准差为 73.67 mg/kg 和 72.75 mg/kg，新丰江和和平县森林土壤砷含量离散程度较大，标准差为 55.28 mg/kg 和 42.97 mg/kg，东源县、龙川县和源城区的森林土壤砷含量离散程度相对较小，标准差分别为 18.51 mg/kg、11.09 mg/kg、8.88 mg/kg。全市各县(区)均存在森林土壤重金属砷含量超标现象，超标率由高到低依次为新丰江、紫金县、和平县、连平县、东源县、源城区和龙川县。

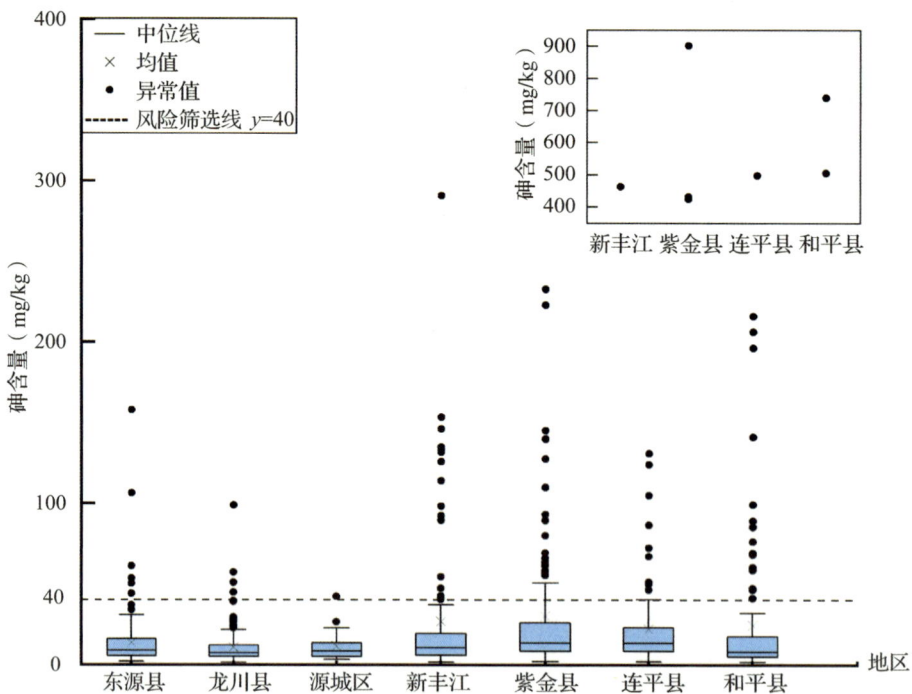

图 4-6　河源市各区(县)森林土壤砷含量分布情况

四、土壤重金属铅含量

照农用地土壤污染风险筛选值，河源市各区（县）森林土壤重金属铅含量超标情况如表4-9所示，全市共调查森林土壤点位数1030个，无污染风险个数为953个，超标个数为77个，土壤重金属铅超标率为7.48%。其中，东源县无污染风险个数为101个，超标个数为25个，土壤重金属铅超标率为19.84%；龙川县无污染风险个数为164个，超标个数为21个，土壤重金属铅超标率为11.35%；源城区无污染风险个数为22个，无土壤重金属铅超标；新丰江无污染风险个数为122个，超标个数为6个，土壤重金属铅超标率为4.69%；紫金县无污染风险个数为236，超标个数为4个，土壤重金属铅超标率为1.67%；连平县无污染风险个数为141个，超标个数为14个，土壤重金属铅超标率为9.03%；和平县无污染风险个数为167个，超标个数为7个，土壤重金属铅超标率为4.02%。

表4-9　河源市各区（县）森林土壤重金属铅含量超标情况

地区	无污染风险个数（个）	超标个数（个）	总数（个）	超标率（%）
东源县	101	25	126	19.84
龙川县	164	21	185	11.35
源城区	22	0	22	0.00
新丰江	122	6	128	4.69
紫金县	236	4	240	1.67
连平县	141	14	155	9.03
和平县	167	7	174	4.02
全市	953	77	1030	7.48

如图4-7所示，河源市各区（县）森林土壤铅含量均值从大到小依次为东源县>龙川县>连平县>和平县>新丰江>紫金县>源城区，其含量分别为48.86 mg/kg、40.02 mg/kg、36.41 mg/kg、30.89 mg/kg、29.31 mg/kg、28.27 mg/kg、25.90 mg/kg。连平县森林土壤铅含量离散程度极大，其标准差为49.33 mg/kg，紫金县和东源县森林土壤铅含量离散程度较大，标准差为38.29 mg/kg和30.51 mg/kg，新丰江、龙川县、和平县和源城区的森林土壤铅含量离散程度相对较小，标准差分别为23.70 mg/kg、23.68 mg/kg、19.74 mg/kg、10.07 mg/kg。除源城区外，全市各县（区）均存在森林土壤重金属铅含量超标现象，超标率由高到低依次为东源县、龙川县、连平县、新丰江、和平县和紫金县。

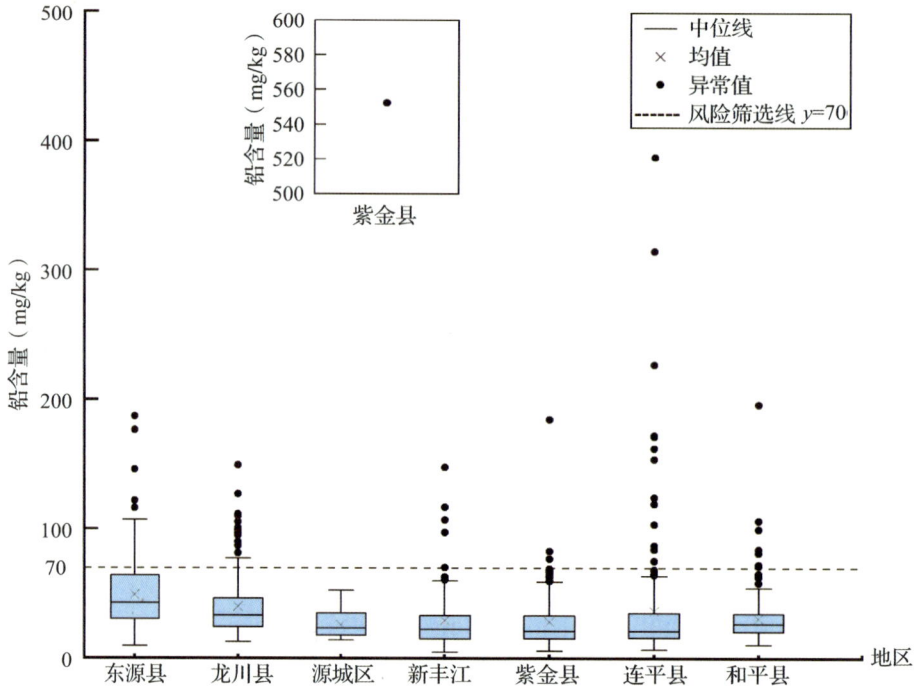

图 4-7　河源市各区(县)森林土壤铅含量分布情况

五、土壤重金属镍含量

照农用地土壤污染风险筛选值,河源市各区(县)森林土壤重金属镍含量超标情况如表 4-10 所示,全市共调查森林土壤点位数 950 个,无污染风险个数为 949 个,超标个数为 1 个,土壤重金属镍超标率为 0.11%。其中,东源县无污染风险个数为 72 个,无土壤重金属镍超标;龙川县无污染风险个数为 184 个,无土壤重金属镍超标;源城区无污染风险个

表 4-10　河源市各区(县)森林土壤重金属镍含量超标情况

地区	无污染风险个数(个)	超标个数(个)	总数(个)	超标率(%)
东源县	72	0	72	0.00
龙川县	184	0	184	0.00
源城区	19	0	19	0.00
新丰江	126	0	126	0.00
紫金县	229	0	229	0.00
连平县	154	1	155	0.65
和平县	165	0	165	0.00
全市	949	1	950	0.11

数为 19 个，无土壤重金属镍超标；新丰江无污染风险个数为 126 个，无土壤重金属镍超标；紫金县无污染风险个数为 229 个，无土壤重金属镍超标；连平县无污染风险个数为 154 个，超标个数为 1 个，土壤重金属镍超标率为 0.65%；和平县无污染风险个数为 165 个，无土壤重金属镍超标。

如图 4-8 所示，河源市各区（县）森林土壤镍含量均值从大到小依次为连平县>龙川县>东源县>新丰江>和平县>源城区>紫金县，其含量分别为 10.29 mg/kg、9.71 mg/kg、7.80 mg/kg、7.09 mg/kg、7.07 mg/kg、6.71 mg/kg、6.03 mg/kg。连平县森林土壤镍含量离散程度极大，其标准差为 10.49 mg/kg，新丰江、龙川县、东源县、紫金县、源城区和和平县的森林土壤镍含量离散程度相对较小，标准差分别为 6.55 mg/kg、6.31 mg/kg、4.86 mg/kg、4.72 mg/kg、4.35 mg/kg、4.19 mg/kg。除连平县外，全市各县（区）均无森林土壤重金属镍含量超标现象，连平县超标率为 0.65%。

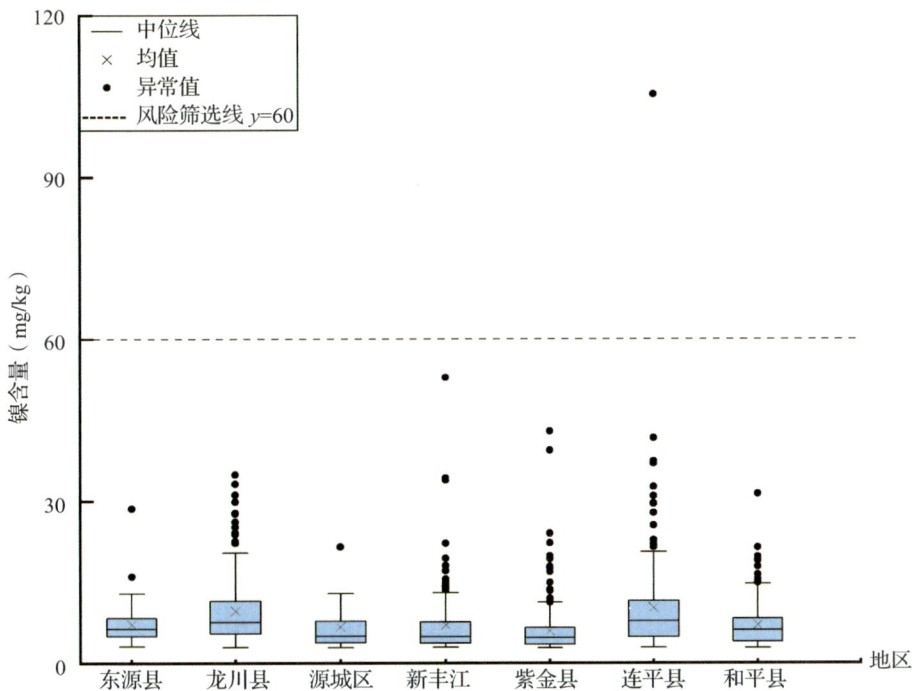

图 4-8　河源市各区（县）森林土壤镍含量分布情况

六、土壤重金属铜含量

照农用地土壤污染风险筛选值，河源市各区（县）森林土壤重金属铜含量超标情况如表 4-11 所示，全市共调查森林土壤点位数 1028 个，无污染风险个数为 1014 个，超标个数为 14 个，土壤重金属铜超标率为 1.36%。其中，东源县无污染风险个数为 123 个，超标个数为 3 个，土壤重金属铜超标率为 2.38%；龙川县无污染风险个数为 178 个，超标个数为 7 个，土壤重金属铜超标率为 3.78%；源城区无污染风险个数为 22 个，无土壤重金属铜超标；新丰江无污染风险个数为 128 个，无土壤重金属铜超标；紫金县无污染风险个数为

236 个，超标个数为 2 个，土壤重金属铜超标率为 0.84%；连平县无污染风险个数为 154 个，无土壤重金属铜超标；和平县无污染风险个数为 172 个，超标个数为 2 个，土壤 重金属铜超标率为 1.15%。

表 4-11　河源市各区（县）森林土壤重金属铜含量超标情况

地区	无污染风险个数（个）	超标个数（个）	总数（个）	超标率（%）
东源县	123	3	126	2.38
龙川县	178	7	185	3.78
源城区	22	0	22	0.00
新丰江	128	0	128	0.00
紫金县	236	2	238	0.84
连平县	155	0	155	0.00
和平县	172	2	174	1.15
全市	1014	14	1028	1.36

如图 4-9 所示，河源市各区（县）森林土壤铜含量均值从大到小依次为龙川县>连平县>和平县>紫金县>东源县>新丰江>源城区，其含量分别为 19.61 mg/kg、18.46 mg/kg、13.89 mg/kg、11.45 mg/kg、11.15 mg/kg、10.36 mg/kg、8.17 mg/kg。龙川县、东源

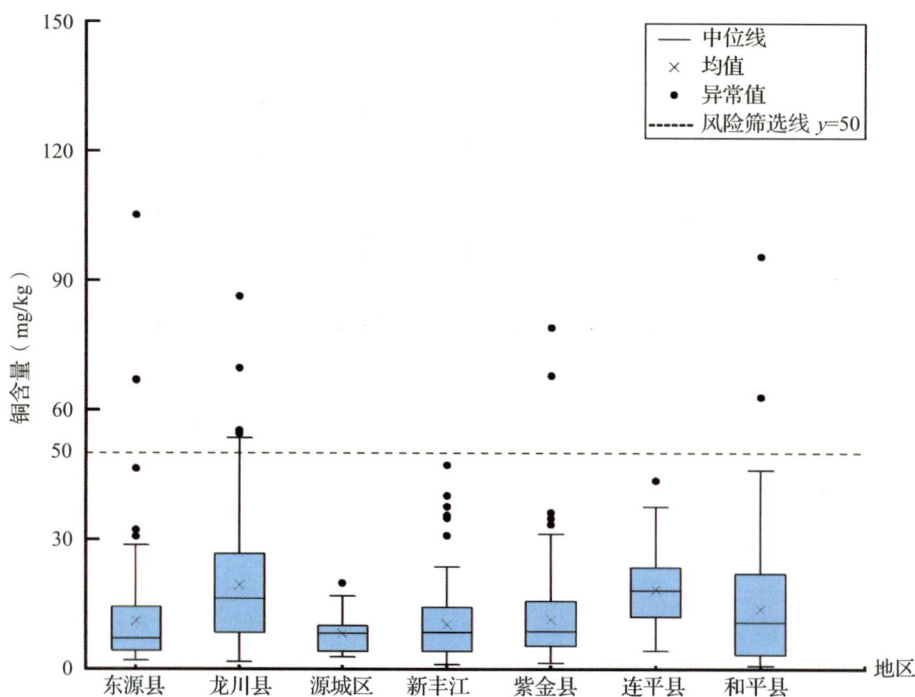

图 4-9　河源市各区（县）森林土壤铜含量分布情况

县和和平县森林土壤铜含量离散程度较大，其标准差为 14.07 mg/kg、13.24 mg/kg 和 12.69 mg/kg，紫金县、新丰江、连平县和源城区的森林土壤铜含量离散程度相对较小，标准差分别为 9.31 mg/kg、8.44 mg/kg、8.41 mg/kg、4.43 mg/kg。除源城区、新丰江和连平县外，全市各县（区）均存在森林土壤重金属铜含量超标现象，其中，超标率由高到低依次为龙川县、东源县、和平县和紫金县。

七、土壤重金属锌含量

照农用地土壤污染风险筛选值，河源市各区（县）森林土壤重金属锌含量超标情况如表 4-12 所示，全市共调查森林土壤点位数 1030 个，无污染风险个数为 1027 个，超标个数为 3 个，土壤重金属锌超标率为 1.36%。其中，东源县无污染风险个数为 126 个，无土壤重金属锌超标；龙川县无污染风险个数为 185 个，无土壤重金属锌超标；源城区无污染风险个数为 22 个，无土壤重金属锌超标；新丰江无污染风险个数为 128 个，无土壤重金属锌超标；紫金县无污染风险个数为 239 个，超标个数为 1 个，土壤重金属锌超标率为 0.42%；连平县无污染风险个数为 153 个，超标个数为 2 个，土壤重金属锌超标率为 1.29%；和平县无污染风险个数为 172 个，无土壤重金属锌超标。

表 4-12　河源市各区（县）森林土壤重金属锌含量超标情况

地区	无污染风险个数（个）	超标个数（个）	总数（个）	超标率（%）
东源县	126	0	126	0.00
龙川县	185	0	185	0.00
源城区	22	0	22	0.00
新丰江	128	0	128	0.00
紫金县	239	1	240	0.42
连平县	153	2	155	1.29
和平县	174	0	174	0.00
全市	1027	3	1030	0.29

如图 4-10 所示，河源市各区（县）森林土壤锌含量均值从大到小依次为连平县＞东源县＞龙川县＞源城区＞和平县＞紫金县＞新丰江，其含量分别为 48.88 mg/kg、44.37 mg/kg、43.08 mg/kg、39.65 mg/kg、39.04 mg/kg、36.78 mg/kg、32.33 g/kg。连平县森林土壤锌含量离散程度较大，其标准差为 38.19 mg/kg，紫金县、龙川县、源城区、东源县、新丰江和和平县的森林土壤锌含量离散程度相对较小，标准差分别为 28.23 mg/kg、23.91 mg/kg、24.28 mg/kg、18.41 mg/kg、18.06 mg/kg、16.91 mg/kg。除紫金县和连平县外，全市各县（区）均无森林土壤重金属锌含量超标现象，紫金县和连平县的超标率为 0.42% 和 1.29%。

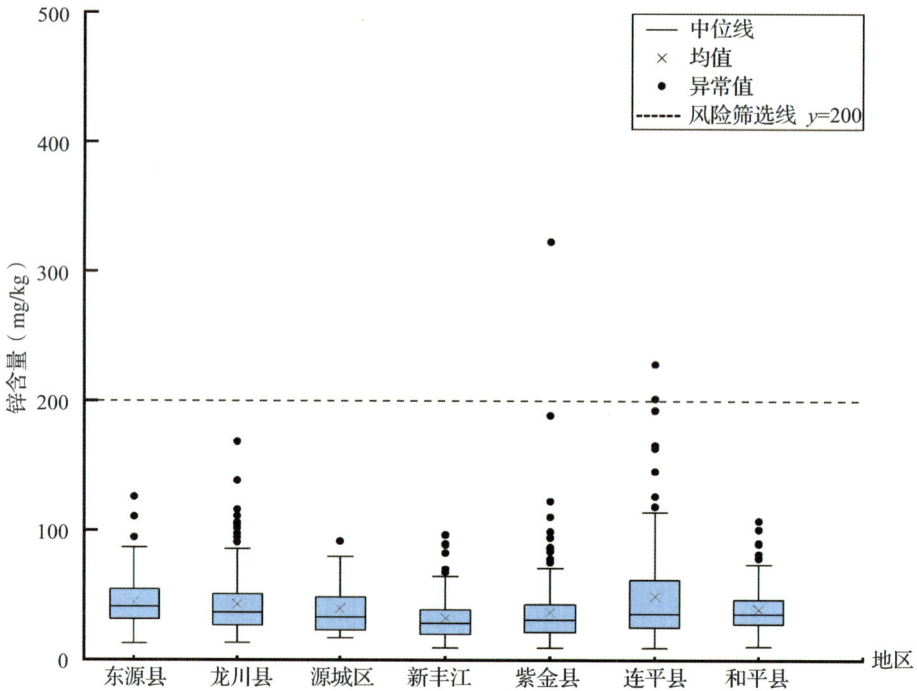

图 4-10　河源市各区(县)森林土壤锌含量分布情况

八、土壤重金属铬含量

照农用地土壤污染风险筛选值，河源市各区(县)森林土壤重金属铬含量超标情况如表 4-13 所示，全市共调查森林土壤点位数 1030 个，无污染风险个数为 1027 个，超标个数为 3 个，土壤重金属铬超标率为 0.29%。其中，东源县无污染风险个数为 126 个，无土壤重金属铬超标；龙川县无污染风险个数为 185 个，无土壤重金属铬超标；源城区无污染风

表 4-13　河源市各区(县)森林土壤重金属铬含量超标情况

地区	无污染风险个数(个)	超标个数(个)	总数(个)	超标率(%)
东源县	126	0	126	0.00
龙川县	185	0	185	0.00
源城区	22	0	22	0.00
新丰江	127	1	128	0.78
紫金县	240	0	240	0.00
连平县	153	2	155	1.29
和平县	174	0	174	0.00
全市	1027	3	1030	0.29

险个数为 22 个，无土壤重金属铬超标；新丰江无污染风险个数为 127 个，超标个数为 1 个，土壤重金属铬超标率为 0.78%；紫金县无污染风险个数为 240 个，无土壤重金属铬超标；连平县无污染风险个数为 153 个，超标个数为 2 个，土壤重金属铬超标率为 1.29%；和平县无污染风险个数为 174 个，无土壤重金属铬超标。

如图 4-11 所示，河源市各区（县）森林土壤铬含量均值从大到小依次为龙川县>连平县>新丰江>紫金县>东源县>和平县>源城区，其含量分别为 41.82 mg/kg、34.35 mg/kg、28.33 mg/kg、25.20 mg/kg、23.71 mg/kg、23.48 mg/kg、20.83 g/kg。新丰江森林土壤铬含量离散程度较大，其标准差为 44.09 mg/kg，龙川县和连平县的森林土壤铬含量离散程度相对较大，标准差分别为 27.60 mg/kg 和 22.55 mg/kg，东源县、和平县、紫金县和源城区森林土壤铬含量离散程度较小，标准差分别为 14.95 mg/kg、14.14 mg/kg、11.01 mg/kg 和 10.04 mg/kg。除新丰江和连平县外，全市各县（区）均无森林土壤重金属铬含量超标现象，新丰江和连平县的超标率为 0.78% 和 1.29%。

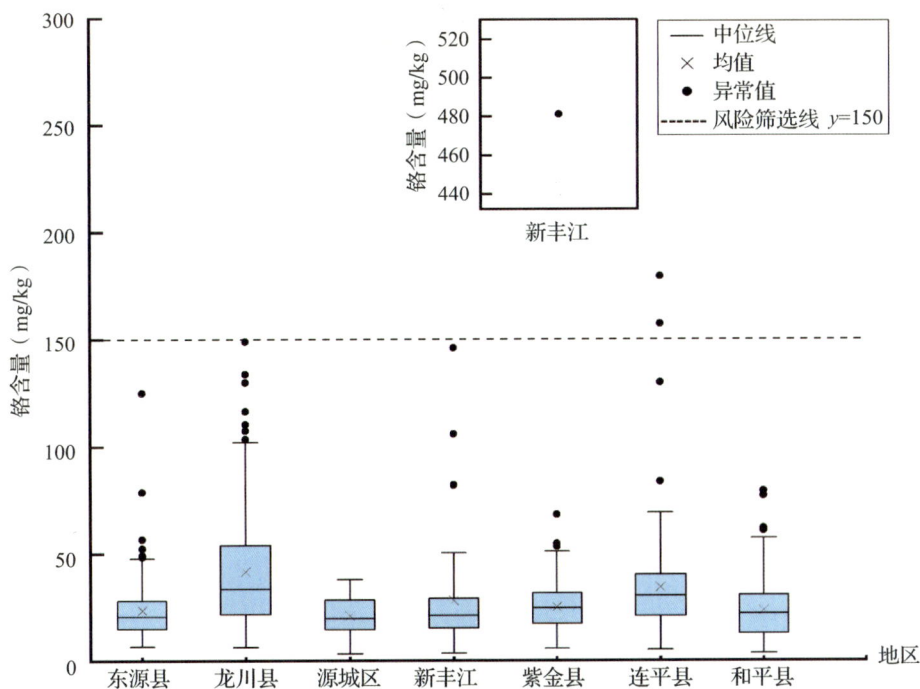

图 4-11 河源市各区（县）森林土壤铬含量分布情况

第五章
森林土壤理化属性空间分布特征

第一节　森林土壤养分空间分布特征

一、森林土壤有机碳含量空间分布特征

　　森林土壤有机碳含量对森林生态系统和全球环境都有着重要的影响，研究它们的含量、分布和变化情况，可以为森林资源保护、生态系统管理和全球气候变化研究提供重要的参考和支持。河源市 0~20 cm 土壤层有机碳的空间分布状况如图 5-1 所示，其含量范围主要在 15.27~32.12 g/kg 之间。土壤有机碳含量与海拔具有一定的正相关性，海拔主要通过影响局部地区水热条件从而改变有机碳的储存。在该深度的土层，海拔较低的地区有机碳含量较低，普遍低于 23.27 g/kg；海拔较高的地区有机碳含量较高，普遍高于

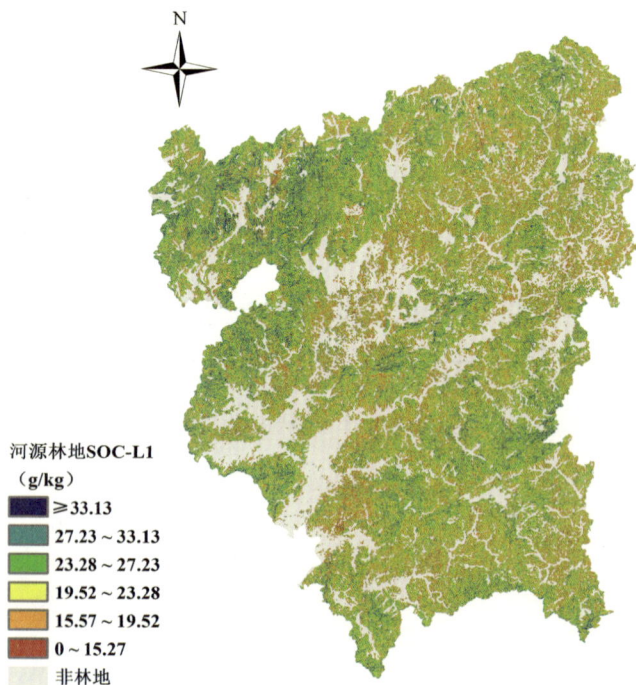

河源林地SOC-L1
（g/kg）
■ ≥33.13
■ 27.23 ~ 33.13
■ 23.28 ~ 27.23
■ 19.52 ~ 23.28
■ 15.57 ~ 19.52
■ 0 ~ 15.27
□ 非林地

图 5-1　森林土壤有机碳含量 L1 层(0~20 cm)分布

23.27 g/kg。河源市西北部林地海拔较高，土壤有机碳含量相比其他地区较高。从行政区划来看，林地有机碳含量的高值区主要分布在连平县的朝天马山地区和黄牛石地区、东源县的新丰江北部、龙川县和东源县内的七目嶂地区。

河源市 20~40 cm 土壤层有机碳的空间分布状况如图 5-2 所示，其含量范围主要在10.08~24.61 g/kg 之间。该深度有机碳含量低于 10.08 g/kg 的土壤主要分布在北部的和平县、龙川县以及南部的紫金县低海拔林地内，含量高于 24.61 g/kg 的土壤主要分布在连平县的石牙山和朝天马山内。与 0~20 cm 土壤层相比，20~40 cm 土壤层的有机碳含量整体都较低，但水平分布的整体格局具有一定相似性。海拔越高的地区，土壤有机碳含量也相对更高，该土壤层整体分布变化规律同样为西北部较高。石牙山和朝天马山地区的有机碳相对较高，普遍在 17.34 g/kg 以上。这可能是因为石牙山和朝天马山的海拔高，受人类活动影响较小，且植被密度高，更多的植被凋落物能分解出更多的有机碳。从行政区划来看，连平县的有机碳含量最高。这可能是因为连平县的海拔高度较高，受人类活动干扰最小，对土壤有机碳的流失影响较小。

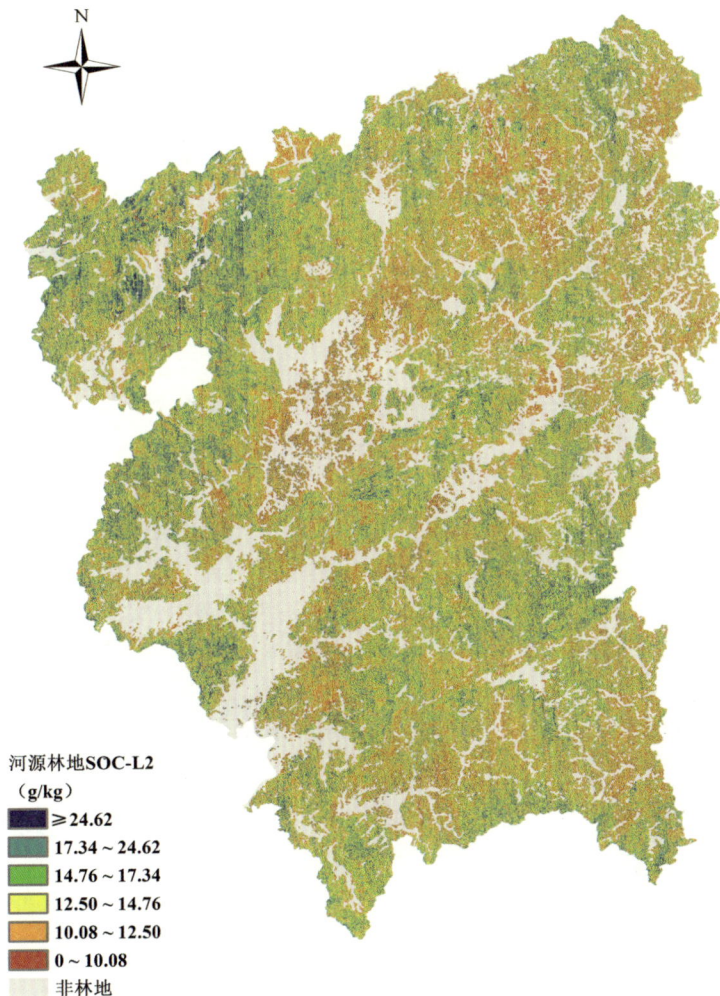

图 5-2　森林土壤有机碳含量 L2 层(20~40 cm)分布

河源市 40~60 cm 土壤层有机碳的空间分布状况如图 5-3 所示，其含量范围主要在 7.87~19.33 g/kg 之间。该深度有机碳含量低于 7.87 g/kg 的土壤所占面积很小，主要分布在河源市低海拔和新丰江国家森林公园附近的局部地区；有机碳含量高于 19.33 g/kg 的土壤面积也很小，主要分布在连平县的石牙山、龙川县的七目嶂和紫金县的鸡母山地区。与上两层土壤相比，40~60 cm 土壤层的有机碳含量整体降低，并且空间分布格局呈现出的变化趋势比较平缓，高值区与低值区的差异并不是很显著。土壤有机碳含量在 11.85~19.33 g/kg 范围内的林地面积比在 7.87~11.84 g/kg 范围内的面积多。按行政区划来看，西北部的连平县、东源县的西部和东部有机碳含量相对较高，普遍高于 11.85 g/kg，而南部的紫金县和东源县的中部、和平县和龙川县交界处有机碳含量相对较低，普遍低于 11.85 g/kg，其有机碳含量仍受海拔影响较大，呈现出海拔越高，土壤有机碳含量越高，这是由于海拔高的地区受人类活动影响小，有机碳流失较轻。

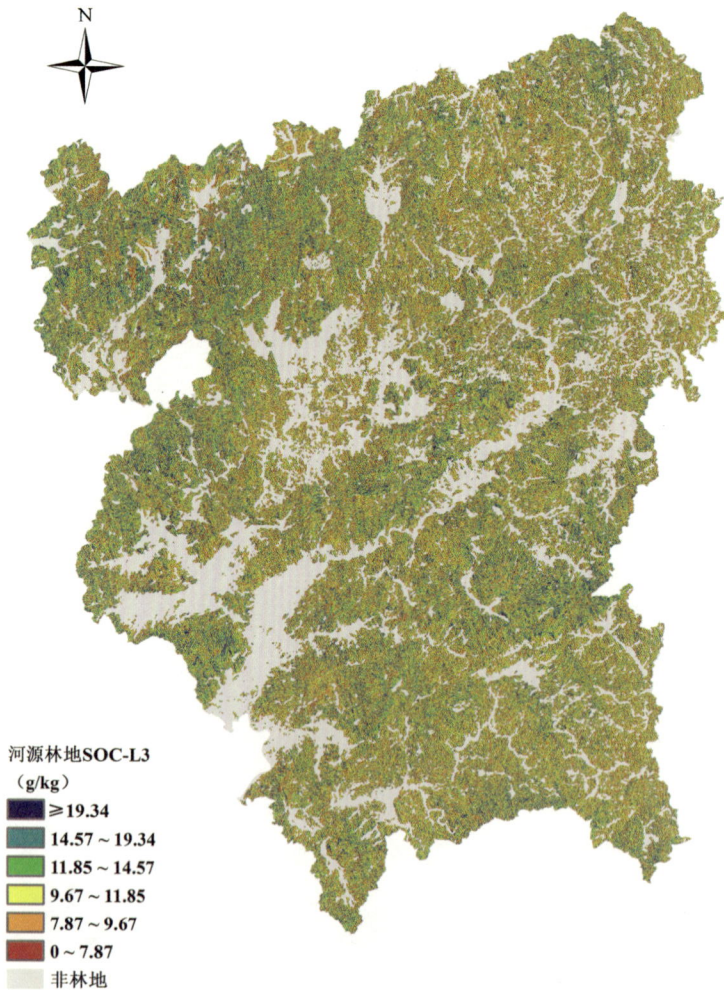

河源林地SOC-L3
(g/kg)
≥19.34
14.57 ~ 19.34
11.85 ~ 14.57
9.67 ~ 11.85
7.87 ~ 9.67
0 ~ 7.87
非林地

图 5-3　森林土壤有机碳含量 L3 层(40~60 cm)分布

　　河源市 60~80 cm 土壤层有机碳的空间分布状况如图 5-4 所示，其含量范围主要在 6.88~19.36 g/kg 之间。与上部三个土壤层相比，60~80 cm 土壤层的有机碳含量更低，并与 40~60 cm 土壤层有机碳的空间分布格局最为相似。该深度有机碳含量为低值的土壤主要分布在靠近非林地的低海拔林区，有机碳为高值的土壤整体在高海拔茂密的林地地区。在河源市 60~80 cm 土壤层中，有机碳含量低于 6.88 g/kg 和高于 19.36 g/kg 的土壤所占的面积很小，含量处于 10.28~13.13 g/kg 范围之内的土壤所占面积最大。朝天马山、牙石山、蝉子顶和七目嶂的森林土壤有机碳含量大都处在 10.55~15.51 g/kg 之间，东源县北部、和平县东部和龙川县西部的土壤有机碳含量则处在 6.48~10.54 g/kg 之间。其余地区的高值有机碳土壤和低值有机碳土壤所占的面积比例差距不大，即有机碳含量在 6.88~10.57 g/kg 之间的土壤和在 10.28~19.36 g/kg 之间的土壤所占面积差异不明显。

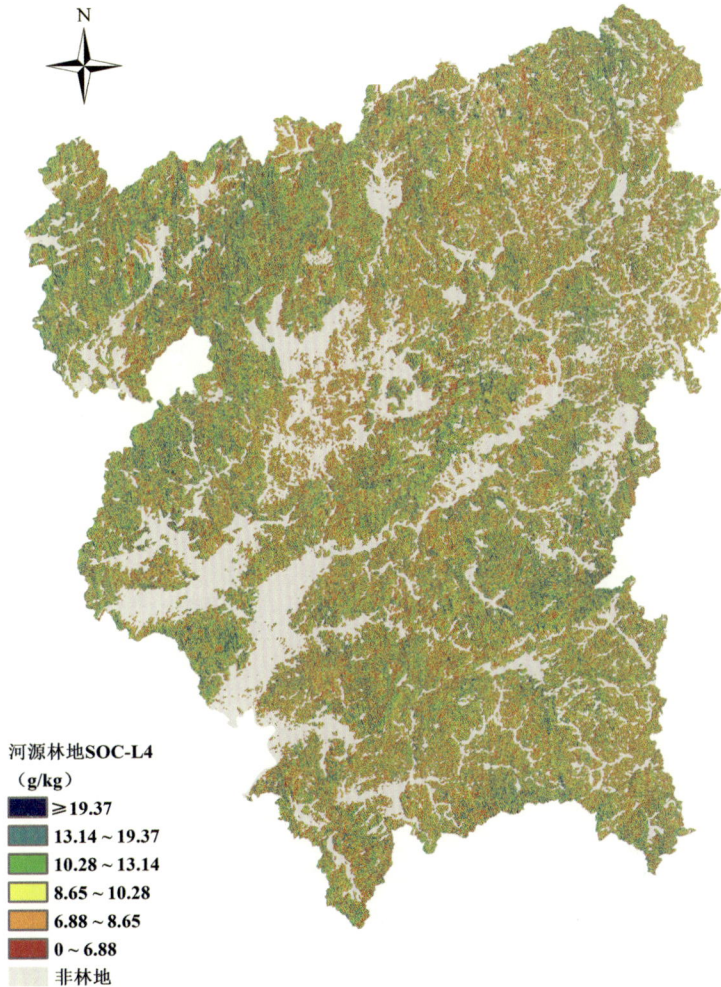

图 5-4　森林土壤有机碳含量 L4 层（60~80 cm）分布

　　河源市 80~100 cm 土壤层有机碳的空间分布状况如图 5-5 所示，其含量范围主要在 6.29~19.86 g/kg 之间。80~100 cm 土壤层有机碳含量的平均水平是五个土层中最低，可见河源市的土壤有机碳含量随着土层深度加深，整体水平在降低。80~100 cm 土壤层有机碳空间分布格局与上部四个土层相似，都与海拔具有显著的正相关性。该深度林木比较稀疏的低海拔林地地区的土壤有机碳含量范围普遍处在 6.29~9.86 g/kg 之间，较为茂密的高海拔林地地区普遍处在 9.87~19.86 g/kg 之间。朝天马山、石牙山和七目嶂地区的林地依然保持最高的有机碳水平，这可能是由于有机碳含量受海拔的影响较大，林地海拔高，微生物活性低，土壤呼吸作用弱，有机碳矿化速率缓慢，因而有利于有机碳在土壤中的累积。所以，每个土壤层在朝天马山、石牙山和七目嶂林地地区的有机碳含量都比较高。从行政区划上看，连平县的森林土壤有机碳含量水平最高，整体高于 9.87 g/kg；和平县东部、龙川县西部和紫金县的森林土壤有机碳含量水平较低，普遍低于 7.82 g/kg。

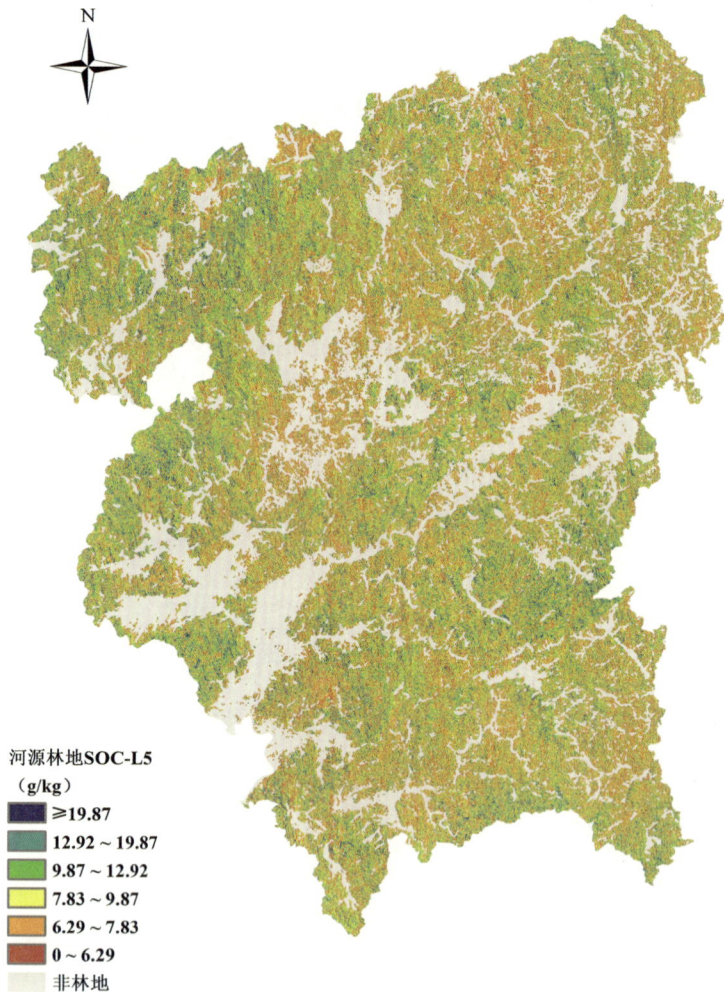

河源林地SOC-L5
（g/kg）
■ ≥19.87
■ 12.92 ~ 19.87
■ 9.87 ~ 12.92
■ 7.83 ~ 9.87
■ 6.29 ~ 7.83
■ 0 ~ 6.29
□ 非林地

图 5-5　森林土壤有机碳含量 L5 层（80~100 cm）分布

二、森林土壤全氮含量空间分布特征

土壤中的氮元素不仅是保障植物正常生长的必需元素，也是衡量土壤肥力的重要指标之一。土壤全氮是指土壤中各种形态氮素含量的总和，准确掌握土壤全氮含量的空间分布格局及其变异特征是区域合理利用土地资源、进行精准施肥的重要前提。河源市 0~20 cm土壤全氮含量的空间分布状况如图 5-6 所示，其含量范围主要在 960.41~2670.99 mg/kg 之间。土壤全氮含量在该土壤层的整体空间分布比较均匀，较低值主要在西北部地区。该深度全氮含量低于 960.41 mg/kg 的土壤主要分布在河源市西北部以及中部部分林地。依据全国第二次土壤普查规定的土壤养分分级标准，河源市表层的全氮含量较为丰富，大部分林地全氮水平处在Ⅰ级（极高）和Ⅱ级（很高）水平，Ⅳ级（中等）以下水平的土壤所占面积非常小。河源市 0~20 cm 土壤层的全氮含量整体比较丰富，只有极小部分地区可能需要额外施加氮肥。从行政区划来看，连平县的土壤全氮含量比其他区县低，需要重视该地区可能存在的土壤全氮缺失问题。

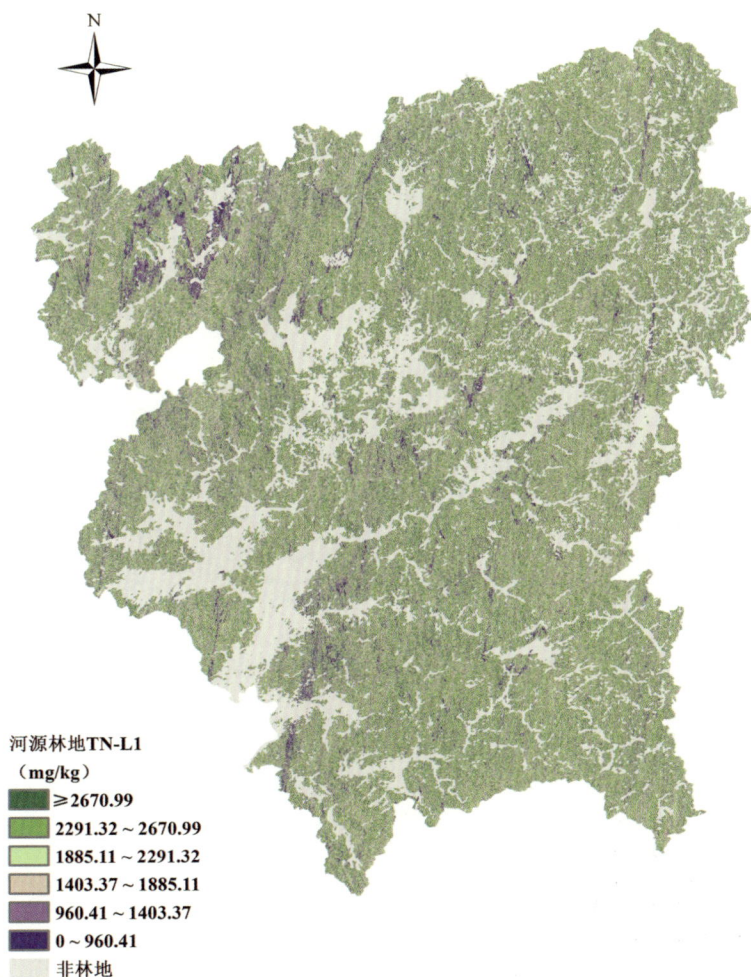

河源林地TN-L1
（mg/kg）

■ ≥2670.99
■ 2291.32~2670.99
■ 1885.11~2291.32
■ 1403.37~1885.11
■ 960.41~1403.37
■ 0~960.41
□ 非林地

图 5-6　森林土壤全氮含量 L1 层（0~20 cm）分布

　　河源市 20～40 cm 土壤层全氮的空间分布状况如图 5-7 所示，其含量范围主要在 1062.14～2938.89 mg/kg 之间。该深度全氮含量低于 1062.14 mg/kg 的土壤和高于 2938.89 mg/kg 的土壤所占面积都很小，前者主要分布在林木比较稀疏的中低海拔林地地区，后者主要分布在树木茂密的高海拔林地地区。在高海拔林地，相较于 0～20 cm 土壤层，20～40 cm 土壤层的全氮含量更高。这可能是由于表层的氮素易受雨水冲刷，全氮流失较为严重，主要表现在河源市西北部高海拔林地，该地 0～20 cm 土壤层全氮含量明显低于 20～40 cm 土壤层。依据全国第二次土壤普查规定的土壤养分分级标准，河源市 20～40 cm 土壤层的全氮非常丰富，整体处在Ⅲ级(高)水平和Ⅱ级(很高)水平，Ⅳ级(中等)以下水平的土壤所占面积非常小。从行政区划来看，西北部的连平县 20～40 cm 土壤层的全氮含量最高，与 0～20 cm 土壤层的全氮分布结果相反，这可能是由于高海拔林地表层土坡度大，土壤全氮流失严重。在东部的龙川县、北部的和平县和南部的紫金县，低海拔地区林地 20～40 cm 土壤层的全氮含量较低，普遍低于 1583.02 mg/kg，从全市整体来看 20～40 cm 土壤层比 0～20 cm 土壤层，全氮含量稍微有所降低。

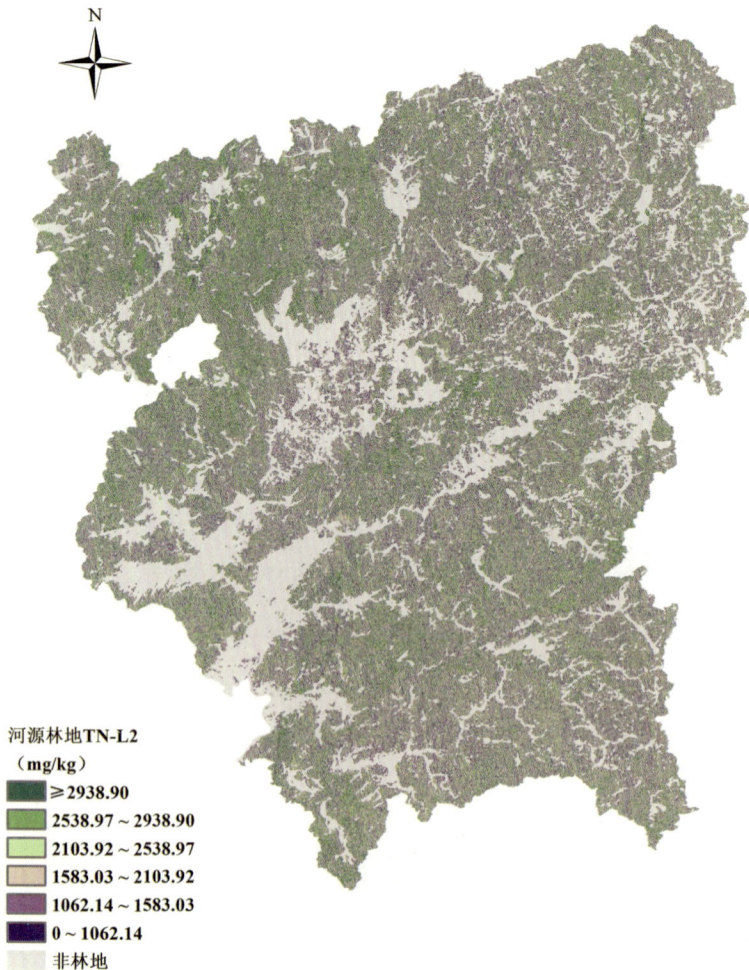

图 5-7　森林土壤全氮含量 L2 层(20～40 cm)分布

河源市 40~60 cm 土壤层全氮的空间分布状况如图 5-8 所示，其含量范围主要在 893.16~2424.84 mg/kg 之间。该深度全氮含量低于 893.16 mg/kg 的土壤和高于 424.84 mg/kg 的土壤所占面积都很小。相较于 20~40 cm 土壤层，40~60 cm 土壤层的全氮含量较低。从水平空间分布格局来看，该深度的土壤全氮水平分布较为平均，即全氮含量为高值和低值的森林土壤无明显分布偏好性。依据全国第二次土壤普查规定的土壤养分分级标准，河源市 40~60 cm 土壤层的全氮含量较为丰富，整体处在Ⅲ级（高）水平和Ⅱ级（很高）水平，Ⅳ级（中等）以下水平的土壤所占面积非常小。从行政区划来看，各行政区（县）40~60 cm 土壤层全氮含量的最低和最高值无明显偏好，即各区（县）的土壤全氮水平分布较为平均。

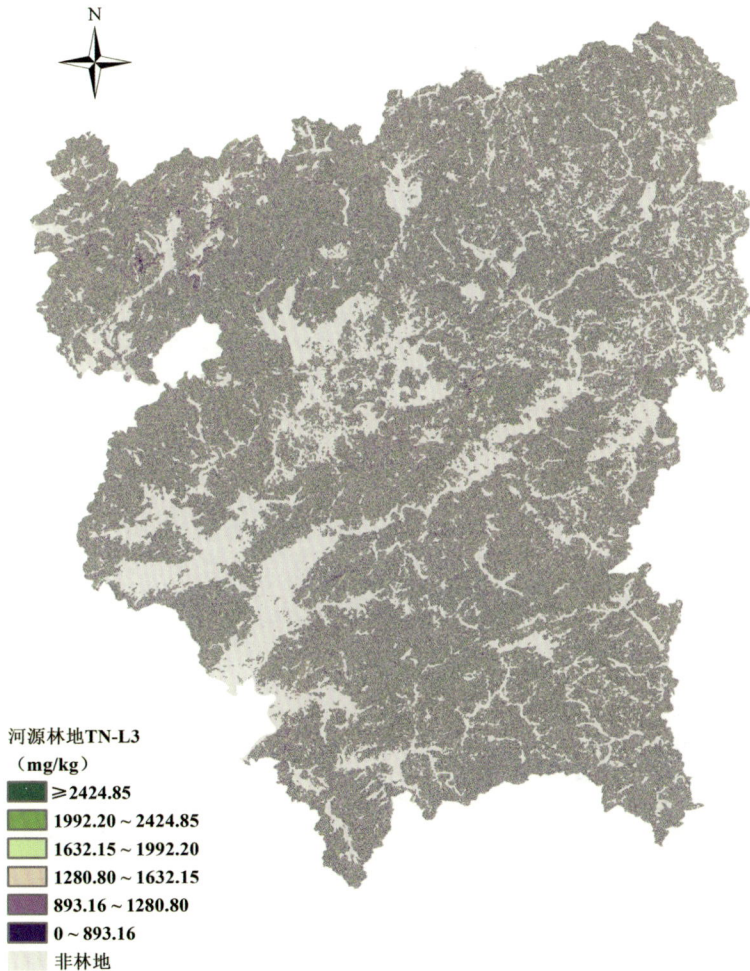

河源林地TN-L3
（mg/kg）
■ ≥2424.85
■ 1992.20 ~ 2424.85
■ 1632.15 ~ 1992.20
■ 1280.80 ~ 1632.15
■ 893.16 ~ 1280.80
■ 0 ~ 893.16
　 非林地

图 5-8　森林土壤全氮含量 L3 层（40~60 cm）分布

河源市 60~80 cm 土壤层全氮的空间分布状况如图 5-9 所示，其含量范围主要在 733.05~2117.98 mg/kg 之间。该深度全氮含量低于 733.05 mg/kg 的土壤主要分布在河源西北部，零散分布于其他区域；含量高于 2104.23 mg/kg 的土壤比较均匀地分布在各个地区的林地内，无明显聚集现象。整体来看，60~80 cm 土壤层比 40~60 cm 土壤层的全氮含量低。依据全国第二次土壤调查的土壤养分分级标准，河源市 60~80 cm 土壤层的全氮含量整体在Ⅳ级(中等)水平以上，大部分处于Ⅲ级(高)水平和Ⅱ级(很高)水平，Ⅴ级(中等)以下水平的土壤占地面积比较小，但比 40~60 cm 土壤层Ⅴ级以下水平的占地面积稍大。从行政区划来看，连平县 60~80 cm 土壤层与其他行政区县相比土壤全氮含量水平最低。

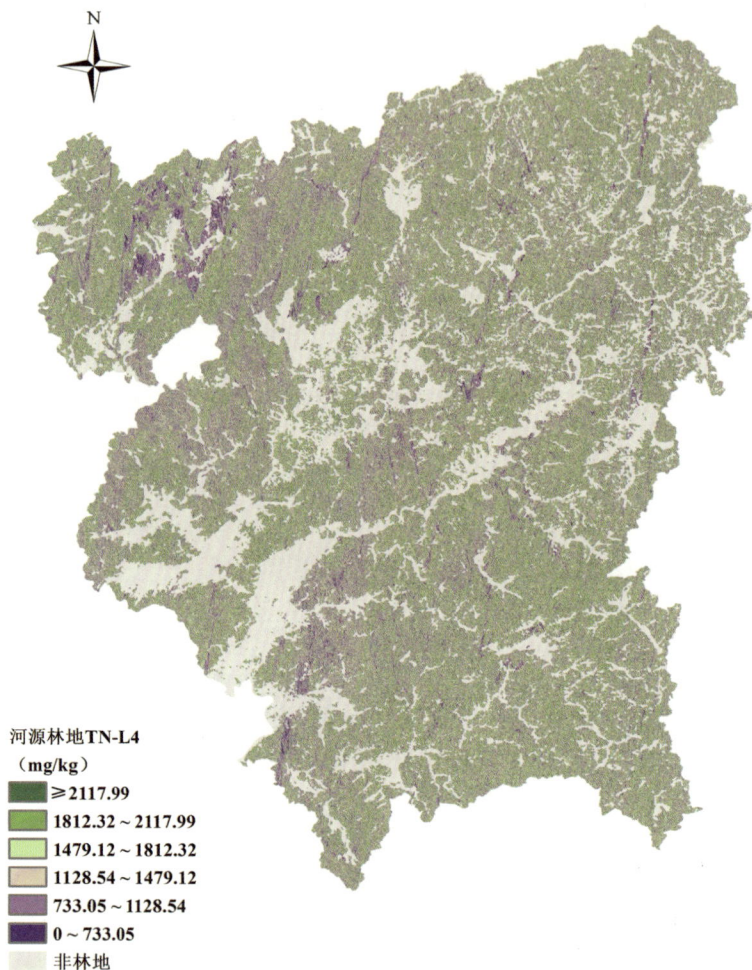

图 5-9　森林土壤全氮含量 L4 层(60~80 cm)分布

河源市 80~100 cm 土壤层全氮的空间分布状况如图 5-10 所示，其含量范围主要在705.97~1447.83 mg/kg 之间。与上部四层土壤相比，80~100 cm 土壤层的全氮含量最低。整体上来看，河源市的土壤全氮含量随着土壤深度加深呈现下降的趋势。该深度全氮含量低于705.97 mg/kg 的土壤所占面积比例较小，比较均匀地分布在河源市的林地地区中。依据全国第二次土壤调查的土壤养分分级标准，河源市 80~100 cm 土壤层全氮含量整体在Ⅳ级(中等)水平及以上，但Ⅳ级(中等)水平的土壤面积占比比 40~60 cm 和 60~80 cm 土壤层小；Ⅴ级(中等)及以下水平的土壤占地面积比较小，但比 40~60 cm 和 60~80 cm 土壤层占比大。从行政区划来看，各个地区的 80~100 cm 土壤层全氮含量无明显差异。

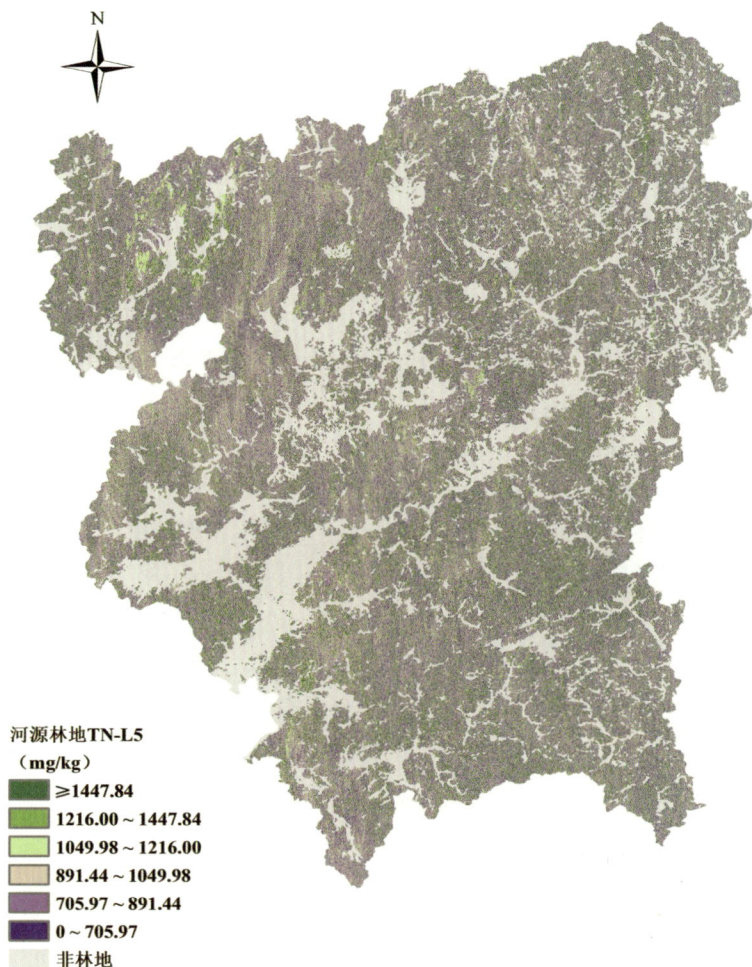

河源林地TN-L5
（mg/kg）
■ ≥1447.84
■ 1216.00~1447.84
□ 1049.98~1216.00
□ 891.44~1049.98
■ 705.97~891.44
■ 0~705.97
□ 非林地

图 5-10　森林土壤全氮含量 L5 层（80~100 cm）分布

三、森林土壤全磷含量空间分布特征

磷是植物生长发育不可缺少的营养元素之一。它既是植物体内许多重要有机化合物的组分，同时又以多种方式参与植物体内各种代谢过程。土壤全磷指的是土壤全磷量即磷的总贮量。河源市 0~20 cm 土壤层全磷的空间分布状况如图 5-11 所示，其含量范围主要在 253.99~426.85 mg/kg 之间。该深度全磷含量低于 253.99 mg/kg 的土壤主要分布在河源市的中部以及低海拔地区，含量高于 426.85 mg/kg 的土壤主要分布在河源市东部的树木茂密的林地。依据全国第二次土壤调查的土壤养分分级标准，河源市 0~20 cm 土壤层全磷含量主要处在Ⅳ级(中等)和Ⅴ级(低)水平。这说明河源市的土壤全磷含量整体不丰富，大部分森林土壤处于全磷元素缺乏的状态。土壤缺乏全磷元素的林区主要分布在河源市中部以

及东部的中低海拔地区。从行政区划来看，和平县和紫金县的土壤全磷含量整体较低，普遍低于 303.69 mg/kg，连平县、龙川县的南部和东源县的西部全磷含量较高。

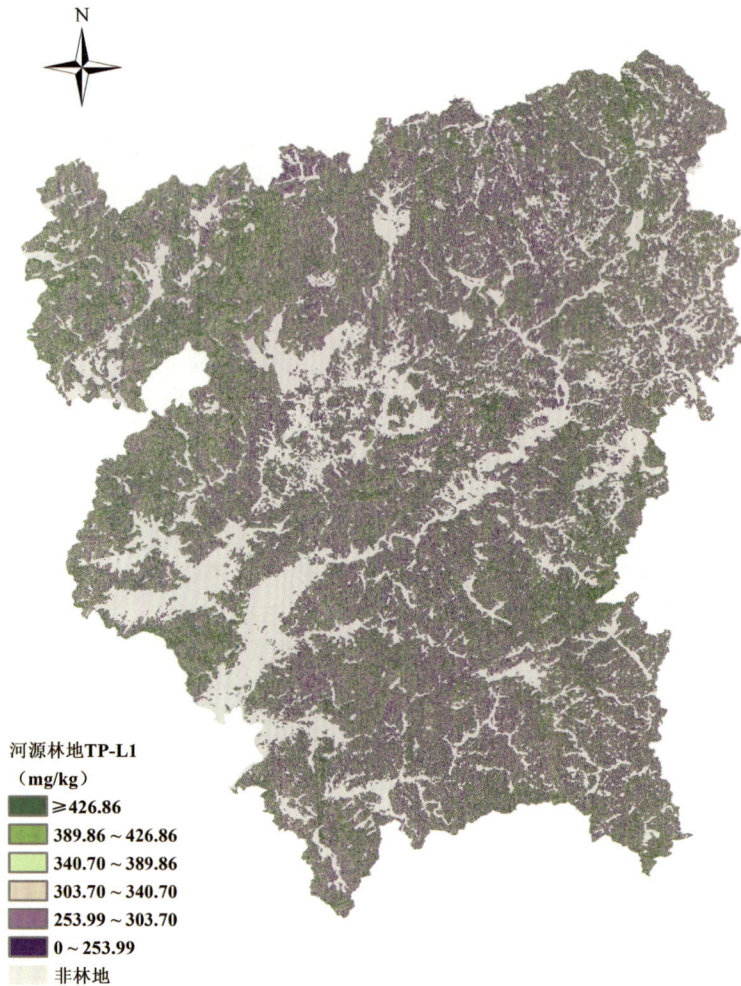

河源林地TP-L1
（mg/kg）
≥426.86
389.86～426.86
340.70～389.86
303.70～340.70
253.99～303.70
0～253.99
非林地

图 5-11　森林土壤全磷含量 L1 层(0～20 cm)分布

河源市 20～40 cm 土壤层全磷的空间分布状况如图 5-12 所示，其含量范围主要在 186.78～475.72 mg/kg 之间。从水平空间分布格局来看，20～40 cm 土壤层的全磷分布特征与 0～20 cm 土壤层较为相似，但含量有所下降。该深度全磷含量低于 186.78 mg/kg 的土壤要分布在河源市的中部和东部低海拔地区。低海拔地区人为活动比较频繁，易导致水土流失，从而导致土壤全磷含量的降低。全磷含量高于 475.72 mg/kg 的土壤所占面积很小，主要分布在河源市东部以及七目嶂地区树木茂密的林地。依据全国第二次土壤调查的土壤养分分级标准，河源市 20～40 cm 和 0～20 cm 土壤层的全磷含量水平一样，主要处在Ⅳ级(中等)和Ⅴ级(低)，部分处于Ⅵ级(很低)水平。从行政区划来看，连平县、和平县和东源县的三县连接处土壤全磷含量最低，整体都处在Ⅴ级(低)水平；西北部的和平县和东源县的东部土壤全磷含量整体比较高。

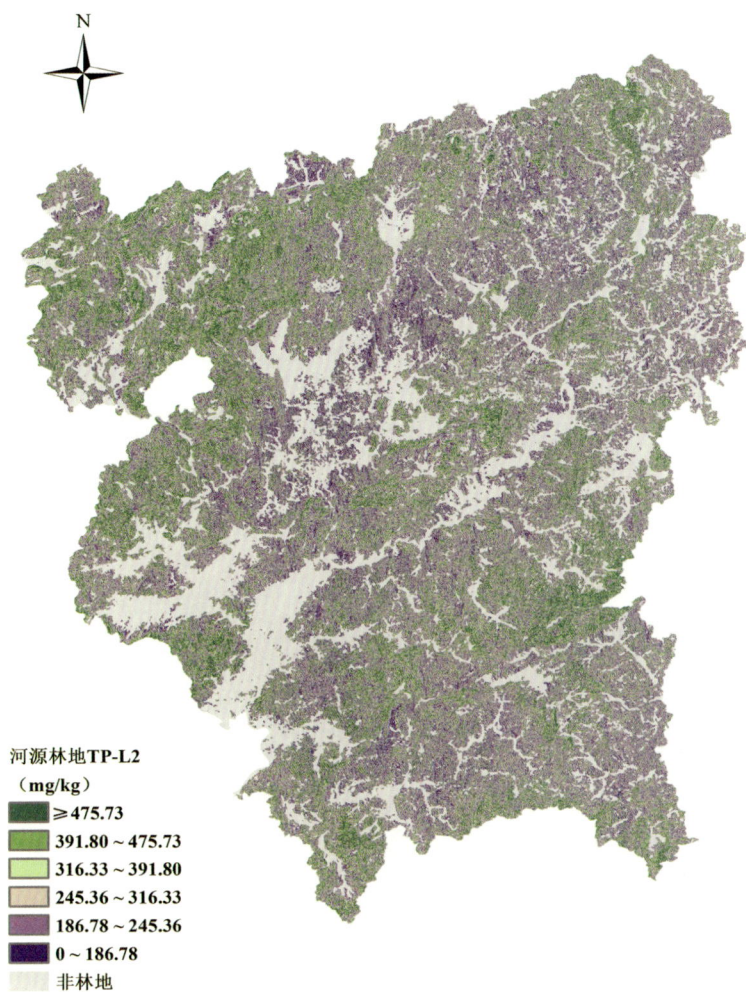

河源林地TP-L2
（mg/kg）

- ≥475.73
- 391.80～475.73
- 316.33～391.80
- 245.36～316.33
- 186.78～245.36
- 0～186.78
- 非林地

图 5-12　森林土壤全磷含量 L2 层（20～40 cm）分布

　　河源市 40～60 cm 土壤层全磷的空间分布状况如图 5-13 所示，其含量范围主要在 220.35～537.82 mg/kg 之间。该土壤层全磷含量的空间分布格局与 0～20 cm 土壤层最为相似。该深度全磷含量低于 220.35 mg/kg 的土壤主要分布在河源市中部和东部的局部低海拔林区，含量高于 537.82 mg/kg 的土壤主要分部在西部和东部的局部高海拔林区。参照全国第二次土壤调查的土壤养分分级标准，河源市 40～60 cm 土壤层和 0～20 cm、20～40 cm 土壤层的全磷含量水平一样，主要处在 Ⅳ 级（中等）和 Ⅴ 级（低）。从行政区划来看，河源市中部的和平县、东源县、紫金县的土壤全磷含量整体比较低，大部分地区都处在 Ⅴ 级（低）水平；连平县和东源县的西部的土壤全磷含量比较高，大部分地区都处于 Ⅳ 级（中等）水平。

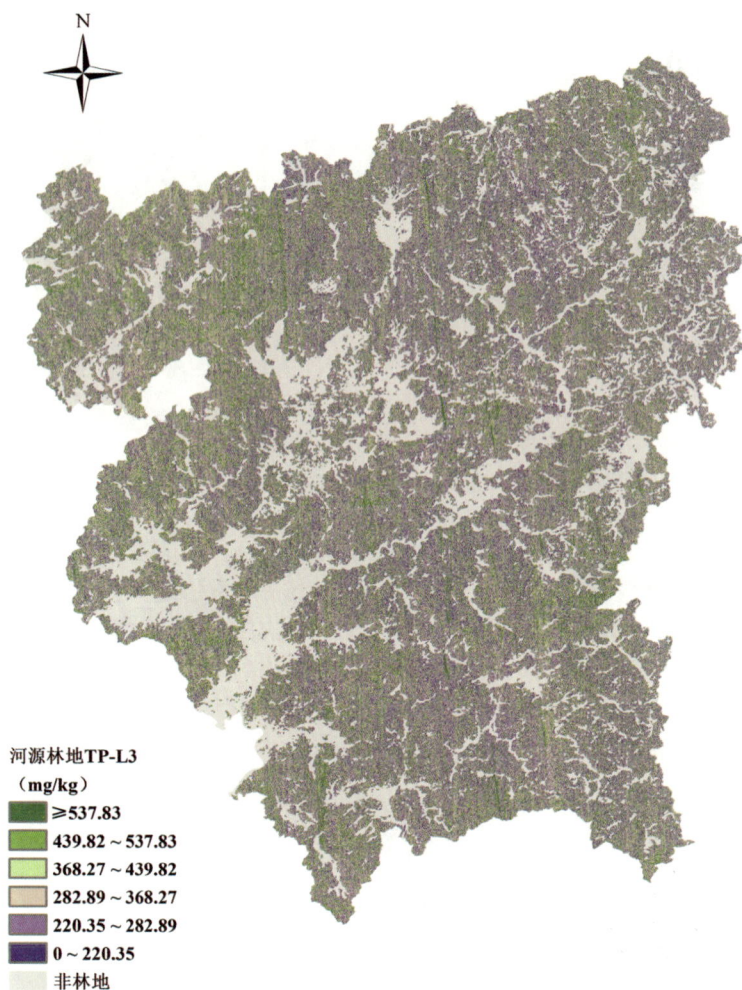

图 5-13　森林土壤全磷含量 L3 层(40~60 cm)分布

　　河源市 60~80 cm 土壤层全磷的空间分布状况如图 5-14 所示,其含量范围主要在 238.54~510.88 mg/kg 之间。该深度全磷含量低于 238.54 mg/kg 的土壤主要分布在河源市中部和东部的低海拔局部林区;含量高于 510.88 mg/kg 的土壤面积所占比例较小,主要分布在西部的局部林区以及七目嶂地区的林区。从水平空间分布格局来看,60~80 cm 土壤层全磷含量与上部三层土壤全磷含量的空间分布格局相似。参照全国第二次土壤调查的土壤养分分级标准,河源市 60~80 cm 土壤层全磷含量水平和 0~20 cm、20~40 cm、40~60 cm 土壤层一样,整体处在Ⅳ级(中等)和Ⅴ级(低)水平。相比 0~20 cm、20~40 cm 和 40~60 cm 土壤层,60~80 cm 土壤层中全磷处于Ⅴ级(低)水平的土壤面积占地更大。从行政区划来看,和平县和紫金县的土壤全磷含量整体较低,整体低于 238.54 mg/kg,连平县、龙川县的南部和东源县的西部土壤全磷含量较高。

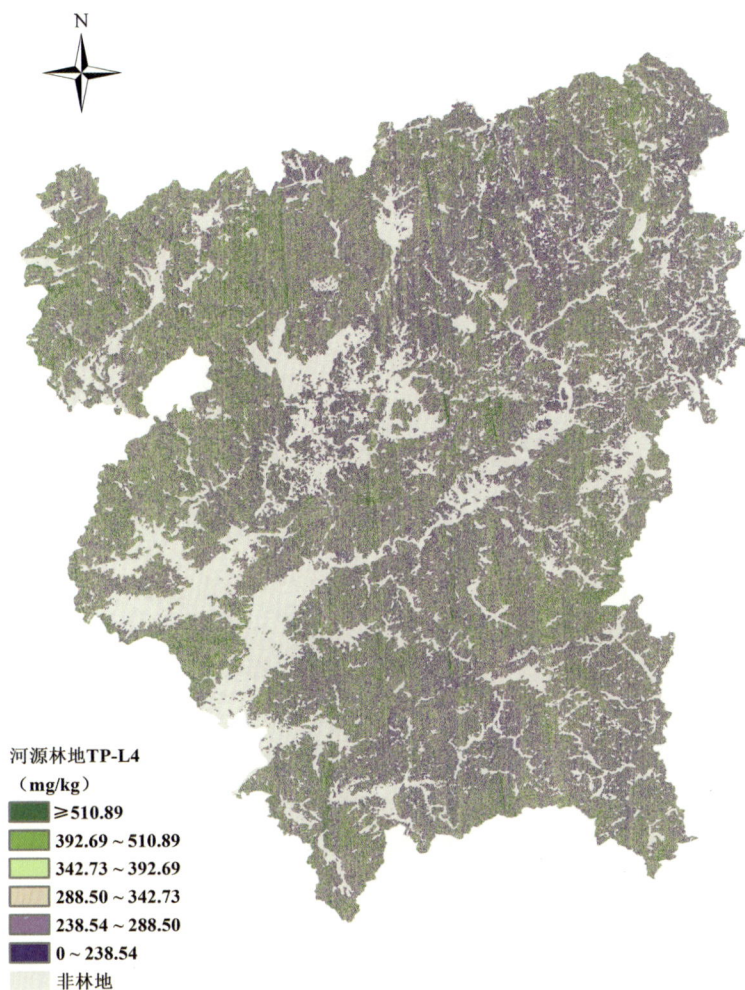

河源林地TP-L4
（mg/kg）
- ≥510.89
- 392.69～510.89
- 342.73～392.69
- 288.50～342.73
- 238.54～288.50
- 0～238.54
- 非林地

图5-14　森林土壤全磷含量L4层（60～80 cm）分布

　　河源市80～100 cm 土壤层全磷的空间分布状况如图5-15所示，其含量范围主要在218.28～534.83 mg/kg 之间。与0～20 cm、20～40 cm、40～60 cm 和60～80 cm 土壤层相比，80～100 cm 土壤层整体的全磷含量最低。参照全国第二次土壤调查的土壤养分分级标准，河源市80～100 cm 土壤层全磷含量水平大部分处在Ⅴ级（低）水平，小部分处于Ⅳ级（中等）水平。该深度全磷处于Ⅳ级（中等）水平的土壤主要分布在海拔较低的地区，即河源市的中部和东部的低海拔林地。从垂直角度来看，随着土壤深度加深，土壤含磷量并没有随着土壤深度的加深而下降，这可能是受人工施肥及植物根系吸肥特性的影响，表现在0～20 cm 土壤层的全磷含量大于40～60 cm 土壤层，大于20～40 cm 土壤层；从行政区划来看，连平县、东源县的西部和东部的全磷含量较高，普遍高于391.90 mg/kg，和平县、龙川县、紫金县和东源县的中部全磷含量较低，普遍低于245.35 mg/kg。

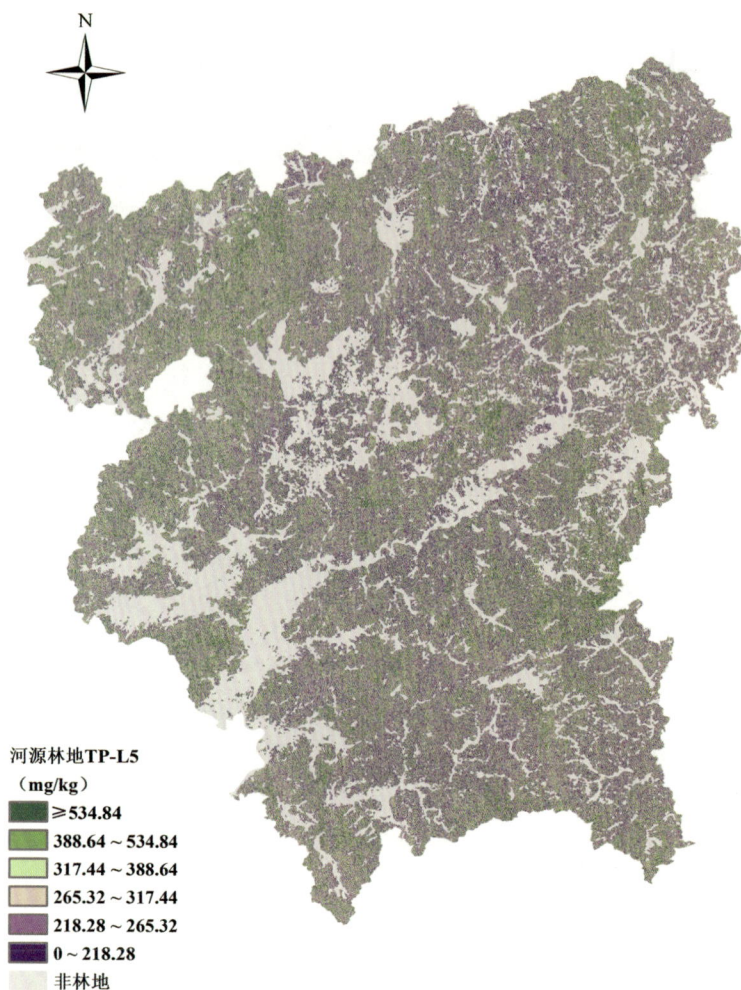

河源林地TP-L5
（mg/kg）
■ ≥534.84
■ 388.64～534.84
□ 317.44～388.64
□ 265.32～317.44
■ 218.28～265.32
■ 0～218.28
□ 非林地

图 5-15　森林土壤全磷含量 L5 层（80～100 cm）分布

四、森林土壤全钾含量空间分布特征

　　钾素(K)是植物继氮素和磷素之后的必需的大量元素之一，是继氮素之后植物中最丰富的营养元素。钾素被认为是土壤肥力和植物生长的关键参数。合理管理土壤中的钾含量，对于保障植物的健康生长和提高农作物产量至关重要。河源市 0～20 cm 土壤层全钾的空间分布状况如图 5-16 所示，其含量范围主要在 14105.59～30844.95 mg/kg 之间。参照全国第二次土壤调查的土壤养分分级标准，河源市 0～20 cm 土壤层全钾含量水平整体处在Ⅲ级（高）水平以上，极少处在Ⅳ级（中等）及其以下。从 0～20 cm 的土壤深度来看，河源市森林土壤基本不需要考虑施加额外的钾肥。该深度全钾含量处在Ⅲ级（高）水平的土壤占地面积最大，其次是Ⅳ（中等）级和Ⅱ级（很高）水平。河源市 0～20 cm 土壤层全钾含量的高值区和低值区无明显聚集，零散分布在整个研究区。从行政区上看，各行政区（县）0～20 cm 土壤层的全钾含量最低和最高值无明显偏好，即各区（县）的土壤全氮水平分布较为平均。

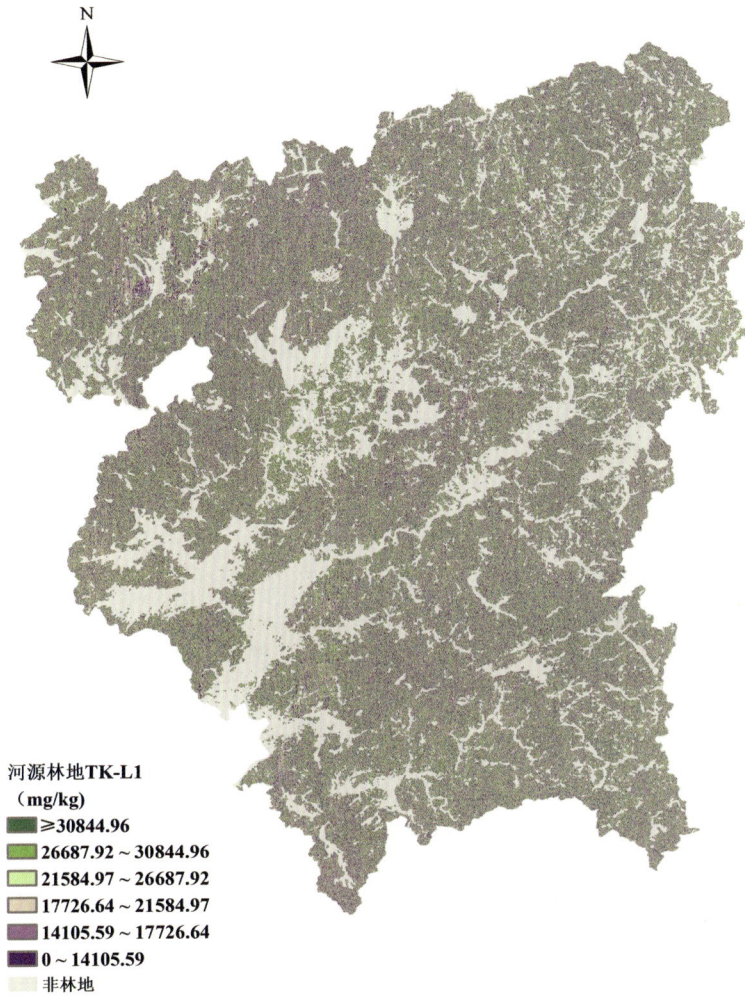

河源林地TK-L1
（mg/kg）
- ≥30844.96
- 26687.92～30844.96
- 21584.97～26687.92
- 17726.64～21584.97
- 14105.59～17726.64
- 0～14105.59
- 非林地

图 5-16　森林土壤全钾含量 L1 层（0～20 cm）分布

　　河源市 20～40 cm 土壤层全钾的空间分布状况如图 5-17 所示，其含量范围在 14929.80～28994.23 mg/kg 之间。参照全国第二次土壤调查的土壤养分分级标准，河源市 20～40 cm 土壤层全钾含量整体处在Ⅲ级（高）水平及以上。从 20～40 cm 的土壤深度来看，河源市林地基本上不需要额外施加钾肥。与 0～20 cm 土壤层相比，河源市 20～40 cm 土壤层的全钾含量有一定的减少。20～40 cm 土壤层的全钾含量与海拔存在一定的正相关性，低海拔地区的全钾含量相对较低，高海拔地区的全钾含量相对较高。20～40 cm 土壤层全钾的低值区主要分布在中部和东部的局部低海拔地区。这可能是因为低海拔地区大都是人工林，种植的林木树种对于钾元素的需求比较高，或者是人类生产活动相对活跃，这些条件都不利于土壤全钾的积累。

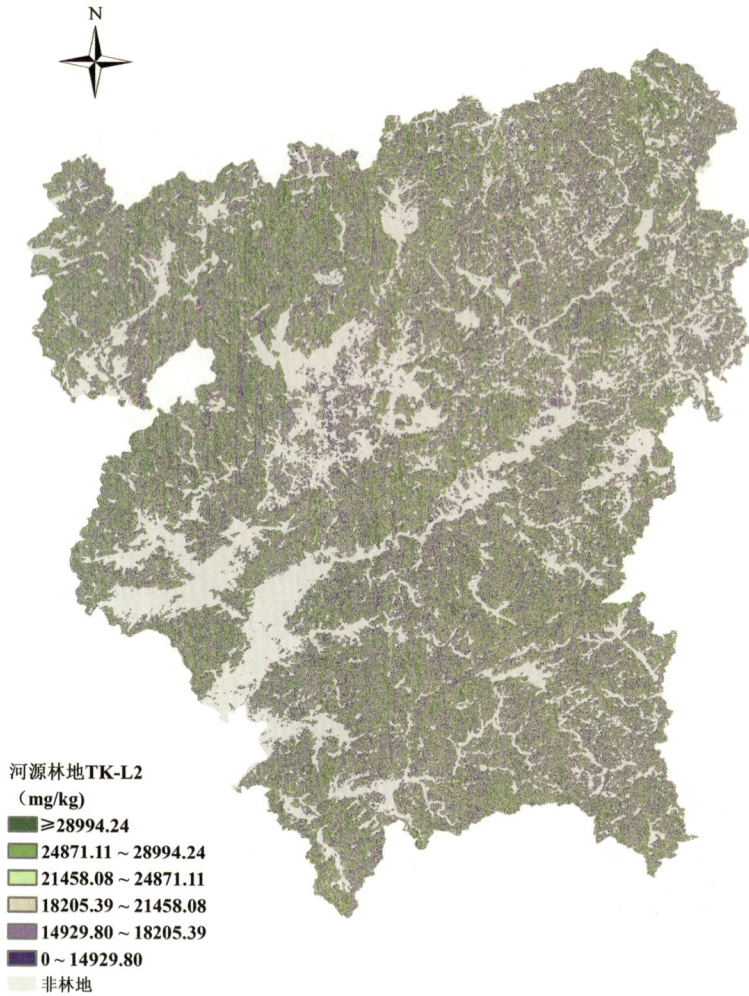

河源林地TK-L2
（mg/kg）
■ ≥28994.24
■ 24871.11 ~ 28994.24
□ 21458.08 ~ 24871.11
□ 18205.39 ~ 21458.08
■ 14929.80 ~ 18205.39
■ 0 ~ 14929.80
□ 非林地

图 5-17　森林土壤全钾含量 L2 层 (20 ~ 40 cm) 分布

　　河源市 40 ~ 60 cm 土壤层全钾的空间分布状况如图 5-18 所示，其含量范围在 15997.94 ~ 26300.88 mg/kg 之间。参照全国第二次土壤调查的土壤养分分级标准，河源市 40 ~ 60 cm 土壤层全钾含量水平整体处在Ⅲ级(高)水平及以上，主要处在Ⅱ级(很高)和Ⅲ 级(高)水平。从 40 ~ 60 cm 的土壤深度来看，河源市林地基本上不需要额外施加钾肥。 40 ~ 60 cm 土壤层全钾的空间分布格局与 20 ~ 40 cm 土壤层的格局相似，低值区也主要出现 在低海拔地区。在植被茂密的林地地区，土壤全钾含量相对较高。例如，河源九连山地 区、七目嶂等高海拔地区的林地植物覆盖度较高，土壤全钾含量也相应较高。从行政区划 来看，该深度连平县的森林土壤全钾含量水平相对其他区域更高。

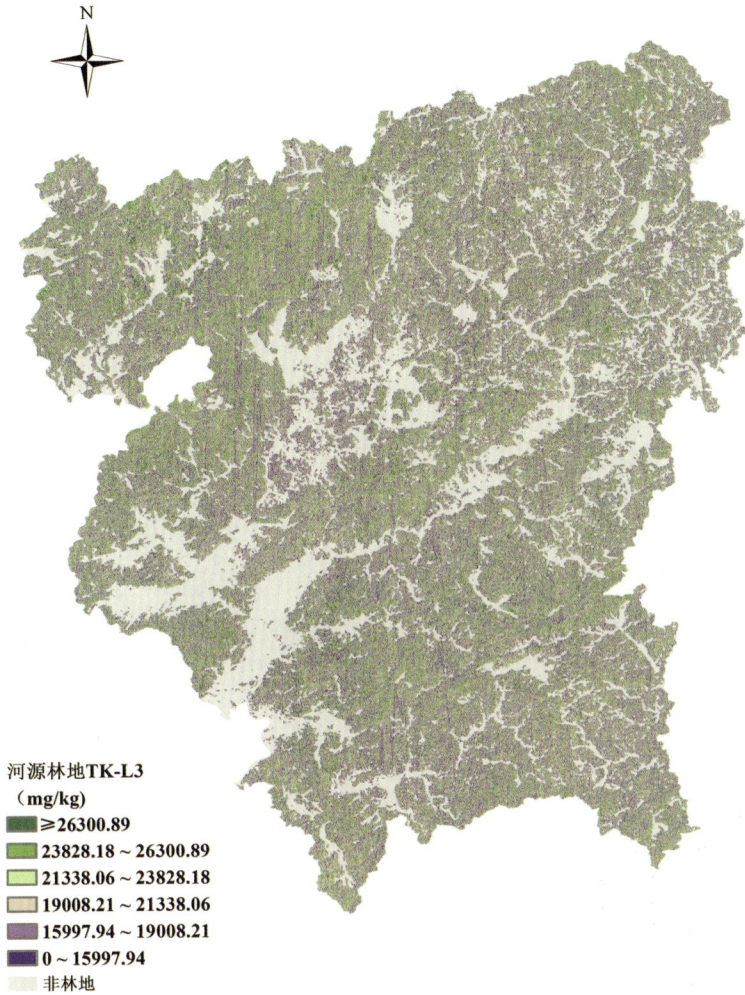

河源林地TK-L3
（mg/kg）
■ ≥26300.89
■ 23828.18~26300.89
□ 21338.06~23828.18
□ 19008.21~21338.06
■ 15997.94~19008.21
■ 0~15997.94
□ 非林地

图 5-18　森林土壤全钾含量 L3 层（40~60 cm）分布

河源市 60~80 cm 土壤层全钾的空间分布状况如图 5-19 所示，其含量范围在 17562.57~27206.00 mg/kg 之间。参照全国第二次土壤调查的土壤养分分级标准，河源市 60~80 cm 土壤层全钾含量水平整体处在Ⅲ级（高）水平及以上，主要处在Ⅱ级（很高）和Ⅲ级（高）水平。从 60~80 cm 的土壤深度来看，河源市林地基本上不需要额外施加钾肥。60~80 cm 土壤层全钾的空间分布格局与 40~60 cm 土壤层的格局相似，低值区也主要出现在低海拔地区。在植被茂密的林地地区，土壤全钾含量相对较高。例如，河源九连山地区、七目嶂等高海拔地区的林地植物覆盖度较高，土壤全钾含量也相应较高。从行政区划来看，该深度连平县的森林土壤全钾含量水平相对其他区域仍更高。

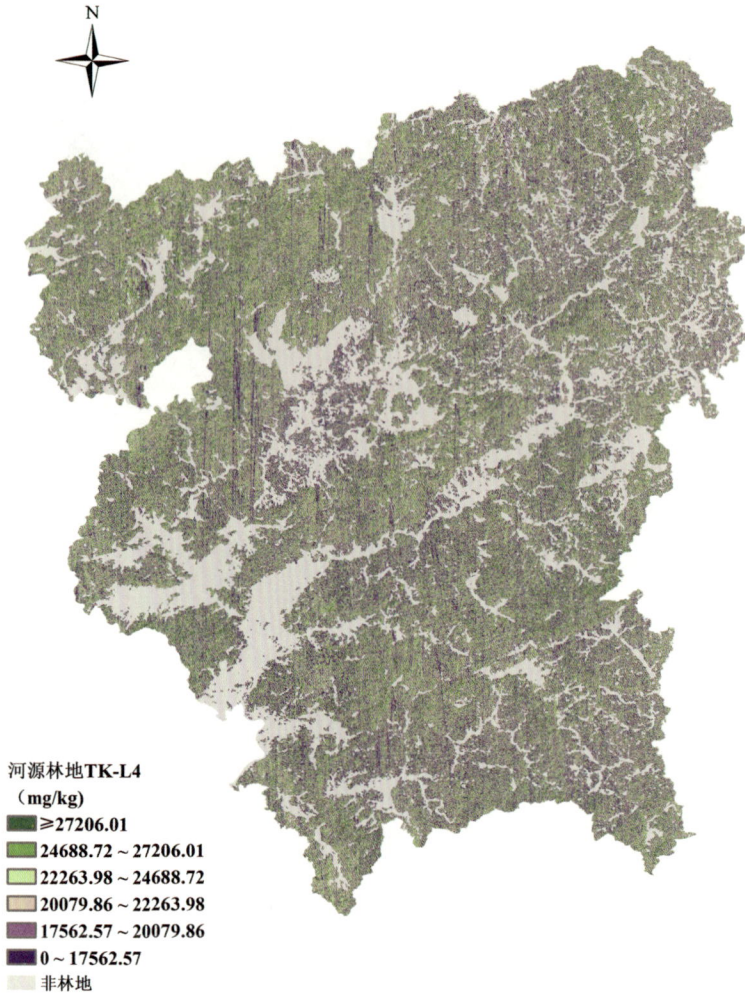

河源林地TK-L4
（mg/kg）
■ ≥27206.01
■ 24688.72~27206.01
□ 22263.98~24688.72
□ 20079.86~22263.98
■ 17562.57~20079.86
■ 0~17562.57
□ 非林地

图 5-19　森林土壤全钾含量 L4 层(60~80 cm)分布

　　河源市 80~100 cm 土壤层全钾的空间分布状况如图 5-20 所示，其含量范围在 17157.88~31225.79 mg/kg 之间。该深度全钾含量低于 17157.88 mg/kg 的土壤主要分布在河源市中部和东部的部分林地，绝大部分的林地全钾含量都高于 20245.34 mg/kg。参照全国第二次土壤调查的土壤养分分级标准，河源市 80~100 cm 土壤层全钾含量水平普遍处在Ⅲ级(高)水平及以上。全钾处于Ⅲ级(高)水平的土壤面积占比最大，其次是Ⅱ级(很高)水平。从 80~100 cm 的土壤深度来看，河源市林地基本上不需要额外施加钾肥，适宜种植对钾肥需求较高的植物。从垂直角度看，河源市的土壤全钾含量并未随着土壤深度加深产生明显变化，普遍都处于Ⅲ级(高)及以上水平。

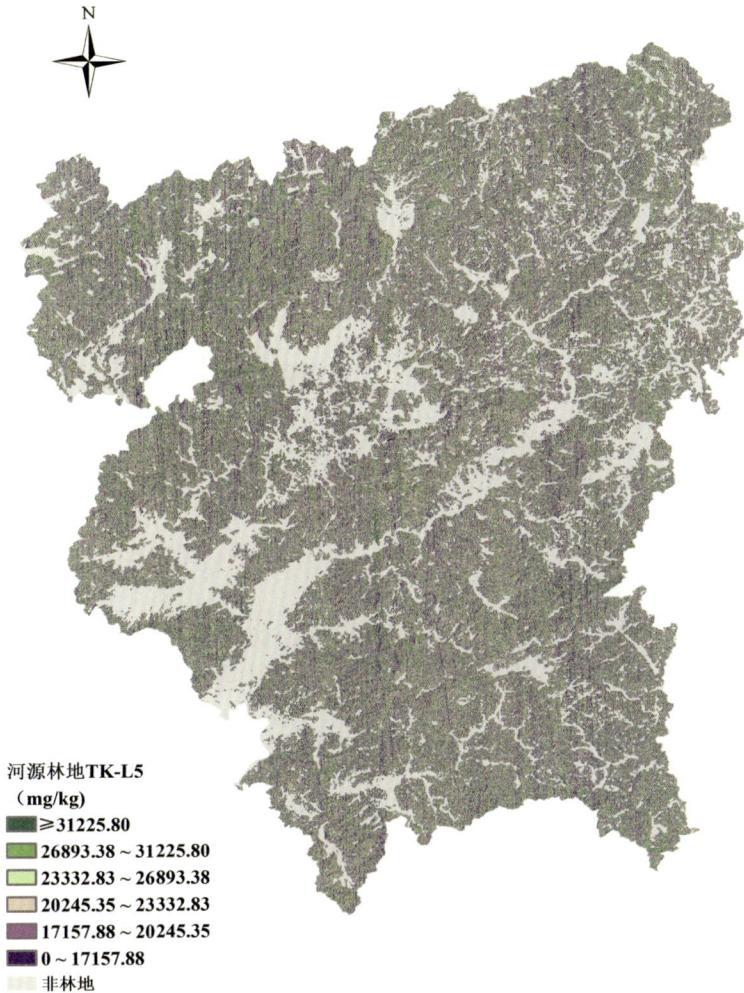

河源林地TK-L5
（mg/kg）
■ ≥31225.80
■ 26893.38～31225.80
□ 23332.83～26893.38
□ 20245.35～23332.83
■ 17157.88～20245.35
■ 0～17157.88
□ 非林地

图 5-20　森林土壤全钾含量 L5 层（80～100 cm）分布

第二节　森林土壤重金属含量空间分布特征

一、森林土壤镉元素含量空间分布特征

在森林土壤中，镉元素的存在可能会影响土壤微生物的活性和土壤质量，进而影响森林生态系统的平衡和稳定。了解和掌握森林土壤镉元素的意义在于保护森林生态系统的健康和稳定，预防人类和动植物受到镉污染的危害。同时，也有助于指导林业生产和土地管理，采取有效的措施降低土壤中镉元素的含量，提高森林土壤的质量和生态环境。河源市 0～20 cm 土壤层镉元素含量的空间分布状况如图 5-21 所示，其含量范围主要在 0.16～0.45 mg/kg 之间，绝大部分地区的森林土壤镉低于农用地土壤镉污染风险筛选值（0.3 mg/kg），

局部地区高于筛选值，可能存在轻度镉污染风险。该深度镉元素含量低于 0.16 mg/kg 的土壤主要分布在东北部和南部地区；含量高于 0.45 mg/kg 的森林土壤主要分布在河源市高海拔的主要山脉，例如青云山部分地区的林地。河源市 0~20 cm 土壤层镉元素含量与海拔具有一定的正相关性，高海拔的山地林区镉元素含量相对较高。土壤中的镉主要来源于自然因素和人类活动。自然因素包括岩石风化和火山活动等，而人类活动则包括采矿、冶炼、交通运输等，都可能导致镉元素的释放和迁移。

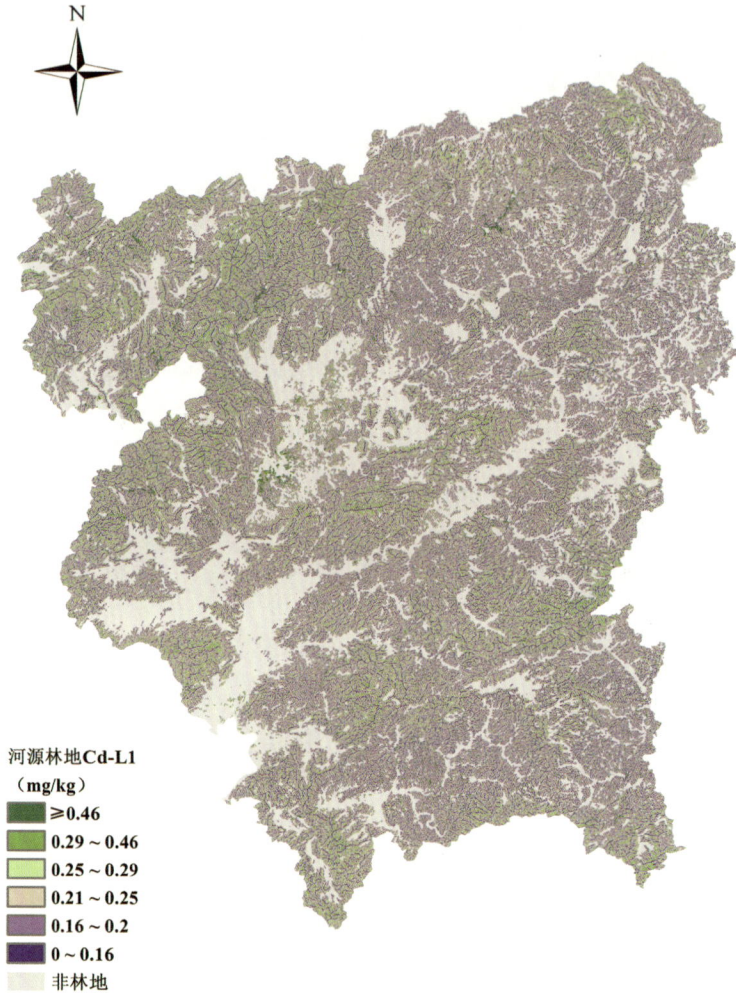

图 5-21　森林土壤镉含量 L1 层(0~20 cm)分布

　　河源市 20~40 cm 土壤层镉元素含量的空间分布格局如图 5-22 所示，其含量的范围主要在 0.11~0.60 mg/kg 之间，整体低于农用地土壤镉污染风险筛选值(0.3 mg/kg)，极小部分地区高于筛选值，可能存在轻度镉污染风险。从水平空间分布格局来看，河源市 20~40 cm 土壤层的镉元素含量普遍低于 0.21 mg/kg，含量高于 0.3 mg/kg 的地区主要分布在西北部的极小部分地区以及中部的部分低海拔地区，分布格局与 0~20 cm 土壤层的相似程度较高。该深度镉元素含量与海拔具有一定的正相关性，高海拔地区往往镉含量较高。从行政区划来看，龙川县的镉含量平均水平最低，连平县的镉含量平均水平最高。东源县的部分低海拔林区的镉含量也较高，这可能是因为低海拔地区通常人口密集，工农业生产活动频繁，这些活动可能导致镉元素的释放和迁移，进而增加土壤中的镉含量。

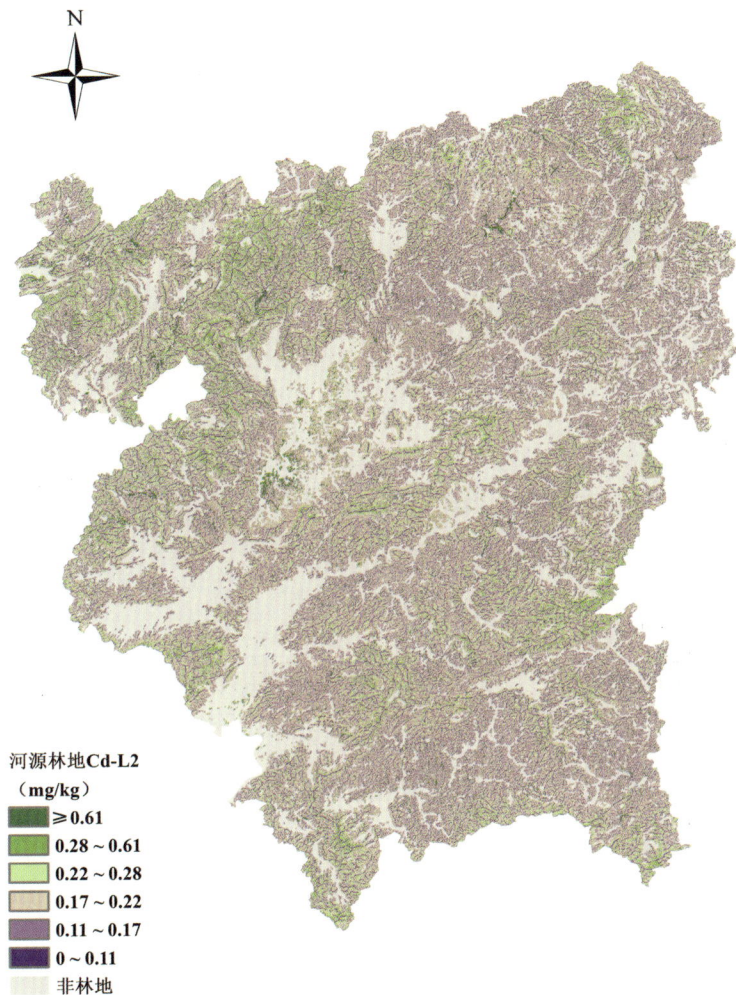

河源林地Cd-L2
（mg/kg）
≥0.61
0.28~0.61
0.22~0.28
0.17~0.22
0.11~0.17
0~0.11
非林地

图5-22　森林土壤镉含量 L2 层（20~40 cm）分布

河源市 40~60 cm 土壤层镉元素含量的空间分布格局如图 5-23 所示，其含量范围主要在 0.09~0.43 mg/kg 之间，整体上低于农用地土壤镉污染风险筛选值（0.3 mg/kg），小部分地区高于筛选值，可能存在轻度镉污染风险。河源市 40~60 cm 的土壤镉普遍低于0.21 mg/kg，含量高于 0.3 mg/kg 的地区主要分布在连平县、和平县和东源县局部地区。这些土壤镉元素含量高的地区一般人类活动比较活跃，这些地区需要加强工业排放、农业活动和城市垃圾等方面的管理，减少镉的排放和污染。40~60 cm 土壤层镉元素含量的整体分布格局与 0~20 cm 和 20~40 cm 土壤层相似，含量与海拔具有一定的正相关性，高海拔地区往往镉含量较高。从行政区划来看，龙川县的镉含量平均水平最低，连平县的镉含量平均水平最高。

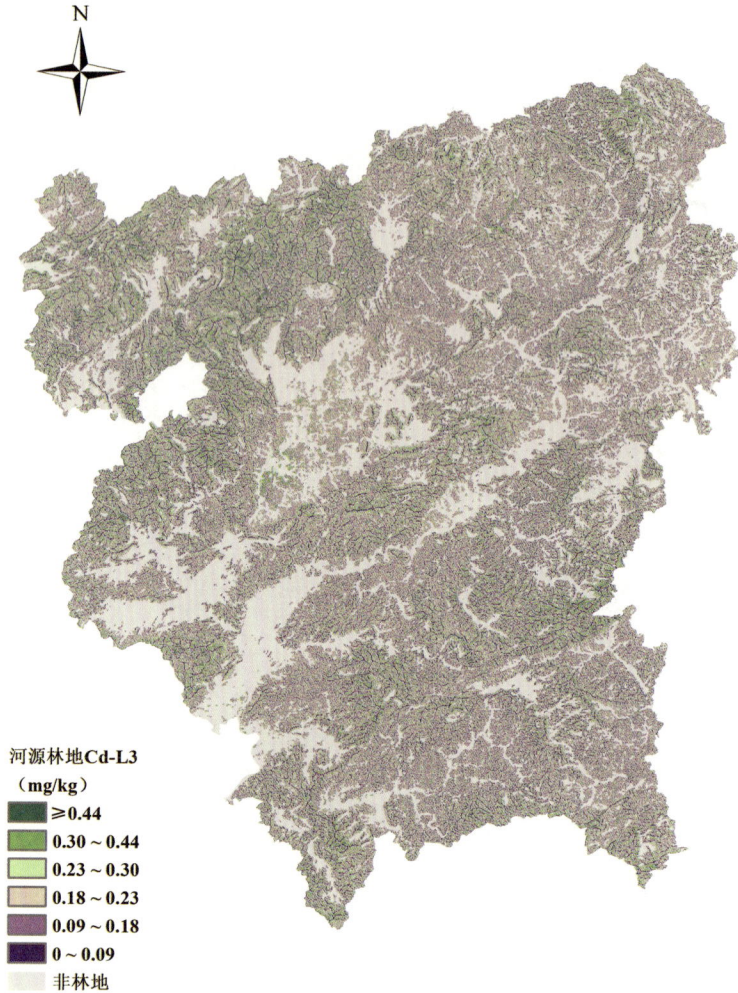

河源林地Cd-L3
（mg/kg）
■ ≥0.44
■ 0.30 ~ 0.44
■ 0.23 ~ 0.30
■ 0.18 ~ 0.23
■ 0.09 ~ 0.18
■ 0 ~ 0.09
□ 非林地

图 5-23　森林土壤镉含量 L3 层(40 ~ 60 cm)分布

　　河源市 60 ~ 80 cm 土壤层镉元素含量的空间分布格局如图 5-24 所示，其含量范围主要在 0.15 ~ 0.53 mg/kg 之间，普遍低于农用地土壤镉污染风险筛选值(0.3 mg/kg)，但局部地区高于筛选值，可能存在轻度镉污染风险。河源市 60 ~ 80 cm 土壤层镉元素含量的整体分布格局与 0 ~ 20 cm、20 ~ 40 cm 和 40 ~ 60 cm 土壤层的格局相似。该深度镉含量大于 0.3 mg/kg 的土壤主要分布在东源县的中部地区。电镀、制造镍镉电池等工业活动中产生的废水、废气、废渣都含有镉，如果没有得到妥善处理，这些废弃物就会排放到环境中，造成镉污染。农业活动中使用的磷肥和某些农药也含有镉，长期使用这些肥料和农药会导致土壤中的镉含量逐渐累积，进而产生污染。镉污染会影响土壤的物理化学性质，降低土壤肥力和生产力，导致作物生长受阻、产量下降。因此，需对风险区域进行进一步调查以及健康风险评估。

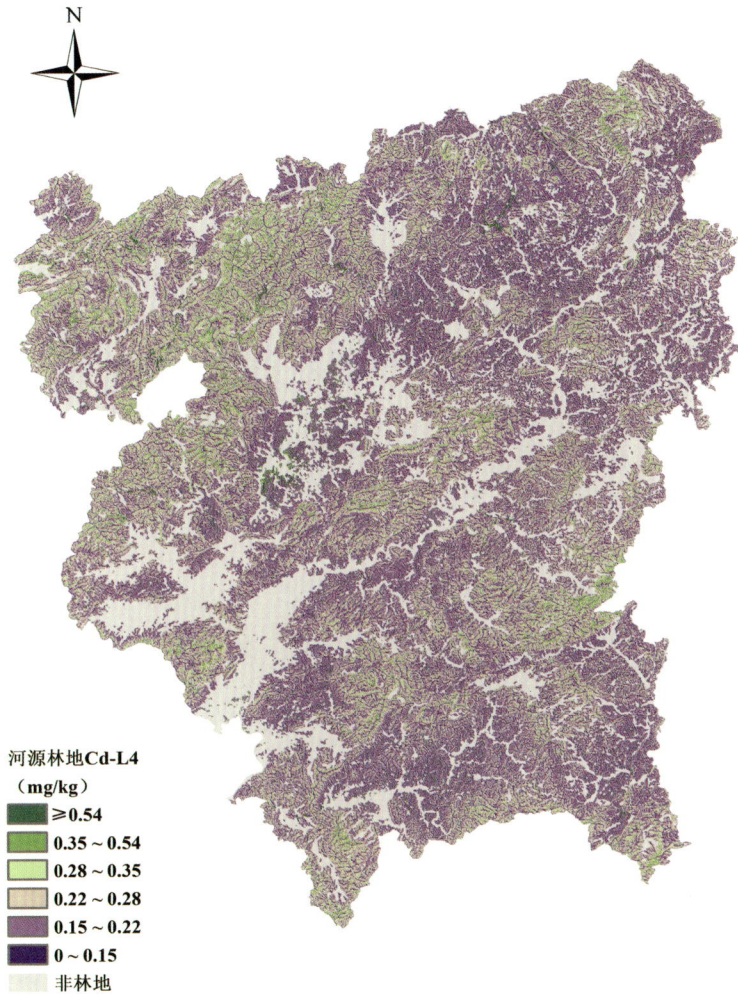

河源林地Cd-L4
（mg/kg）
■ ≥0.54
■ 0.35~0.54
□ 0.28~0.35
□ 0.22~0.28
■ 0.15~0.22
■ 0~0.15
□ 非林地

图 5-24　森林土壤镉含量 L4 层(60~80 cm)分布

　　河源市 80~100 cm 土壤层镉元素含量的空间分布格局如图 5-25 所示，含量范围主要在 0.12~0.45 mg/kg 之间，普遍低于农用地土壤镉污染风险筛选值(0.3 mg/kg)，但局部地区高于筛选值，可能会存在轻度镉污染风险。整体来看，镉元素含量在 80~100 cm 土壤层与上部四个土壤层的水平空间分布格局差异不大。从行政区划来看，河源市 80~100 cm 土壤层镉平均含量在连平县最高，最可能出现污染风险区。土壤中的镉含量往往与母质中的镉含量密切相关。如果母质中富含镉元素，那么深层土壤中的镉含量也可能相对较高。另外，随着降雨的冲刷渗透，上层镉元素会随着雨水渗透到深层土壤。以上只是一些可能的原因，实际情况可能更为复杂。要准确了解深层土壤镉含量的原因，需要进行更深入的研究和分析。

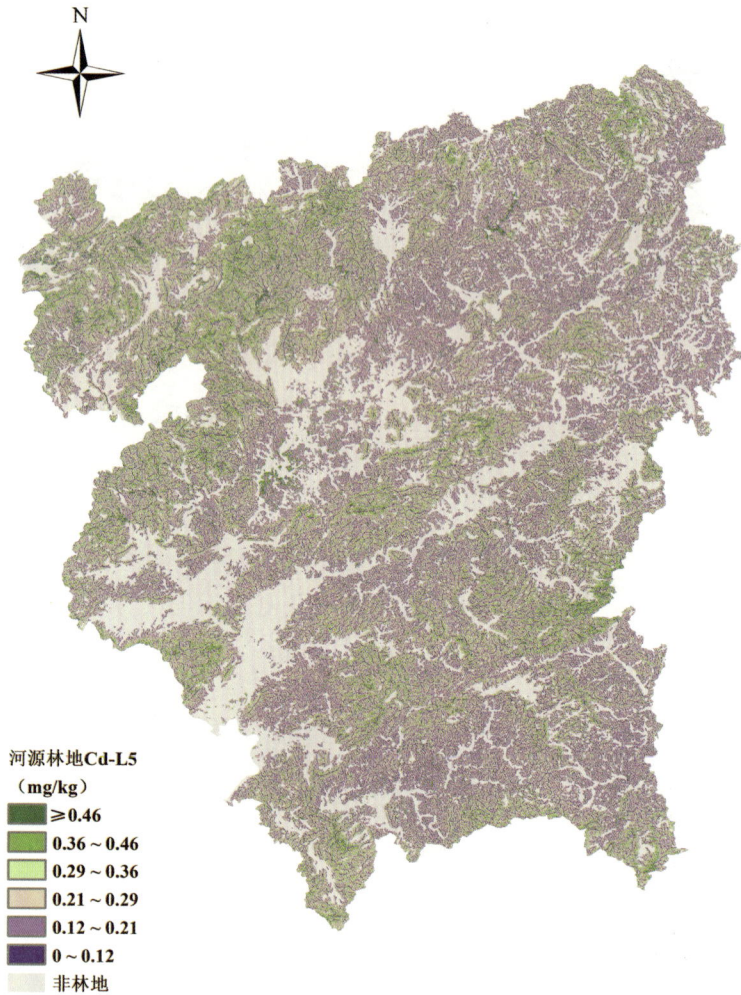

河源林地Cd-L5
（mg/kg）
- ≥0.46
- 0.36～0.46
- 0.29～0.36
- 0.21～0.29
- 0.12～0.21
- 0～0.12
- 非林地

图 5-25　森林土壤镉含量 L5 层(80~100 cm) 分布

二、森林土壤铅元素含量空间分布特征

　　森林土壤铅含量与植物生长和发育密切相关。铅元素对植物生长具有抑制作用，过量的铅元素会导致植物生长受阻、产量下降。因此，了解和掌握森林土壤铅含量有助于指导施肥和土地管理，避免对植物生长造成不良影响。河源市 0~20 cm 土壤层铅元素含量的空间分布状况如图 5-26 所示，其含量范围主要在 30.05~71.53 mg/kg 之间，绝大部分地区的森林土壤铅低于农用地土壤铅污染风险筛选值(70 mg/kg)，局部地区高于筛选值，可能存在轻度铅污染风险。从水平分布情况来看，河源市 0~20 cm 土壤层的铅含量整体表现为西部较低，东部较高的格局，其含量与海拔相关性不大。从行政区划来看，连平县、东源县和源城区的铅平均含量较其他区域都低。该深度铅含量低于 30.05 mg/kg 的土壤主要分布在河源西部的连平县；含量高于 70 mg/kg 的土壤所占面积极其小，较零散分布于河源市的低海拔地区。

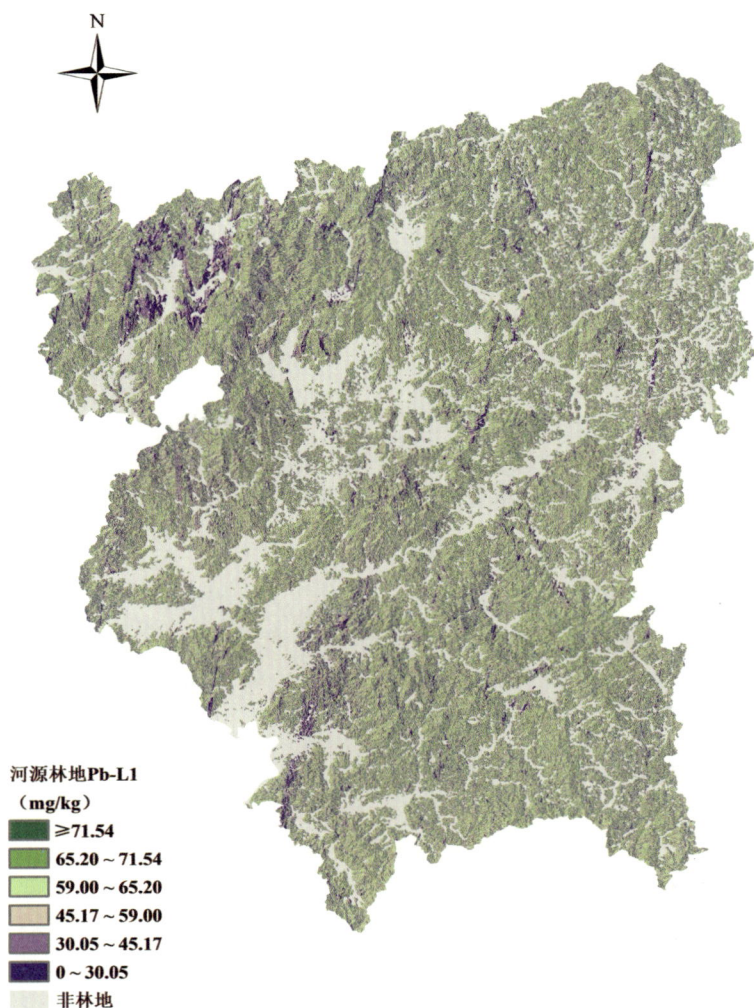

河源林地Pb-L1
（mg/kg）

■ ≥71.54
■ 65.20 ~ 71.54
□ 59.00 ~ 65.20
□ 45.17 ~ 59.00
■ 30.05 ~ 45.17
■ 0 ~ 30.05
□ 非林地

图 5-26　森林土壤铅含量 L1 层(0~20 cm)分布

　　河源市 20~40 cm 土壤层铅元素含量的空间分布状况如图 5-27 所示，其含量范围主要在 34.41~69.44 mg/kg 之间，低于农用地土壤铅污染风险筛选值(70 mg/kg)，不存在森林土壤铅污染风险。从水平分布情况来看，河源市 20~40 cm 土壤层的铅含量分布格局与 0~20 cm 土壤层非常相似，与海拔相关性不大，整体上呈现西低东高的趋势。该深度铅含量低于 34.41 mg/kg 的土壤主要分布在西部的连平县，含量高于 69.44 mg/kg 的土壤面积占比非常小。整体来看河源市的 20~40 cm 土壤层，铅元素含量基本处在 34.41~65.19 mg/kg 之间；从行政区划来看，连平县的森林土壤铅普遍小于 55.73 mg/kg，和平县、龙川县、东源县、源城区、紫金县等都在 47.10~65.19 mg/kg 之间。

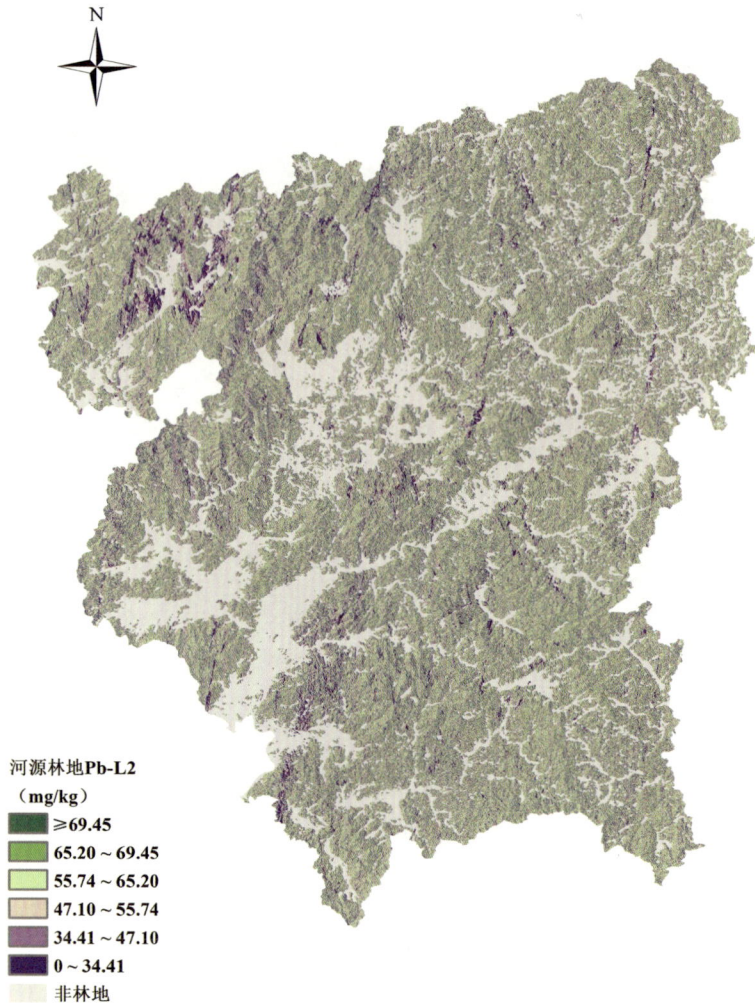

河源林地Pb-L2
（mg/kg）
■ ≥69.45
■ 65.20 ~ 69.45
□ 55.74 ~ 65.20
□ 47.10 ~ 55.74
■ 34.41 ~ 47.10
■ 0 ~ 34.41
□ 非林地

图 5-27　森林土壤铅含量 L2 层(20~40 cm)分布

　　河源市 40~60 cm 土壤层铅元素含量的空间分布状况如图 5-28 所示，其含量范围主要在 27.28~53.51 mg/kg 之间，低于农用地土壤铅污染风险筛选值(70 mg/kg)，不存在森林土壤铅污染风险。从水平分布情况来看，河源市 40~60 cm 土壤层的森林土壤铅含量分布格局与 0~20 cm 和 20~40 cm 土壤层有一定的差异性。河源市 40~60 cm 土壤层铅元素含量与海拔有一定的正相关性。铅含量较高的森林土壤主要分布在海拔较高的山地林区中，例如青云山、九连山和罗浮山等山地林区。铅含量低于 27.28 mg/kg 的森林土壤主要分布在河源东部和中部地区；铅含量高于 53.51 mg/kg 的森林土壤面积占比很小，主要分布在连平县境内的青云山局部地区。整体来看，河源市 40~60 cm 土壤层铅含量多处在 27.28~42.77 mg/kg 之间，与 0~20 cm 和 20~40 cm 土壤层相比，森林土壤铅含量整体呈现逐渐下降的趋势。

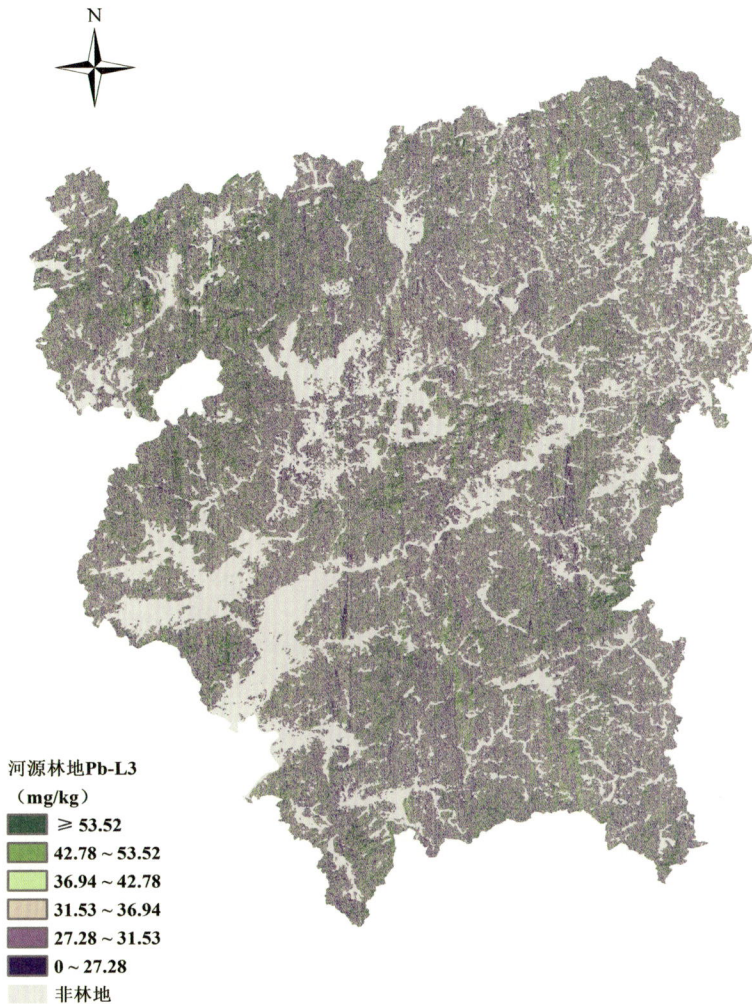

河源林地Pb-L3
（mg/kg）

- ≥ 53.52
- 42.78 ~ 53.52
- 36.94 ~ 42.78
- 31.53 ~ 36.94
- 27.28 ~ 31.53
- 0 ~ 27.28
- 非林地

图 5-28　森林土壤铅含量 L3 层（40~60 cm）分布

河源市 60~80 cm 土壤层铅元素含量的空间分布状况如图 5-29 所示，其含量范围主要在 26.58~58.95 mg/kg 之间，低于农用地土壤铅污染风险筛选值（70 mg/kg），不存在森林土壤铅污染风险。该深度森林土壤铅含量分布格局与 40~60 cm 土壤层的格局比较相似。铅含量低于 26.58 mg/kg 的森林土壤占据的面积很小，零散分布于河源东部地区；铅含量高于 58.95 mg/kg 的森林土壤面积占比也很小，主要分布在连平县内。整体来看，河源市 60~80 cm 土壤层的铅含量大多在 26.58~46.55 mg/kg 之间；从行政区划来看，连平县的森林土壤铅普遍大于 39.62 mg/kg，和平县、龙川县、东源县、源城区、紫金县等都处在 26.58~46.55 mg/kg 之间。与 0~20 cm、20~40 cm、40~60 cm 土壤层的森林土壤铅相比，60~80 cm 土壤层的森林土壤铅平均含量最低，这可能是因为河源市森林土壤铅主要来源是工业排放或农业生产等人类活动，铅元素主要聚集在上层土壤中。

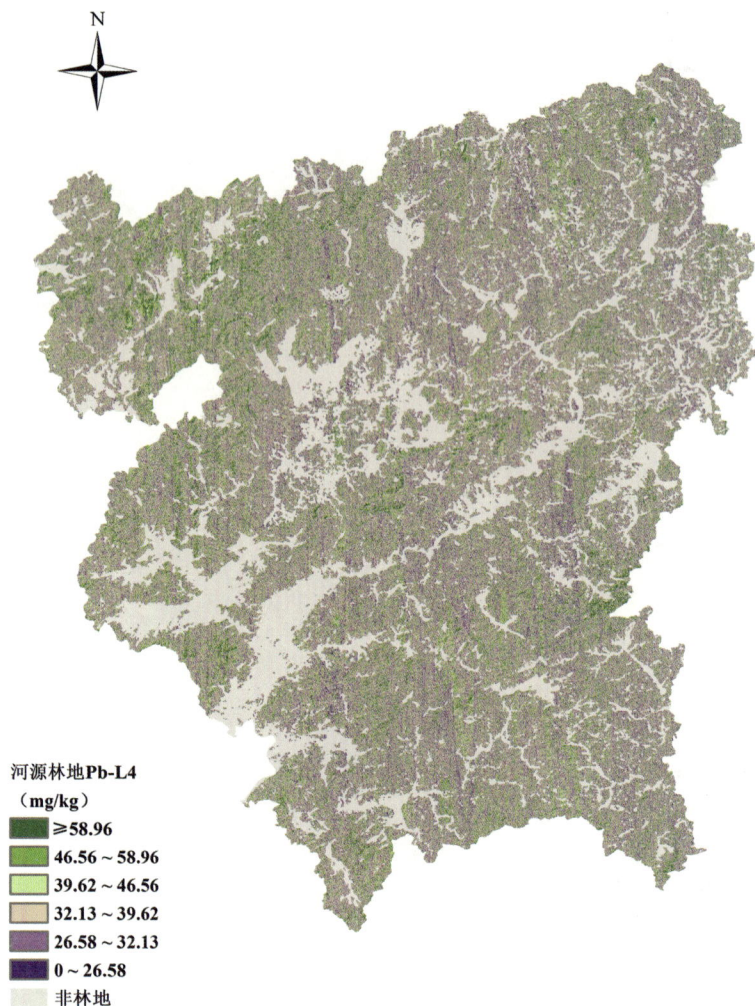

河源林地Pb-L4
（mg/kg）
■ ≥58.96
■ 46.56 ~ 58.96
■ 39.62 ~ 46.56
■ 32.13 ~ 39.62
■ 26.58 ~ 32.13
■ 0 ~ 26.58
□ 非林地

图 5-29　森林土壤铅含量 L4 层(60~80 cm)分布

　　河源市 80~100 cm 土壤层铅元素含量的空间分布状况如图 5-30 所示，其含量范围主要在 29.44~61.09 mg/kg 之间，低于农用地土壤铅污染风险筛选值(70 mg/kg)，不存在土壤铅污染风险。从水平分布情况来看，该深度土壤铅含量分布格局与 40~60 cm 和 60~80 cm 土壤层的格局较相似，呈现西部高东部低的趋势。铅含量低于 29.44 mg/kg 的森林土壤面积占较小，主要分布在河源东部的和平县、龙川县以及东源县的东部地区；铅含量高于 61.09 mg/kg 的森林土壤主要聚集在连平县的青云山局部高海拔山地。整体来看，河源市 80~100 cm 土壤层铅含量多在 29.44~49.34 mg/kg 之间。从垂直的角度来看，河源市森林土壤铅的平均含量随着土壤深度加深逐渐在下降；从行政区划来看，连平县的森林土壤铅普遍大于 42.49 mg/kg，和平县、龙川县、东源县、源城区、紫金县的森林土壤铅主要处在 29.44~49.34 mg/kg 之间。

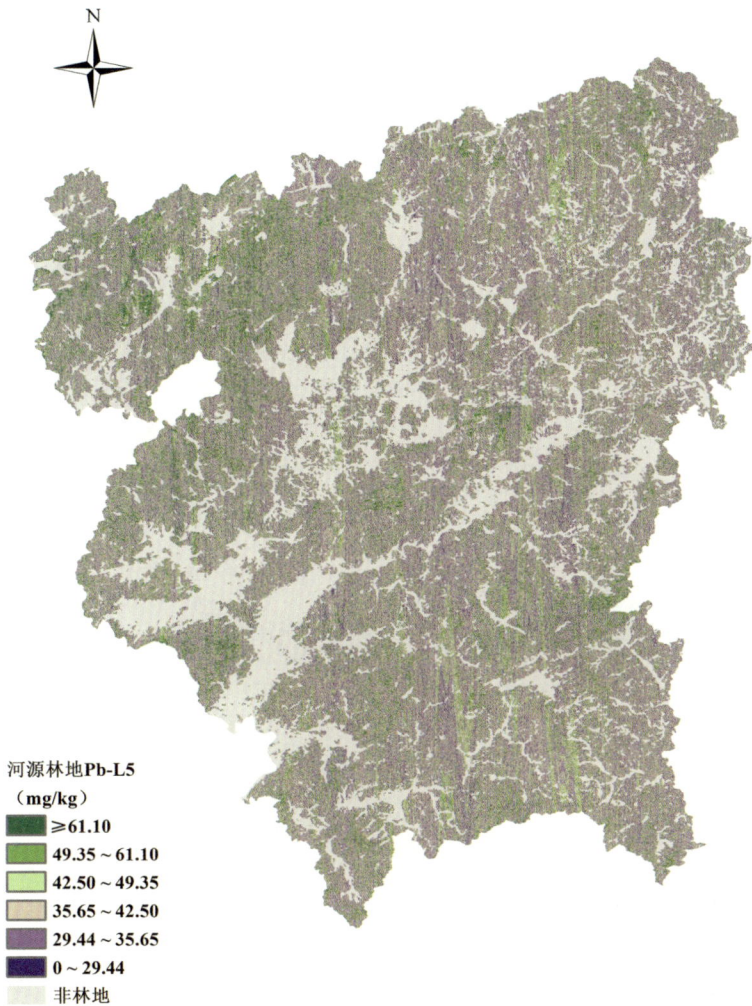

河源林地Pb-L5
（mg/kg）
■ ≥61.10
■ 49.35 ~ 61.10
□ 42.50 ~ 49.35
□ 35.65 ~ 42.50
■ 29.44 ~ 35.65
■ 0 ~ 29.44
□ 非林地

图 5-30　森林土壤铅含量 L5 层(80~100 cm)分布

三、森林土壤铬元素含量空间分布特征

土壤铬是植物生长所需的微量元素之一，对植物的生长和发育具有重要作用。适量的铬元素可以提高植物的抗逆性和产量，但过量的铬元素会对植物产生毒害作用。因此，了解森林土壤铬含量有助于指导施肥和土地管理，避免对植物生长造成不良影响。河源市 0~20 cm 土壤层铬元素含量的空间分布状况如图 5-31 所示，其含量范围主要在 24.34 ~ 36.40 mg/kg 之间，低于农用地土壤铬污染风险筛选值(250 mg/kg)，不存在土壤铬污染风险。铬含量低于 24.34 mg/kg 的土壤主要分布在河源市高海拔的主要山脉，例如青云山、九连山和罗浮山等山系的林地；铬含量高于 36.40 mg/kg 的森林土壤主要分布在中部低海拔林区，即在青云山和九连山两山之间的林地。因此，河源市 0~20 cm 土壤层铬含量与海拔具有较强的负相关性，低海拔的山地林区铬元素含量相对较高。

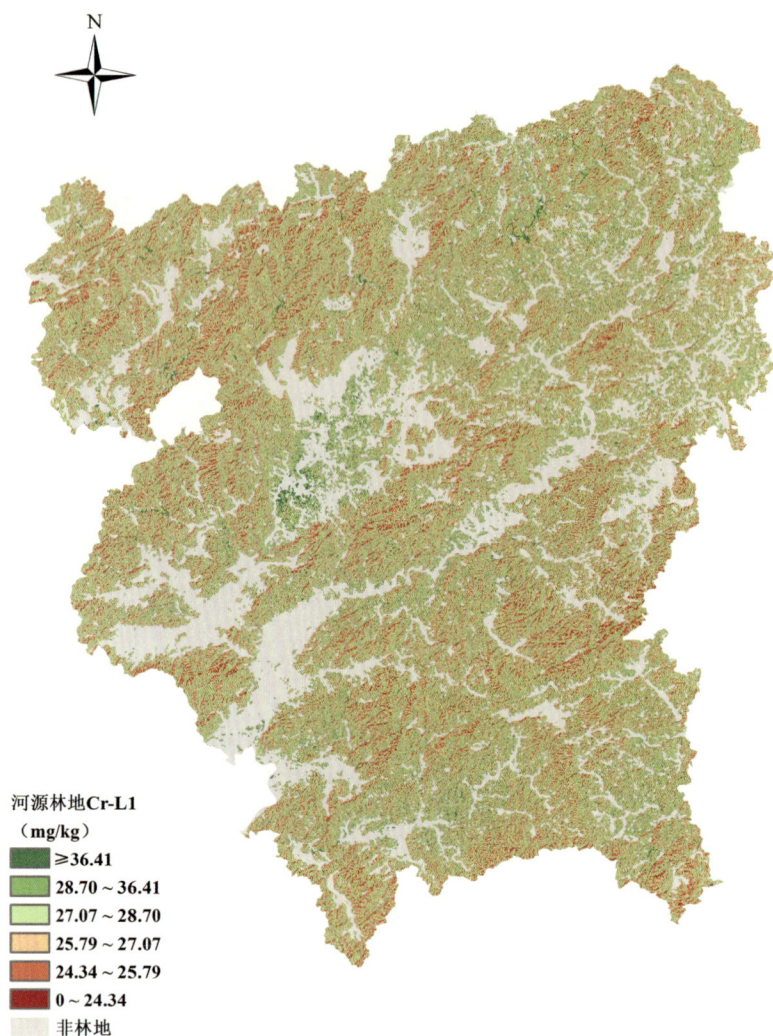

河源林地Cr-L1
（mg/kg）
■ ≥36.41
■ 28.70~36.41
■ 27.07~28.70
■ 25.79~27.07
■ 24.34~25.79
■ 0~24.34
□ 非林地

图 5-31　森林土壤铬含量 L1 层(0~20 cm)分布

　　河源市 20~40 cm 土壤层铬元素含量的空间分布状况如图 5-32 所示，其含量范围主要在 24.57~37.02 mg/kg 之间，低于农用地土壤铬污染风险筛选值(250 mg/kg)，不存在土壤铬污染风险。从水平空间分布格局来看，河源市 20~40 cm 土壤层与 0~20 cm 土壤层的铬元素含量分布格局相似度较高，含量低于 24.57 mg/kg 的土壤主要存在于高海拔林地地区，含量高于 37.02 mg/kg 的森林土壤主要存在于低海拔林区。在低海拔地区，人类活动相对频繁，包括工矿业、农业、交通运输等。这些活动可能导致铬等重金属元素的释放和迁移，进而增加土壤中的铬含量。

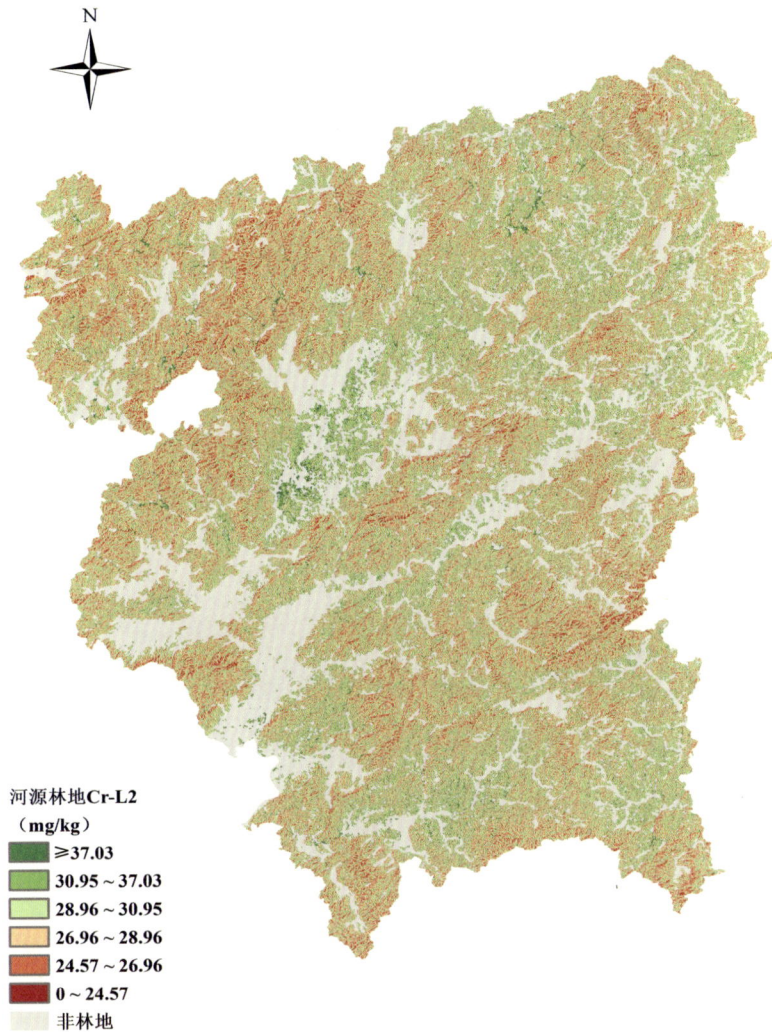

河源林地Cr-L2
（mg/kg）

■ ≥37.03
■ 30.95～37.03
■ 28.96～30.95
■ 26.96～28.96
■ 24.57～26.96
■ 0～24.57
□ 非林地

图 5-32　森林土壤铬含量 L2 层（20～40 cm）分布

　　河源市 40~60 cm 土壤层铬元素含量的空间分布状况如图 5-33 所示，其含量范围主要在 25.08~35.86 mg/kg 之间，低于农用地土壤铬污染风险筛选值（250 mg/kg），不存在土壤铬污染风险。铬元素含量低于 25.08 mg/kg 的土壤主要存在于高海拔山地林区，含量高于 35.86 mg/kg 的森林土壤主要存在于东源县中部、和平县中部的小部分地区。整体来看，河源市 40~60 cm 土壤层的铬元素含量大多处在 25.08~31.08 mg/kg 之间，其含量与海拔具有一定的负相关性，呈现高海拔林区铬含量较低，低海拔林地铬含量较高的空间分布格局。从垂直角度来看，随着土壤深度加深，河源市的森林土壤铬平均含量逐渐在下降；从行政区划来看，连平县的森林土壤铬含量整体低于 29.12 mg/kg，和平县、龙川县、东源县、源城区、紫金县的森林土壤铬含量主要处在 25.08~31.08 mg/kg 之间。

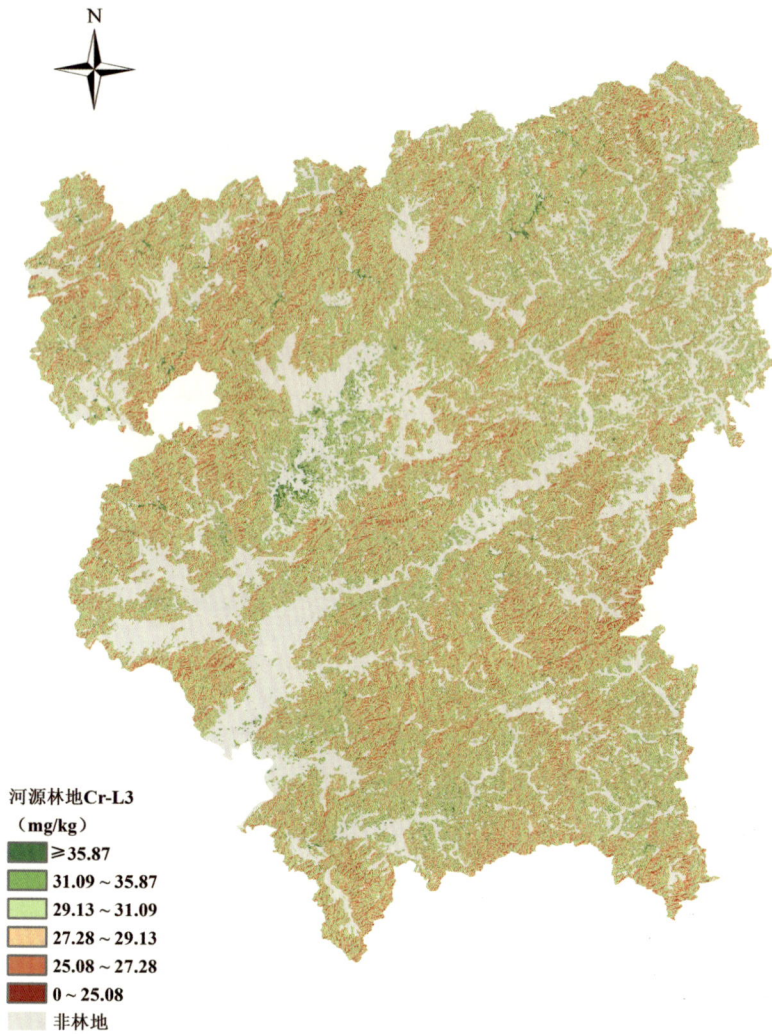

河源林地Cr-L3
（mg/kg）
■ ≥35.87
■ 31.09～35.87
■ 29.13～31.09
■ 27.28～29.13
■ 25.08～27.28
■ 0～25.08
□ 非林地

图 5-33　森林土壤铬含量 L3 层(40~60 cm)分布

　　河源市 60~80 cm 土壤层铬元素含量的空间分布状况如图 5-34 所示，其含量范围主要在 26.97~35.86 mg/kg 之间，远远低于农用地土壤铬污染风险筛选值(250 mg/kg)，不存在土壤铬污染风险。铬含量低于 26.97 mg/kg 的土壤主要存在于青云山、九连山、罗浮山等高海拔的山地部分林区；铬含量高于 34.86 mg/kg 的森林土壤铬所占面积非常小，主要聚集在东源县中部地区。河源市 60~80 cm 土壤层铬元素含量与海拔呈负相关关系。整体来看，河源市 60~80 cm 土壤层铬含量大多处在 26.97~32.84 mg/kg 之间；从垂直角度来看，河源市 60~80 cm 土壤层铬元素的平均含量较 0~20 cm、20~40 cm、40~60 cm 土壤层最低；从行政区划来看，连平县的森林土壤铬含量普遍小于 29.16 mg/kg，和平县、龙川县、东源县、源城区、紫金县的森林土壤铬普遍小于 29.16 mg/kg 并处在 29.17~332.84 mg/kg 之间。

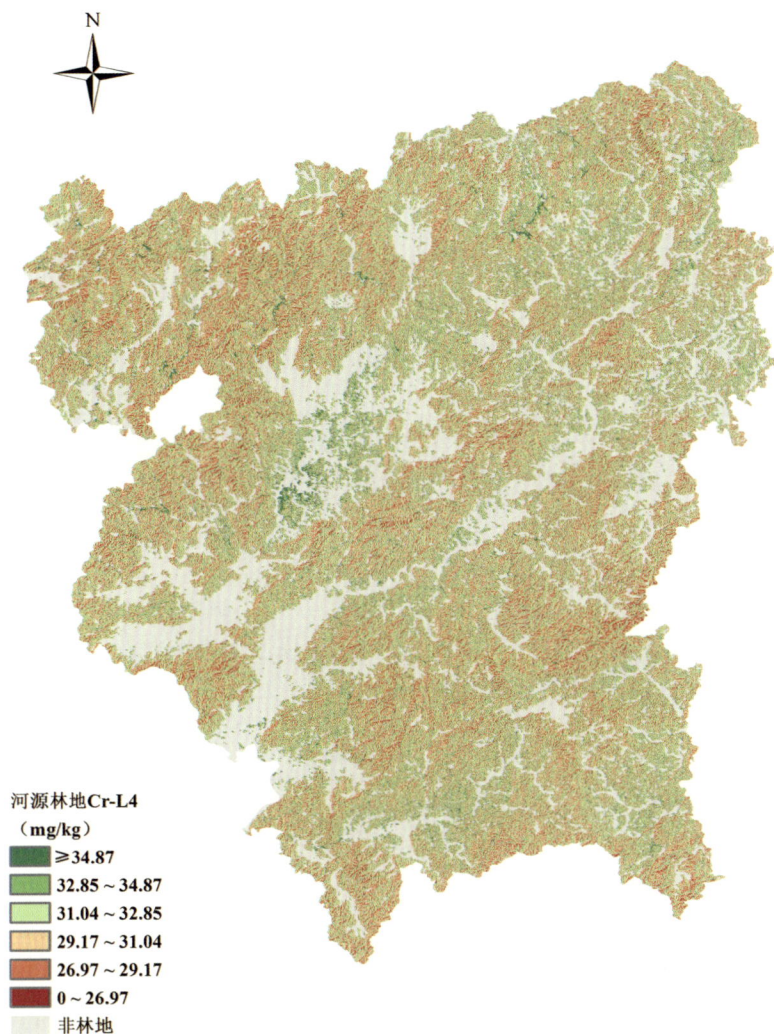

图 5-34　森林土壤铬含量 L4 层(60~80 cm)分布

　　河源市 80~100 cm 土壤层铬元素含量的空间分布状况如图 5-35 所示，其含量范围主要在 26.05~34.05 mg/kg 之间，远远低于农用地土壤铬污染风险筛选值(250 mg/kg)，不存在土壤铬污染风险。铬含量低于 26.05 mg/kg 的土壤面积占比很小，主要存在于高海拔的山地林区中；铬含量高于 34.05 mg/kg 的森林土壤所占面积也很小，主要聚集在东源县中部地区。河源市 80~100 cm 的深度中，森林土壤铬元素含量与海拔的关系并不显著。整体来看，河源市 80~100 cm 土壤层的铬含量大多处在 28.16~31.64 mg/kg 之间；从垂直角度来看，河源市 80~100 cm 土壤层的铬平均含量较 0~20 cm、20~40 cm、40~60 cm、60~80 cm 土壤层最低。河源市 5 个土壤层的铬含量都比较低，并且空间分布格局相似。这可能是因为河源市的铬元素含量主要是由母质风化之后的铬背景值决定的，所以各个不同深度的土壤层的铬含量差异不大。

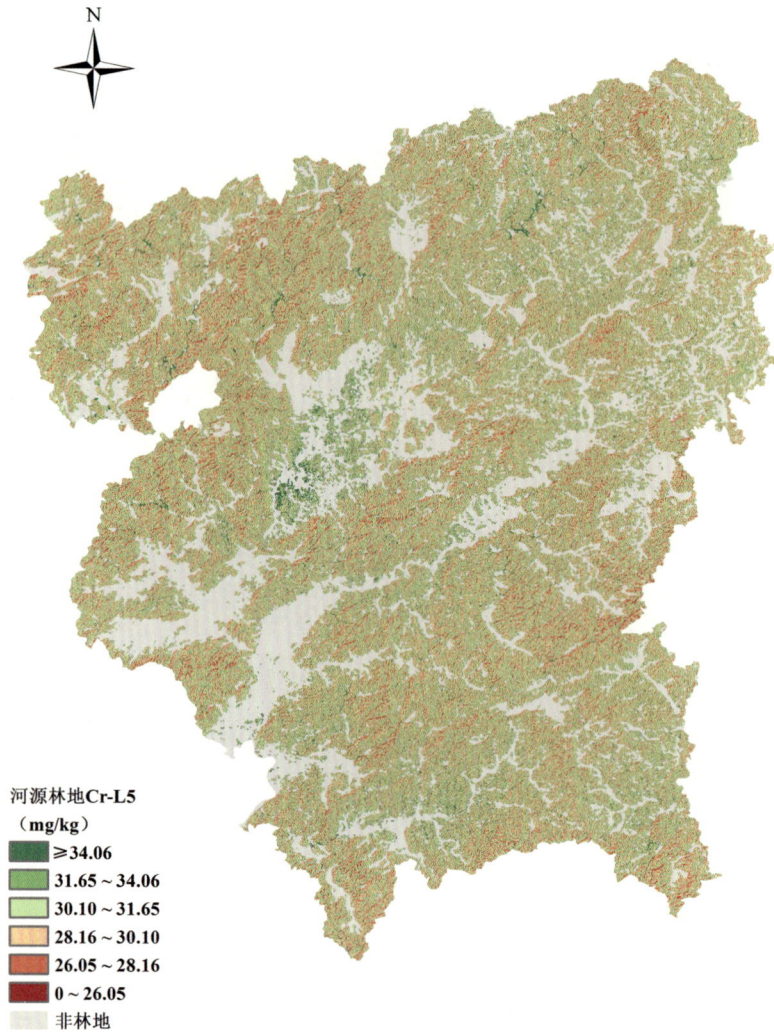

河源林地Cr-L5
（mg/kg）

■ ≥34.06
■ 31.65～34.06
■ 30.10～31.65
■ 28.16～30.10
■ 26.05～28.16
■ 0～26.05
□ 非林地

图 5-35　森林土壤铬含量 L5 层(80～100 cm)分布

四、森林土壤镍元素含量空间分布特征

　　土壤镍是植物生长所需的微量元素之一。适量的镍元素可以提高植物的抗逆性和产量，但过量的镍元素会阻滞作物发育，甚至导致死亡。镍元素的存在可能会影响土壤的酸碱度、有机质含量等，进而影响土壤的质量和肥力。掌握土壤镍的含量和分布对于了解土壤质量、评估环境风险、指导农业生产和土地管理等方面都具有重要的意义。河源市 0～20 cm 森林土壤镍元素含量的空间分布状况如图 5-36 所示，其含量范围主要在 10.74～25.74 mg/kg 之间，低于农用地土壤镍污染风险筛选值（60 mg/kg），可能不存在土壤镍污染风险。镍含量低于 10.74 mg/kg 的土壤所占面积非常的小，主要存在于河源市西部和北部的局部地区；镍含量高于 25.74 mg/kg 的森林土壤面积占比也很小，主要存在于东源县北部局部地区。整体来看，河源市 0～20 cm 土壤层的镍含量大多处在 12.54～16.11 mg/

kg 之间；从行政区划来看，连平县的森林土壤镍含量普遍高于 14.32 mg/kg，和平县、东源县、紫金县的森林土壤镍含量主要在 12.54~14.31 mg/kg 和 14.32~16.11 mg/kg 这两个区间，龙川县和源城区的森林土壤镍含量主要在 12.54~14.31 mg/kg 之间。

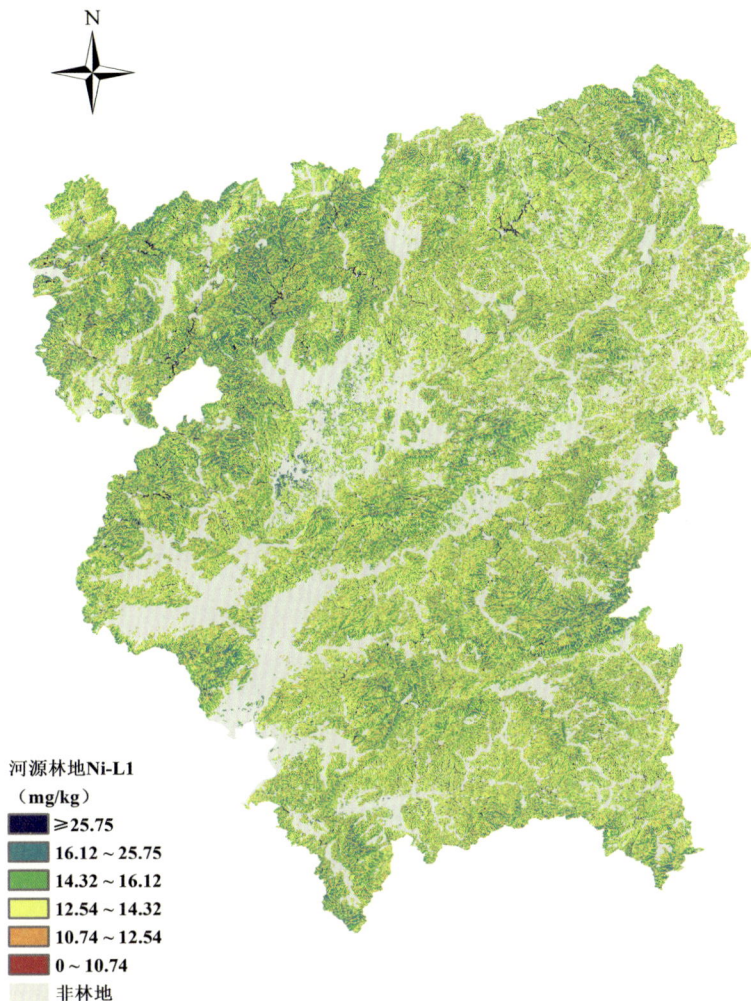

河源林地Ni-L1
（mg/kg）
■ ≥25.75
■ 16.12 ~ 25.75
■ 14.32 ~ 16.12
□ 12.54 ~ 14.32
■ 10.74 ~ 12.54
■ 0 ~ 10.74
□ 非林地

图 5-36　森林土壤镍含量 L1 层（0~20 cm）分布

河源市 20~40 cm 土壤层镍元素含量的空间分布状况如图 5-37 所示，其含量范围主要在 10.95~27.06 mg/kg 之间，低于农用地土壤镍污染风险筛选值（60 mg/kg），不存在土壤镍污染风险。从水平分布空间来看，该土壤层镍含量低于 10.95 mg/kg 和高于 25.74 mg/kg 的森林土壤所占面积都非常小，大部分在 13.85~16.74 mg/kg 之间；与 0~20 cm 土壤层相比，河源市 20~40 cm 土壤层的镍平均含量没有明显变化；从行政区划来看，连平县的森林土壤镍整体在 15.14~27.06 mg/kg，和平县、东源县、源城区、紫金县的森林土壤镍主要在 13.85~15.13 mg/kg 和 15.14~16.74 mg/kg 这两个区间，龙川县的森林土壤镍主要在 13.85~15.13 mg/kg 之间。

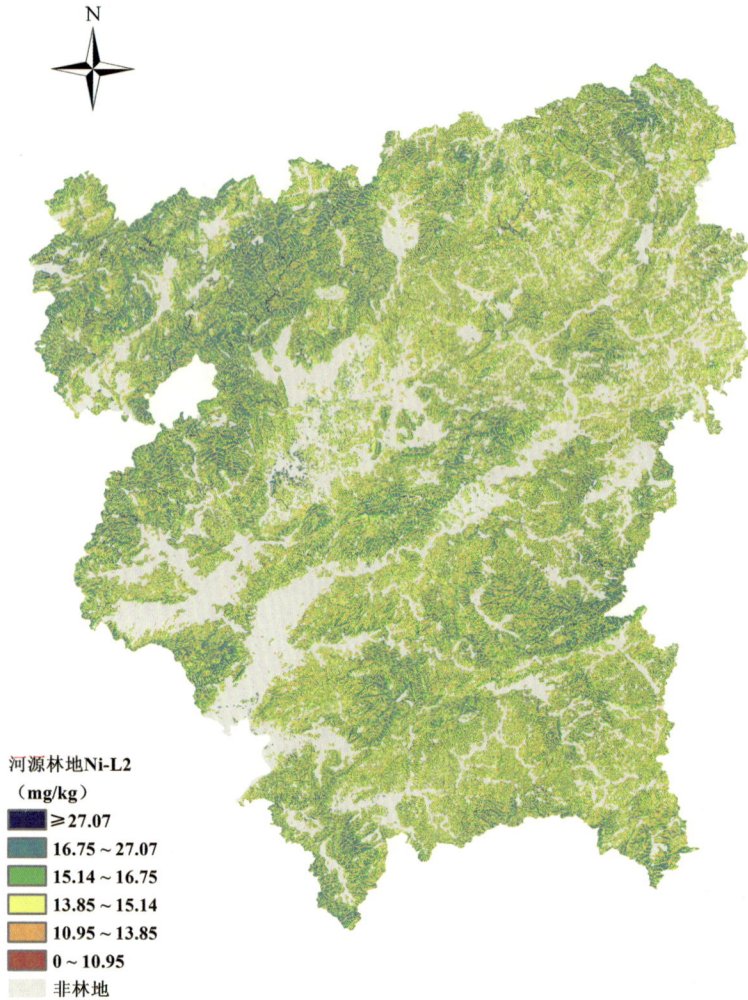

河源林地Ni-L2
（mg/kg）
■ ≥27.07
■ 16.75～27.07
■ 15.14～16.75
■ 13.85～15.14
■ 10.95～13.85
■ 0～10.95
□ 非林地

图 5-37　森林土壤镍含量 L2 层(20～40 cm)分布

河源市 40～60 cm 土壤层镍元素含量的空间分布状况如图 5-38 所示，其含量范围主要在 12.76～24.09 mg/kg 之间，低于农用地土壤镍污染风险筛选值(60 mg/kg)，不存在土壤镍污染风险。镍含量低于 12.76 mg/kg 的森林土壤面积占比极小，零散分布于河源市的林地；镍含量高于 24.09 mg/kg 的森林土壤面积也较小，主要聚集在河源市的西北部地区。在河源市该深度的土壤，镍元素含量与海拔显著相关。整体来看，河源市 40～60 cm 土壤层镍含量大多处在 12.76～18.85 mg/kg 之间；从行政区划来看，连平县的森林土壤镍整体大于 15.98 mg/kg，和平县、东源县、紫金县、源城区的森林土壤镍含量主要在 12.76～15.97 mg/kg 和 15.98～18.85 mg/kg 这两个区间，龙川县的森林土壤镍含量大多是在 12.76～15.97 mg/kg 这个区间。从垂直角度来看，40～60 cm 土壤层的镍元素含量较 0～20 cm 和 20～40 cm 土壤层最低。

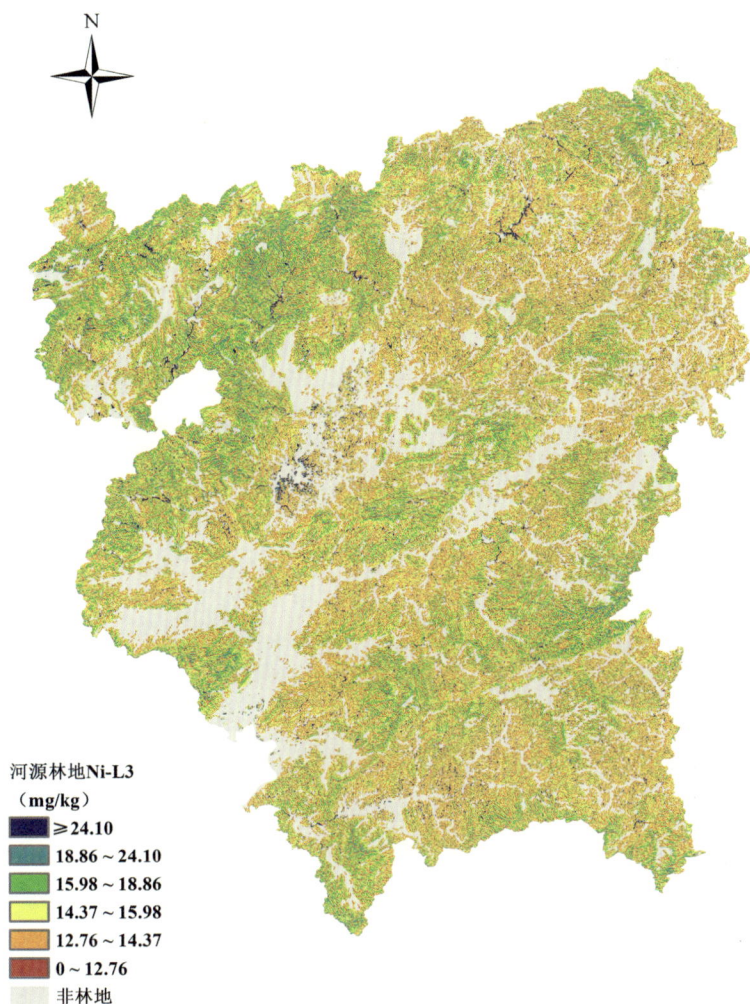

河源林地Ni-L3
（mg/kg）
■ ≥24.10
■ 18.86～24.10
■ 15.98～18.86
□ 14.37～15.98
■ 12.76～14.37
■ 0～12.76
□ 非林地

图 5-38　森林土壤镍含量 L3 层(40~60 cm)分布

河源市 60~80 cm 土壤层镍元素含量的空间分布状况如图 5-39 所示，其含量范围主要在 10.37~20.76 mg/kg 之间，低于农用地土壤镍污染风险筛选值(60 mg/kg)，不存在土壤镍污染风险。该深度镍含量低于 10.37 mg/kg 的森林土壤面积占比极小，零散分布于河源市的低海拔林地；镍含量高于 20.76 mg/kg 的森林土壤面积占比也小，主要聚集在河源市的西北部地区。整体来看，河源市的森林土壤镍元素含量与海拔也具有一定的相关性，河源市 60~80 cm 土壤层的镍含量大多处在 13.47~17.99 mg/kg 之间；从行政区划来看，连平县的森林土壤镍基本处于 15.48~17.99 mg/kg 之间，和平县、龙川县、东源县、紫金县、源城区的森林土壤镍含量主要处在 13.47~17.99 mg/kg 和 15.48~17.99 mg/kg 两个范围，两个范围相比面积占比差不大。从垂直角度来看，60~80 cm 土壤层镍元素平均含量较 0~20 cm、20~40 cm、40~60 cm 土壤层最低。

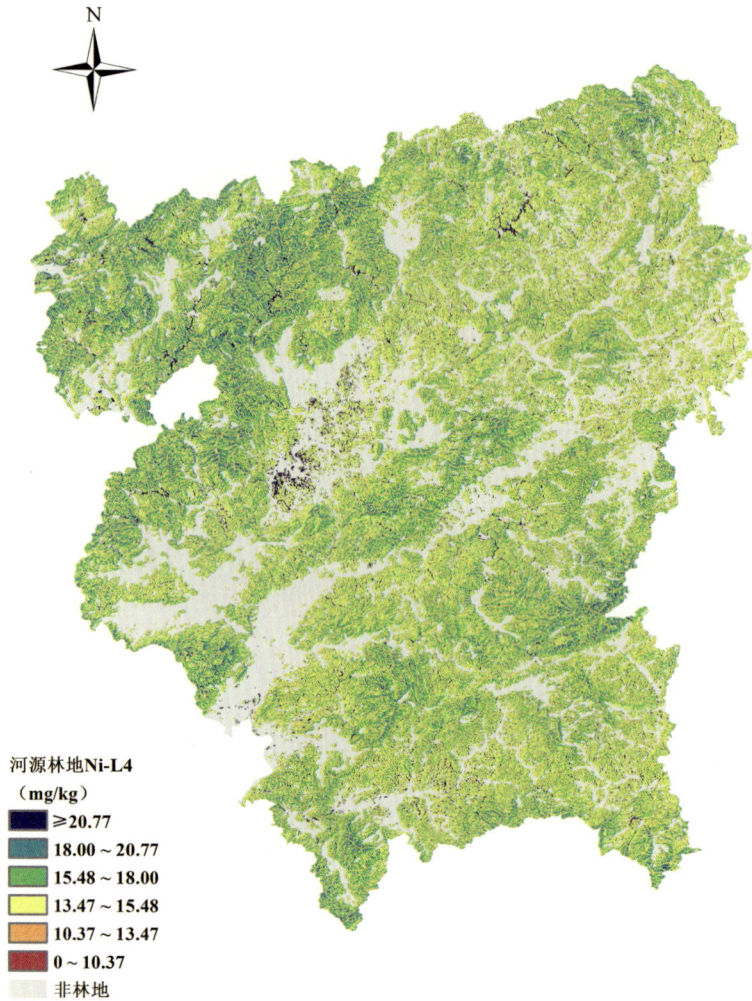

河源林地Ni-L4
（mg/kg）
■ ≥20.77
■ 18.00 ~ 20.77
■ 15.48 ~ 18.00
■ 13.47 ~ 15.48
■ 10.37 ~ 13.47
■ 0 ~ 10.37
　 非林地

图 5-39　森林土壤镍含量 L4 层(60~80 cm)分布

河源市 80~100 cm 土壤层镍元素含量的空间分布状况如图 5-40 所示，其含量范围主要在 13.60~25.00 mg/kg 之间，远低于农用地土壤镍污染风险筛选值(60 mg/kg)，不存在土壤镍污染风险。镍含量低于 13.60 mg/kg 的森林土壤面积非常小，零散分布于河源市的局部林地；镍含量高于 25.00 mg/kg 的森林土壤面积也较小，主要聚集在河源市的西北部的连平县。整体来看，河源市该深度的土壤镍元素含量与海拔具有一定的正相关性，海拔高的地区镍含量较高。这可能是土壤类型和土壤质地差异导致，某些土壤类型更容易吸附和固定镍元素，而某些土壤质地有利于镍元素的迁移和分布。从行政区划来看，连平县、和平县、东源县、紫金县、源城区的森林土壤镍含量主要在 15.00 ~ 15.96 mg/kg 和 15.97 ~ 16.71 mg/kg 这两个区间，其中连平县镍含量范围在 15.97 ~ 16.71 mg/kg 之间比 15.00 ~ 15.96 mg/kg 之间的土壤面积要大得多。从垂直角度来看，河源市 80~100 cm 土壤层的森林土壤镍含量随着土壤深度加深在下降。

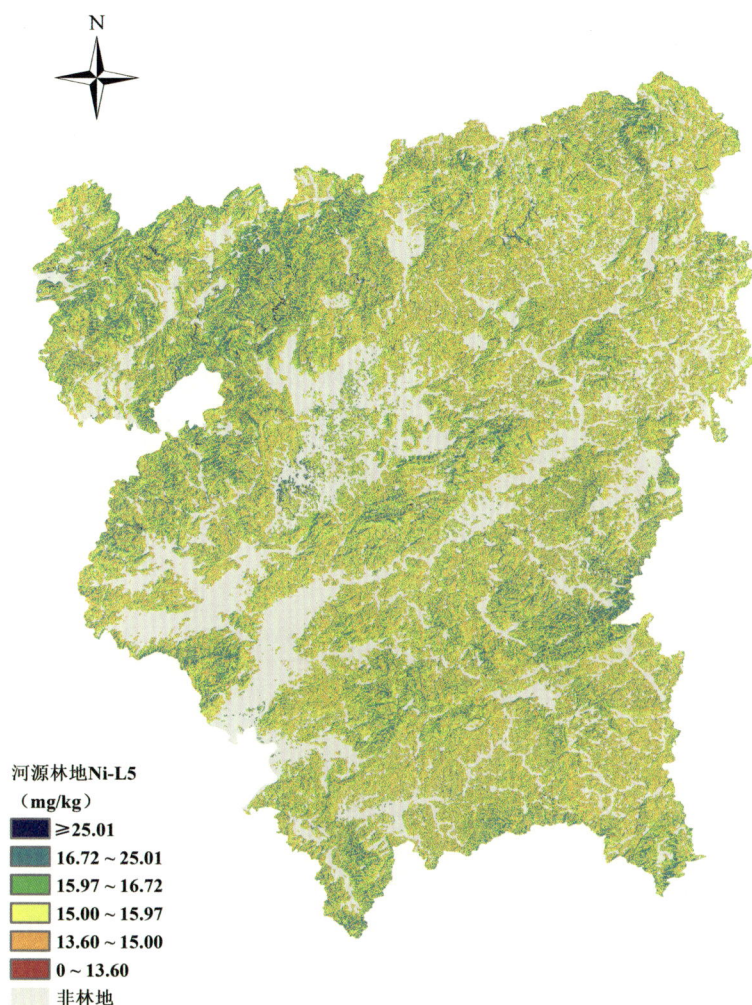

河源林地Ni-L5
（mg/kg）
■ ≥25.01
■ 16.72 ~ 25.01
■ 15.97 ~ 16.72
□ 15.00 ~ 15.97
■ 13.60 ~ 15.00
■ 0 ~ 13.60
□ 非林地

图 5-40 森林土壤镍含量 L5 层（80 ~ 100 cm）分布

五、森林土壤铜元素含量空间分布特征

土壤铜是植物正常生长发育所必需的微量营养元素，也是植物体内某些酶的成分。铜与叶绿素形成和蛋白质合成有关并参与呼吸作用和氧化还原反应。然而，过量的铜元素可能会对土壤造成污染，影响土壤的质量和生态环境。河源市 0 ~ 20 cm 土壤层铜元素含量的空间分布状况如图 5-41 所示，其含量范围主要在 11.20 ~ 23.18 mg/kg 之间，低于农用地土壤铜污染风险筛选值（50 mg/kg），不存在土壤铜污染风险。铜含量低于 11.20 mg/kg 的森林土壤主要集中在河源市中部的低海拔林区；铜含量高于 23.18 mg/kg 的森林土壤面积占比很小，主要零散分布于河源市高海拔林区内。整体来看，河源市该深度的森林土壤铜含量与海拔呈正相关；从行政区划来看，连平县的森林土壤铜整体高于 14.90 mg/kg，和平县、龙川县、东源县、紫金县、源城区的森林土壤镍含量范围主要在 11.20 ~ 11.89 mg/kg 和 14.90 ~ 16.92 mg/kg 这两个区间，其中 11.20 ~ 11.89 mg/kg 之间的土壤面积占比较大。

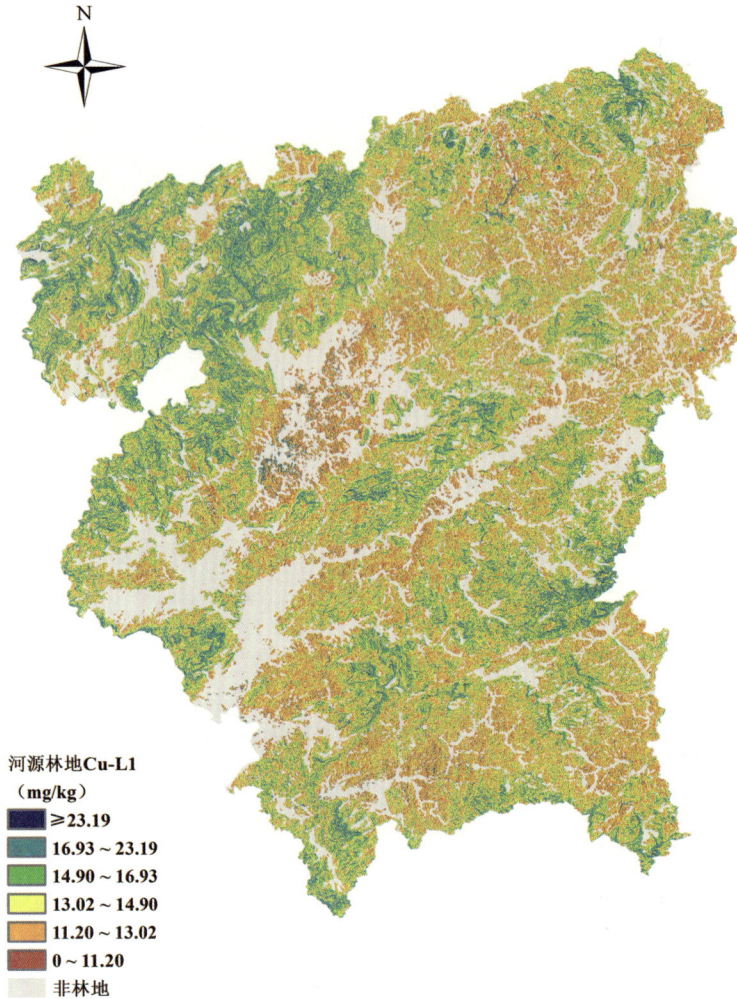

河源林地Cu-L1
（mg/kg）
- ≥23.19
- 16.93 ~ 23.19
- 14.90 ~ 16.93
- 13.02 ~ 14.90
- 11.20 ~ 13.02
- 0 ~ 11.20
- 非林地

图 5-41　森林土壤铜含量 L1 层(0~20 cm)分布

河源市 20~40 cm 土壤层铜元素含量的空间分布状况如图 5-42 所示，其含量范围主要在 11.71~23.48 mg/kg 之间，低于农用地土壤铜污染风险筛选值(50 mg/kg)，不存在土壤铜污染风险。铜含量低于 11.71 mg/kg 的森林土壤面积占比非常的小，主要分布在河源市的低海拔林区；铜含量高于 23.48 mg/kg 的森林土壤面积占比也很小，主要分布在河源市高海拔林区内，如青云山、九连山和罗浮山等地。整体来看，河源市 20~40 cm 土壤层的铜元素含量与海拔呈正相关。这可能是因为低海拔林区人工林较多，林木更新换代频繁，吸收带走土壤中的铜元素较多而未及时进行补充。从行政区划来看，连平县的森林土壤铜含量整体高于 18.80 mg/kg，和平县、龙川县、东源县、紫金县、源城区的森林土壤镍含量范围主要在 11.71~18.07 mg/kg 和 18.80~20.37 mg/kg 这两个区间，其中龙川县和源城区镍含量范围在 11.71~18.07 mg/kg 之间的面积占比较大。从垂直角度来看，河源市 20~40 cm 土壤层的森林土壤铜平均含量较 0~20 cm 土壤层没有显著差异。

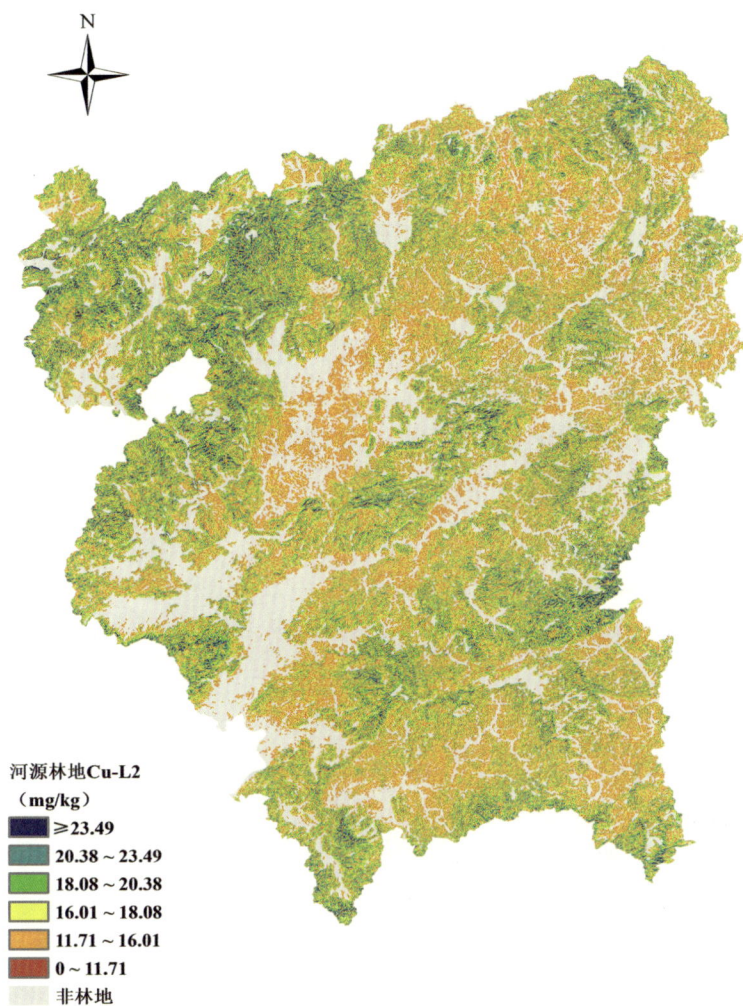

图 5-42　森林土壤铜含量 L2 层（20~40 cm）分布

　　河源市 40~60 cm 土壤层铜元素含量的空间分布状况如图 5-43 所示，其含量范围主要在 11.41~21.07 mg/kg 之间，低于农用地土壤铜污染风险筛选值（50 mg/kg），不存在土壤铜污染风险。铜含量低于 11.41 mg/kg 的森林土壤主要集中在河源市东源县的中部低海拔林区；铜含量高于 21.07 mg/kg 的森林土壤主要分布在青云山、九连山、罗浮山等高海拔山地林区。从水平分布格局看，该土壤深度河源市的森林土壤铜呈现西高东低的趋势；从行政区划来看，连平县的森林土壤铜含量整体高于 14.52 mg/kg，和平县、龙川县的森林土壤铜含量范围主要在 11.41~14.51 mg/kg 和 14.52~16.21 mg/kg 两个区间，其中铜含量在 11.41~14.51 mg/kg 范围的土壤面积占比较大。东源县、紫金县、源城区的森林土壤镍含量主要在 11.41~14.51 mg/kg 和 14.52~21.07 mg/kg 这两个区间，两个区间的土壤铜面积占比差异不大。从垂直角度来看，40~60 cm 土壤层的森林土壤铜平均含量较 0~20 cm、20~40 cm 土壤层最低。

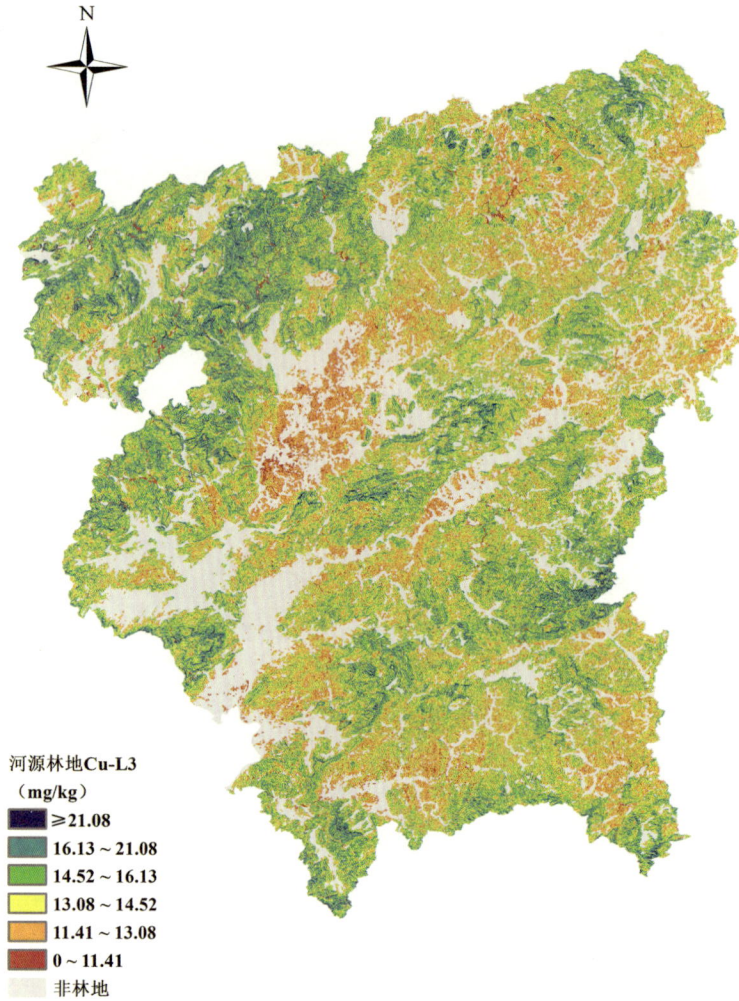

河源林地Cu-L3
（mg/kg）
- ≥21.08
- 16.13 ~ 21.08
- 14.52 ~ 16.13
- 13.08 ~ 14.52
- 11.41 ~ 13.08
- 0 ~ 11.41
- 非林地

图 5-43　森林土壤铜含量 L3 层(40~60 cm)分布

　　河源市 60~80 cm 土壤层铜元素含量的空间分布状况如图 5-44 所示，其含量范围主要在 12.41~22.26 mg/kg 之间，低于农用地土壤铜污染风险筛选值(50 mg/kg)，不存在土壤铜污染风险。铜含量低于 12.41 mg/kg 的森林土壤主要分布在河源市的低海拔林区；铜含量高于 22.26 mg/kg 的森林土壤面积占比较小，主要分布于河源市高海拔林区内。整体来看，河源市该深度的森林土壤铜元素含量与海拔呈正相关，与 0~20 cm、20~40 cm、40~60 cm 三个土壤层的空间分布格局比较相似；从行政区划来看，连平县的森林土壤铜整体高于 16.58 mg/kg，和平县、龙川县、东源县、紫金县、源城区的森林土壤铜含量范围主要在 12.42~16.57 mg/kg 和 16.58~22.26 mg/kg 两个区间，其中和平县、龙川县铜含量范围在 12.42~16.57 mg/kg 之间的土壤面积占比较大。从垂直角度来看，60~80 cm 土壤层的森林土壤铜平均含量与 40~60 cm 土壤层最接近。

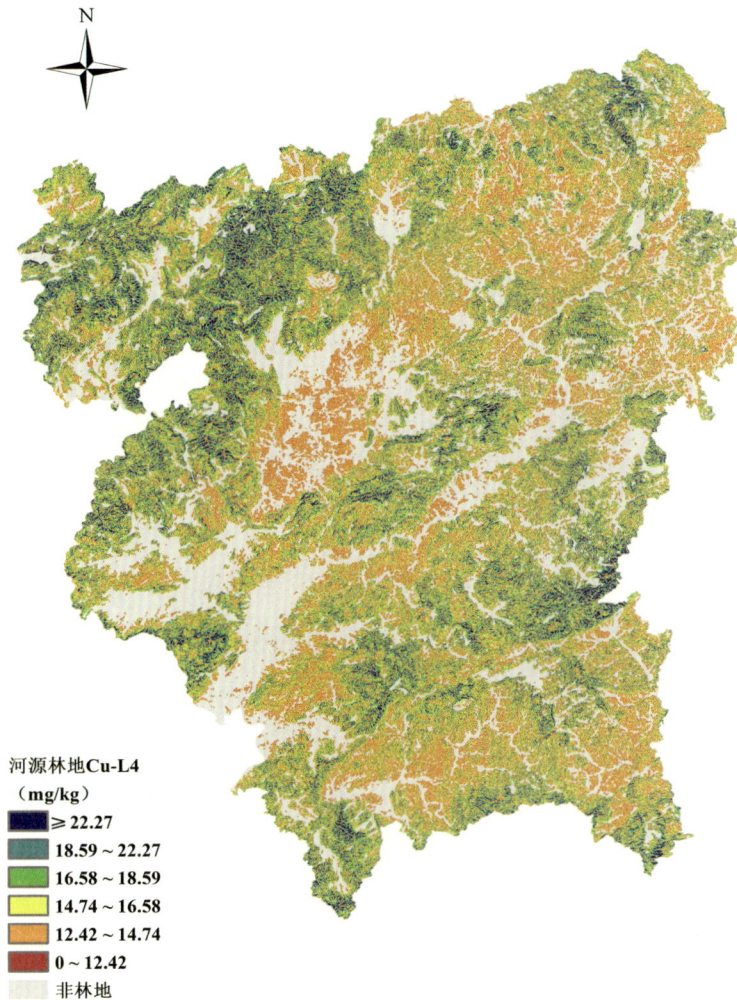

河源林地Cu-L4
（mg/kg）
- ≥ 22.27
- 18.59 ~ 22.27
- 16.58 ~ 18.59
- 14.74 ~ 16.58
- 12.42 ~ 14.74
- 0 ~ 12.42
- 非林地

图 5-44 森林土壤铜含量 L4 层（60~80 cm）分布

河源市 80~100 cm 土壤层铜元素含量的空间分布状况如图 5-45 所示，其含量范围主要在 16.87~24.17 mg/kg 之间，低于农用地土壤铜污染风险筛选值（50 mg/kg），不存在土壤铜污染风险。铜含量低于 16.87 mg/kg 的森林土壤面积占比很小，主要分布在河源市高海拔林区；铜含量高于 24.17 mg/kg 的森林土壤面积占比也很小，主要分布于河源市低海拔林区内。整体来看，河源市该深度的森林土壤铜含量与海拔呈负相关，这与 0~20 cm、20~40 cm、40~60 cm、60~80 cm 土壤层不一致，这可能是由于深层土壤受人类活动影响较小，主要受自然因素（pH、有机质、土壤类型、土壤质地等）影响；从行政区划来看，连平县的森林土壤铜整体低于 19.86 mg/kg，和平县、龙川县、东源县、紫金县、源城区的森林土壤铜含量主要在 21.20~22.54 mg/kg 之间。

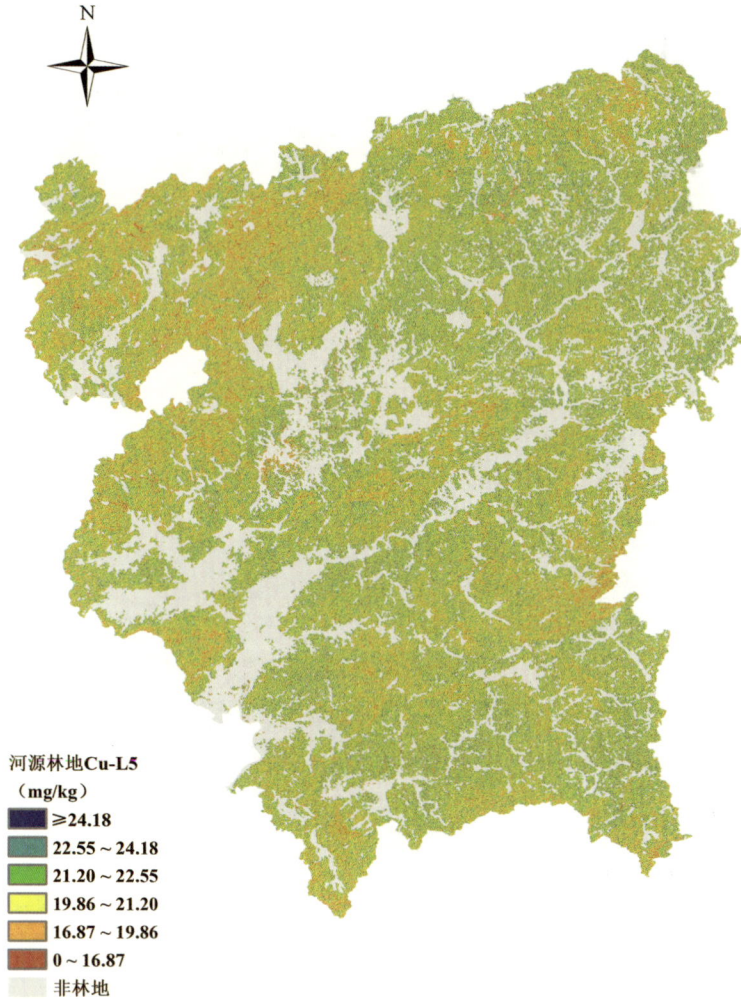

河源林地Cu-L5
（mg/kg）
■ ≥24.18
■ 22.55～24.18
■ 21.20～22.55
■ 19.86～21.20
■ 16.87～19.86
■ 0～16.87
□ 非林地

图 5-45　森林土壤铜含量 L5 层（80～100 cm）分布

六、森林土壤锌元素含量空间分布特征

锌是植物生长发育所需的微量元素之一，锌是植物某些酶的成分，与叶绿素及生长素物质合成有关，在促进光合作用和碳水化合物的转化中具有重要作用。了解土壤锌的含量和分布对于指导农业生产和土地管理等方面都具有重要的意义。河源市 0～20 cm 土壤层锌元素含量的空间分布状况如图 5-46 所示，其含量范围主要在 31.94～76.44 mg/kg 之间，低于农用地土壤锌污染风险筛选值（200 mg/kg），不存在土壤锌污染风险。锌含量低于31.94 mg/kg 的森林土壤面积占比很小，主要分布在河源市东部的低海拔林区；锌含量高于 76.44 mg/kg 的森林土壤面积占比也很小，零散分布于河源市林区内。整体来看，河源市该深度的森林土壤锌含量与海拔相关性不显著；从行政区划来看，连平县的森林土壤锌含量整体水平最高，普遍高于 38.53 mg/kg，和平县、龙川县、东源县、紫金县、源城区的森林土壤锌整体处于 31.94～54.19 mg/kg 之间。

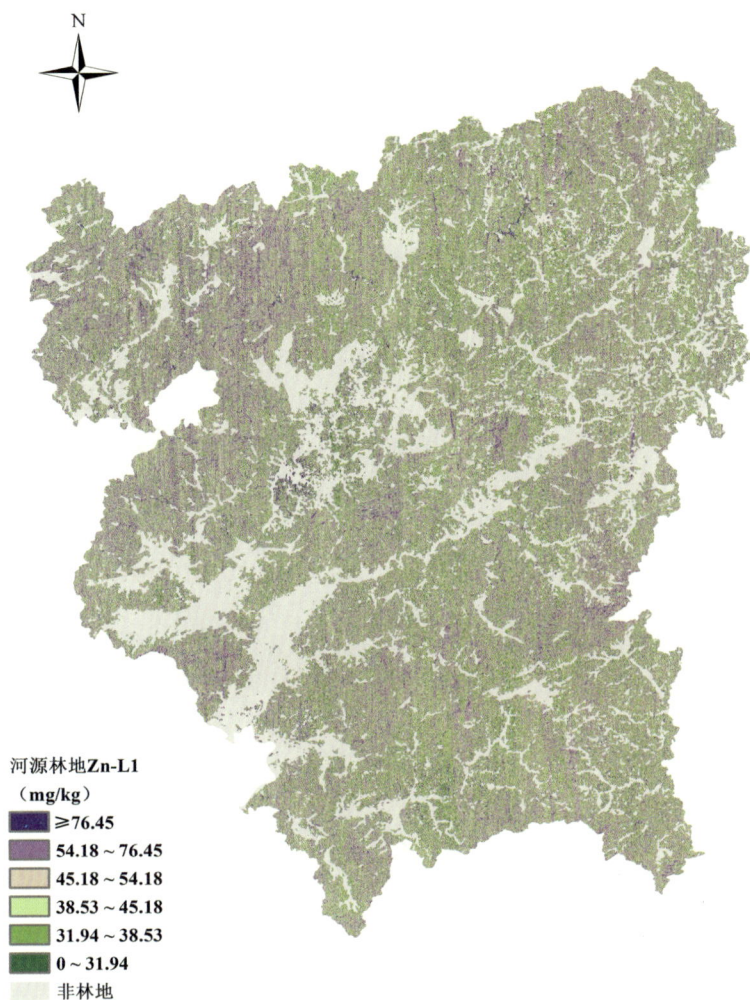

河源林地Zn-L1
（mg/kg）
■ ≥76.45
■ 54.18～76.45
□ 45.18～54.18
□ 38.53～45.18
■ 31.94～38.53
■ 0～31.94
□ 非林地

图 5-46　森林土壤锌含量 L1 层（0～20 cm）分布

　　河源市 20～40 cm 土壤层锌元素含量的空间分布状况如图 5-47 所示，其含量范围主要在 33.40～79.10 mg/kg 之间，低于农用地土壤锌污染风险筛选值（200 mg/kg），不存在土壤锌污染风险。锌含量低于 33.40 mg/kg 的森林土壤面积占比很小，主要分布在河源市的低海拔林区；锌含量高于 79.10 mg/kg 的森林土壤面积也很小，主要分布于河源市的青云山、九连山和罗浮山高海拔的局部林区。整体来看，河源市的森林土壤锌元素含量与海拔的相关性较 0～20 cm 土壤层显著；从行政区划来看，连平县的森林土壤锌平均水平最高，土壤锌含量整体上都高于 40.59 mg/kg，和平县、龙川县、东源县、紫金县、源城区的森林土壤锌含量主要在 33.40～47.77 mg/kg 和 47.78～79.10 mg/kg 两个区间，并且两个区间范围的土壤面积占比相差不大。从垂直角度来看，20～40 cm 土壤层的森林土壤锌平均含量水平与 0～20 cm 土壤层无显著差异。

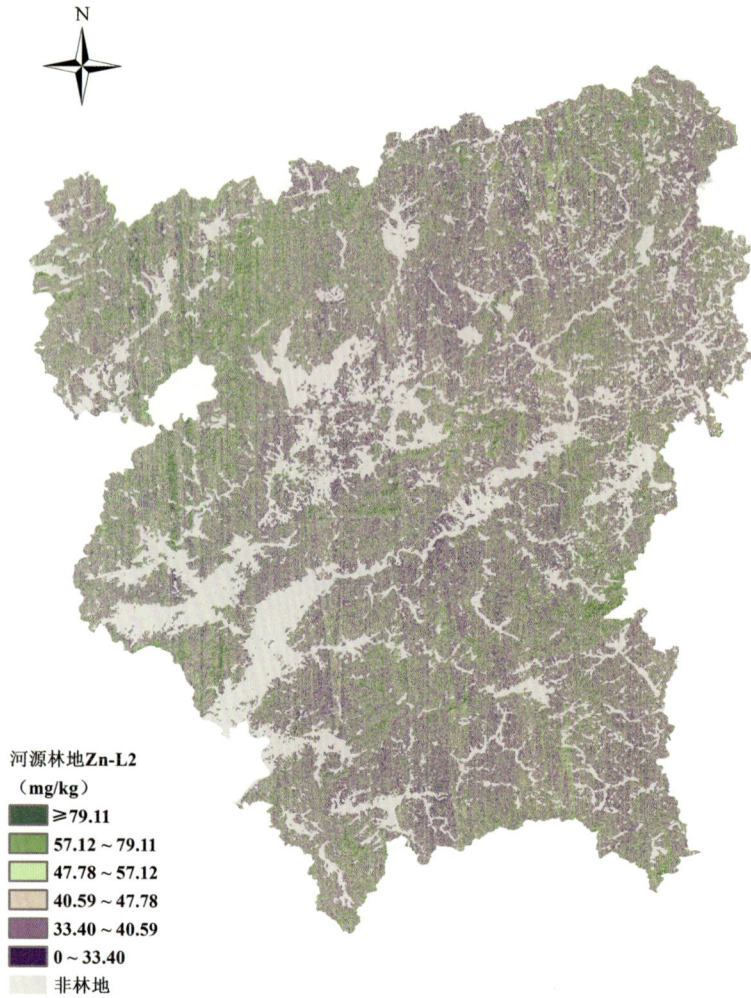

河源林地Zn-L2
（mg/kg）

■ ≥79.11
■ 57.12 ~ 79.11
□ 47.78 ~ 57.12
□ 40.59 ~ 47.78
■ 33.40 ~ 40.59
■ 0 ~ 33.40
□ 非林地

图 5-47　森林土壤锌含量 L2 层 (20 ~ 40 cm) 分布

　　河源市 40 ~ 60 cm 土壤层锌元素含量的空间分布状况如图 5-48 所示，其含量范围主要在 33.55 ~ 72.75 mg/kg 之间，低于农用地土壤锌污染风险筛选值 (200 mg/kg)，不存在土壤锌污染风险。锌含量低于 33.55 mg/kg 的森林土壤面积占比很小，且呈零散分布；锌含量高于 72.75 mg/kg 的森林土壤面积也很小，主要零散分布在高海拔山地林区中。河源市的森林土壤锌含量受人为影响很小，可能主要是受土壤性质、类型和质地的影响。从垂直角度来看，河源市 40 ~ 60 cm 土壤层的森林土壤锌空间分布格局与 0 ~ 20 cm、20 ~ 40 cm 土壤层比较相似，并且平均含量水平无显著差异；从行政区划来看，该深度同样是连平县森林土壤锌的平均水平最高，全县锌含量整体大于 41.53 mg/kg，和平县、龙川县、东源县、紫金县、源城区的森林土壤锌平均含量无明显差异。

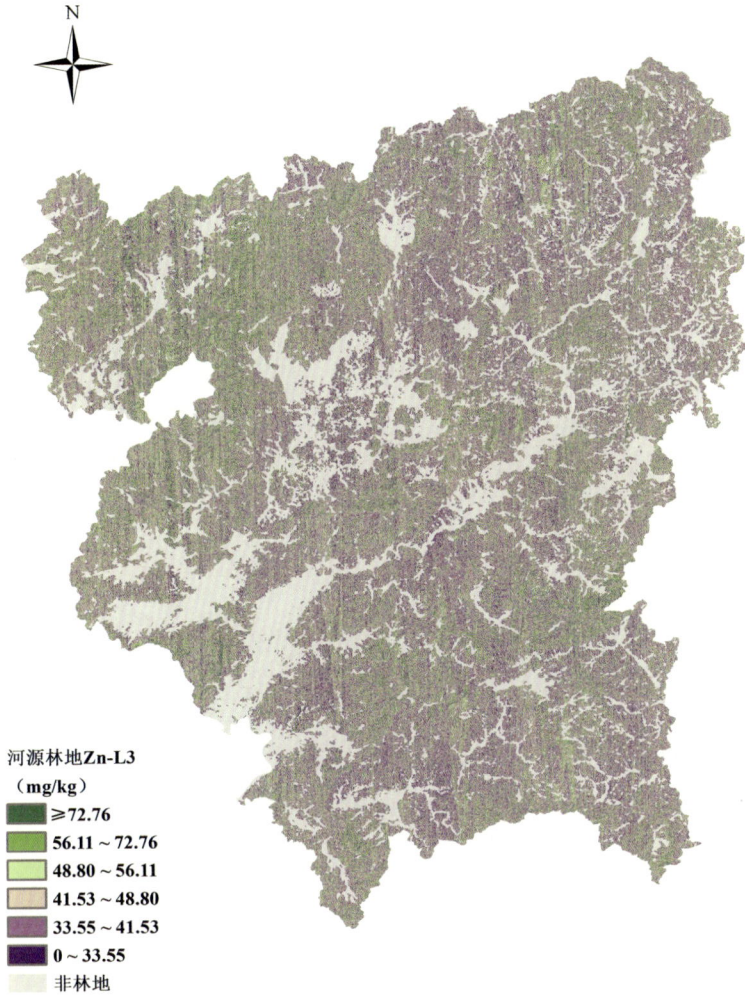

河源林地Zn-L3
（mg/kg）
■ ≥72.76
■ 56.11~72.76
□ 48.80~56.11
□ 41.53~48.80
■ 33.55~41.53
■ 0~33.55
□ 非林地

图 5-48　森林土壤锌含量 L3 层(40~60 cm)分布

　　河源市 60~80 cm 土壤层锌元素含量的空间分布状况如图 5-49 所示，其含量范围主要在 33.97~75.59 mg/kg 之间，低于农用地土壤锌污染风险筛选值(200 mg/kg)，不存在土壤锌污染风险。锌含量低于 33.97 mg/kg 的森林土壤零散分布在和平县、龙川县、东源县、紫金县、源城区的林地内；锌含量高于 75.59 mg/kg 的森林土壤主要分布于连平县的高海拔林区。从行政区划来看，连平县的森林土壤锌含量整体水平最高，普遍处于 44.15~75.59 mg/kg，和平县、龙川县、东源县、紫金县、源城区的森林土壤锌含量主要在 33.97~53.59 mg/kg 区间范围内，存在一小部分森林土壤的锌含量处于 53.60~63.02 mg/kg 范围之间。从垂直角度来看，与 0~20 cm、20~40 cm、40~60 cm 土壤层相比，60~80 cm 土壤层的森林土壤锌平均水平最小，即随着土壤深度加深，土壤锌含量在逐渐降低。

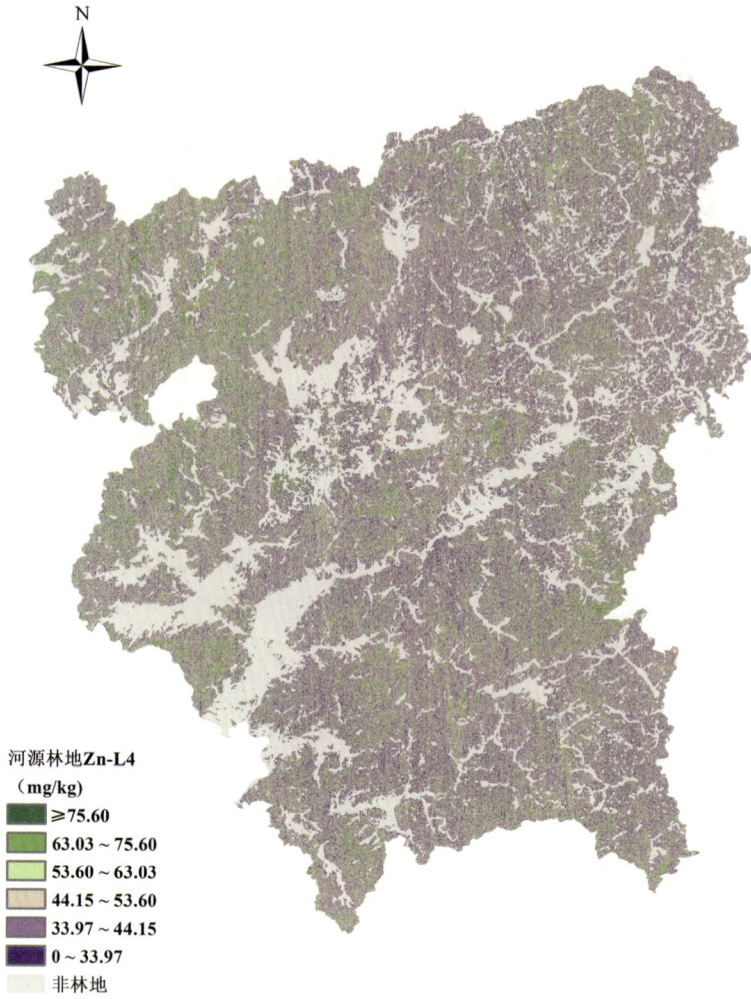

河源林地Zn-L4
（mg/kg）

- ≥75.60
- 63.03～75.60
- 53.60～63.03
- 44.15～53.60
- 33.97～44.15
- 0～33.97
- 非林地

图 5-49　森林土壤锌含量 L4 层(60～80 cm)分布

河源市 80～100 cm 土壤层锌元素含量的空间分布状况如图 5-50 所示，其含量范围主要在 36.50～69.74 mg/kg 之间，低于农用地土壤锌污染风险筛选值(200 mg/kg)，不存在土壤锌污染风险。整体来看，河源市 0～100 cm 的每个土层森林土壤锌空间分布状况比较相似，锌含量较高的土壤主要存在于高海拔的山地林区中，锌含量较低的土壤主要分布在低海拔林区。这可能主要受土壤母质和土壤理化性质的影响。一般来说，土壤质地越粘重，锌离子越容易被吸附在土壤颗粒物上，不易释放；而土壤质地越轻，锌离子越容易释放。土壤氧化还原状态对锌离子的存在形式和溶解度也有重要影响。从行政区划来看，在 80～100 cm 土壤层依然是连平县的森林土壤锌整体水平最高，普遍处于 48.37～69.74 mg/kg 之间，和平县、龙川县、东源县、紫金县、源城区的森林土壤锌含量在 36.50～48.36 mg/kg 区间的面积占比较大，在 48.37～56.74 mg/kg 区间也占据部分面积。

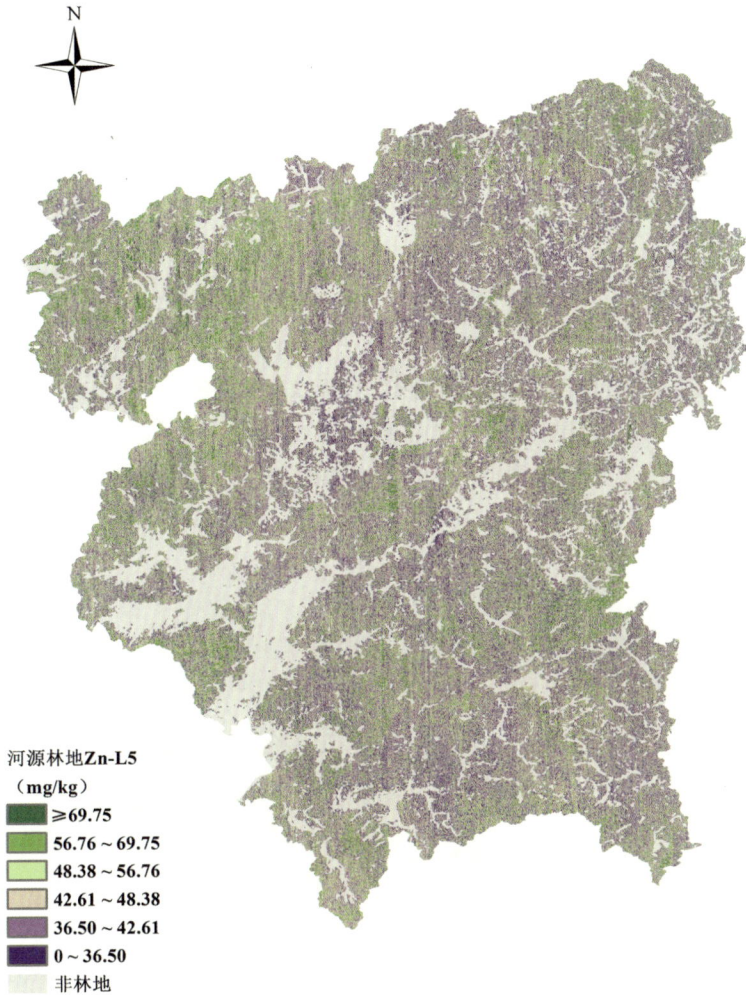

河源林地Zn-L5
（mg/kg）
- ≥69.75
- 56.76～69.75
- 48.38～56.76
- 42.61～48.38
- 36.50～42.61
- 0～36.50
- 非林地

图 5-50　森林土壤锌含量 L5 层(80~100 cm)分布

七、森林土壤汞元素含量空间分布特征

汞是一种有毒的重金属元素，对环境和生态系统具有很大的危害。过量的汞可以破坏土壤结构，降低土壤肥力和生产力，影响植物的生长和发育。因此，土壤中的汞含量也是评价土壤质量和生产力的重要指标之一。河源市 0~20 cm 土壤层汞元素含量的空间分布状况如图 5-51 所示，其含量范围主要在 0.11~0.15 mg/kg 之间，整体上低于农用地土壤汞污染风险筛选值(1.3 mg/kg)，不存在土壤汞污染风险。汞含量低于 0.11 mg/kg 的森林土壤主要分布在河源市高海拔的部分林区；汞含量高于 0.15 mg/kg 的森林土壤面积占比很小，主要集中分布于河源市低海拔的林区。低海拔地区人类活动比较频繁，如采矿、化工、有色金属冶炼、煤燃烧、电池制造、垃圾焚烧等工业生产过程，以及含汞农药和化肥的使用、废旧电池和荧光管的随意丢弃等。这些活动会将汞排放到大气、水体和土壤中，导致土壤汞污染。整体来看，河源市该深度的森林土壤汞元素含量与海拔具有一定的负相

关性，高海拔林区往往汞含量较低；从行政区划来看，东源县的森林土壤汞整体水平最高，汞含量高的土壤主要集中分布在中部低海拔地区。

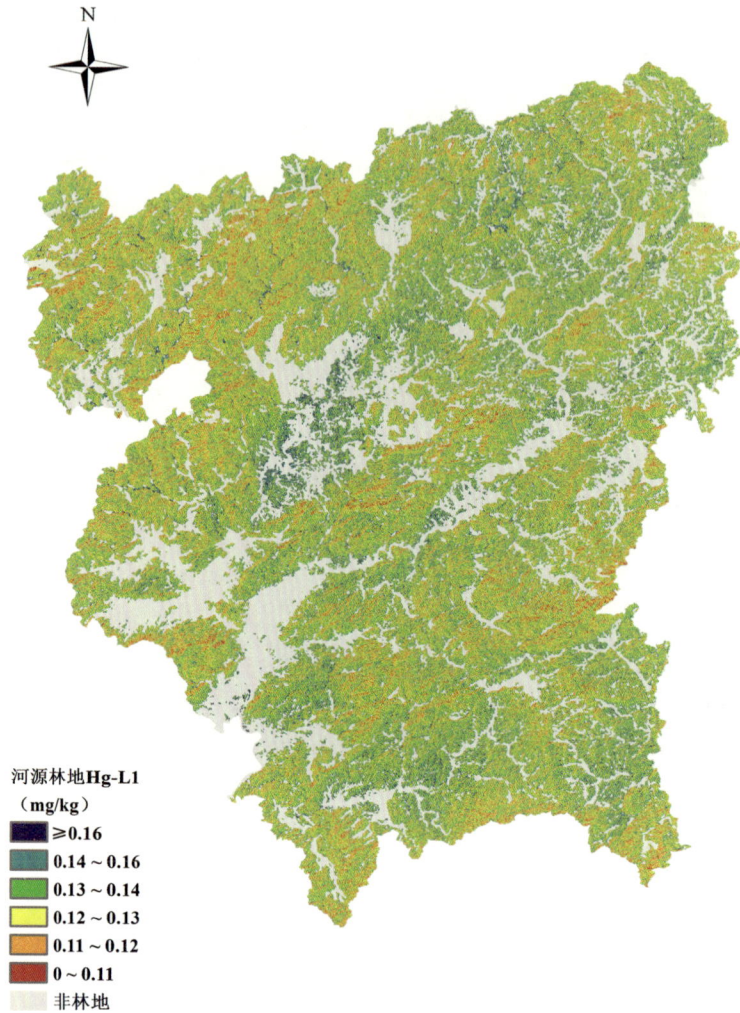

河源林地Hg-L1
（mg/kg）
- ≥0.16
- 0.14 ~ 0.16
- 0.13 ~ 0.14
- 0.12 ~ 0.13
- 0.11 ~ 0.12
- 0 ~ 0.11
- 非林地

图 5-51　森林土壤汞含量 L1 层(0~20 cm) 分布

河源市 20~40 cm 土壤层汞元素含量的空间分布状况如图 5-52 所示，其含量范围主要在 0.11~0.14 mg/kg 之间，整体上低于农用地土壤汞污染风险筛选值(1.3 mg/kg) ，不存在土壤汞污染风险。该土壤层与 0~20 cm 土壤层相似，汞含量低于 0.11 mg/kg 的森林土壤主要分布在河源市高海拔林区；汞含量高于 0.14 mg/kg 的森林土壤面积占比很小，零散分布于河源市林区内。整体来看，该深度河源市森林土壤汞的分布规律性不强，即高值和低值之间的分布零散并不集中；从行政区划来看，东源县的森林土壤汞整体水平最高，中部的森林土壤汞含量整体为 0.13 mg/kg。人为排放是土壤中汞的重要来源之一，河源市的土壤汞含量整体都非常低，可能是因为河源市工业、农业等人为活动产生的汞排放量较少。

图 5-52　森林土壤汞含量 L2 层(20~40 cm)分布

　　河源市 40~60 cm 土壤层汞元素含量的空间分布状况如图 5-53 所示，其含量范围主要在 0.12~0.16 mg/kg 之间，整体上低于农用地土壤汞污染风险筛选值(1.3 mg/kg)，不存在土壤汞污染风险。汞含量低于 0.12 mg/kg 的森林土壤主要集中分布在河源市的青云山、九连山等高海拔林区；汞含量高于 0.16 mg/kg 的森林土壤面积非常小，主要分布于东源县的中部低海拔林区。整体来看，河源市 40~60 cm 土壤层汞元素的空间分布格局与 0~20 cm 土壤层比较相似，但其含量整体上略微高于 0~20 cm，这可能是因为汞元素随着降水渗透到了深层土壤；从行政区划来看，东源县的森林土壤汞整体水平依然还是最高，中部的森林土壤汞含量最高达到了 0.15 mg/kg 以上，但远低于汞污染风险筛选值。

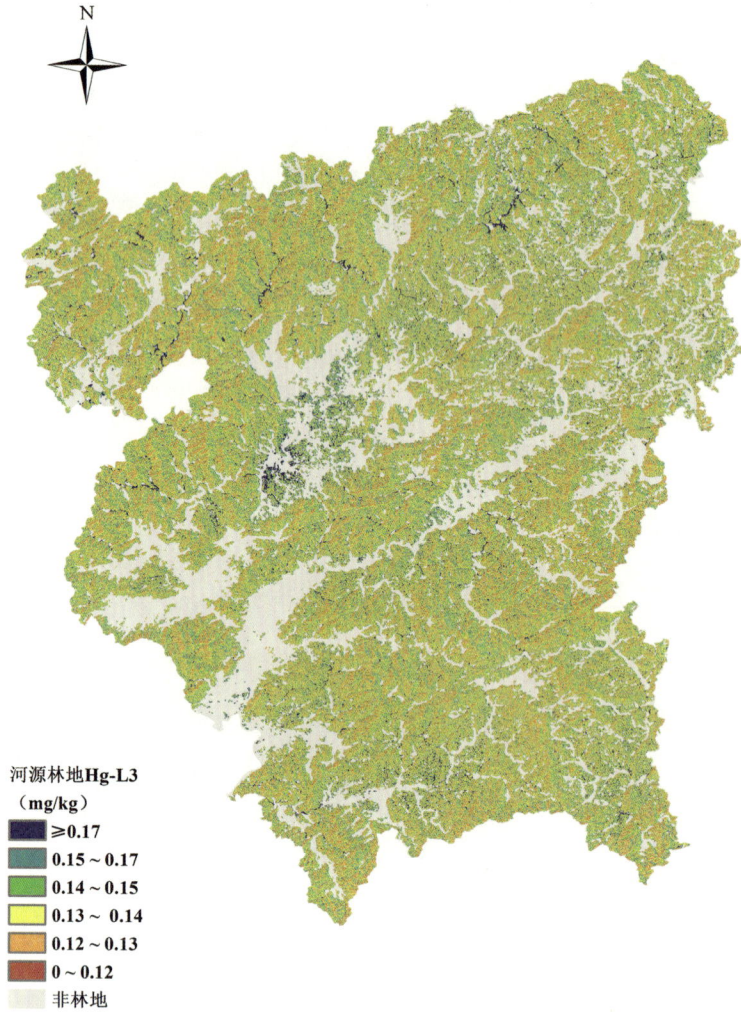

河源林地**Hg-L3**
（**mg/kg**）
- ≥**0.17**
- 0.15 ~ 0.17
- 0.14 ~ 0.15
- 0.13 ~ 0.14
- 0.12 ~ 0.13
- 0 ~ 0.12
- 非林地

图 5-53　森林土壤汞含量 L3 层(40~60 cm)分布

　　河源市 60~80 cm 土壤层汞元素含量的空间分布状况如图 5-54 所示，其含量范围主要在 0.11~0.13 mg/kg 之间，整体上低于农用地土壤汞污染风险筛选值(1.3 mg/kg)，不存在土壤汞污染风险。汞含量低于 0.11 mg/kg 的森林土壤主要集中在河源市的青云山、九连山、罗浮山等高海拔林区；汞含量高于 0.13 mg/kg 的森林土壤主要分布于东源县的中部地区。整体来看，河源市 60~80 cm 森林土壤层的汞空间分布格局与 20~40 cm 土壤层比较相似；从行政区划来看，每个区县的平均土壤汞含量差距不显著，东源县的森林土壤汞整体水平最高，但远低于汞污染风险筛选值。

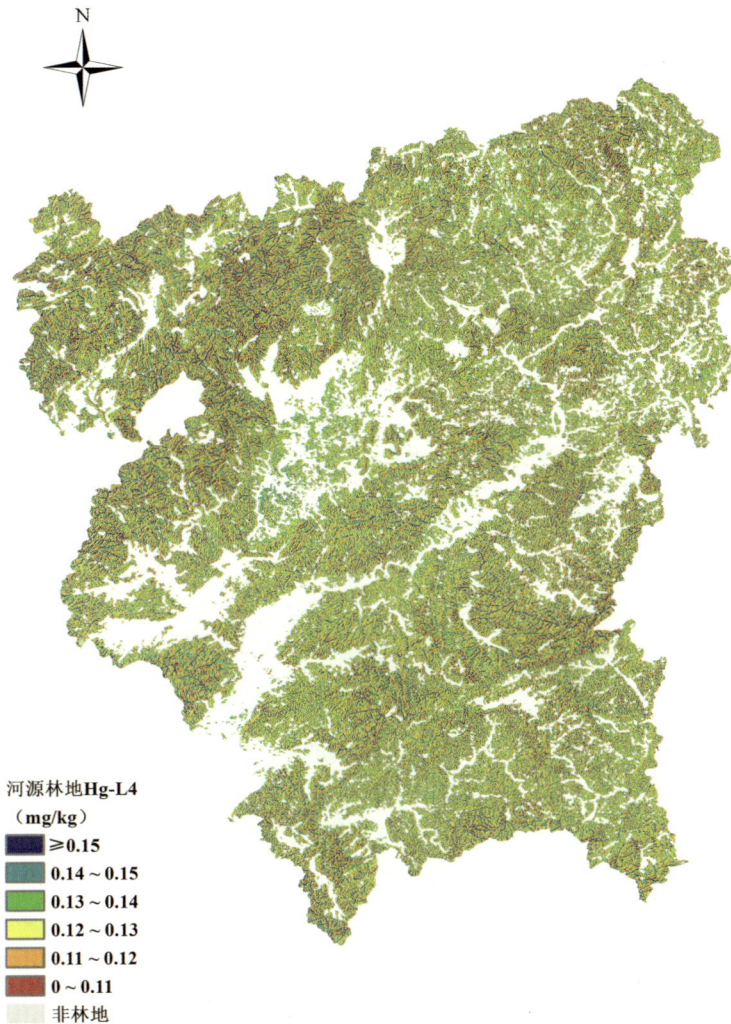

河源林地Hg-L4
（mg/kg）
- ≥0.15
- 0.14 ~ 0.15
- 0.13 ~ 0.14
- 0.12 ~ 0.13
- 0.11 ~ 0.12
- 0 ~ 0.11
- 非林地

图 5-54　森林土壤汞含量 L4 层（60~80 cm）分布

　　河源市 80~100 cm 土壤层汞元素含量的空间分布状况如图 5-55 所示，其含量范围主要在 0.11~0.14 mg/kg 之间，远低于农用地土壤汞污染风险筛选值（1.3 mg/kg），不存在土壤汞污染风险。从整体来看，河源市 0~20 cm、20~40 cm、40~60 cm、60~80 cm、80~100 cm 五个土壤层的森林土壤汞含量都非常的低，并且都远远低于土壤汞污染风险筛选值（1.3 mg/kg）。所以河源市的土壤汞还处于很安全的状态下，一方面是该地土壤天然就含有较低的汞含量，一方面是人类活动产生的汞污染也非常的少。

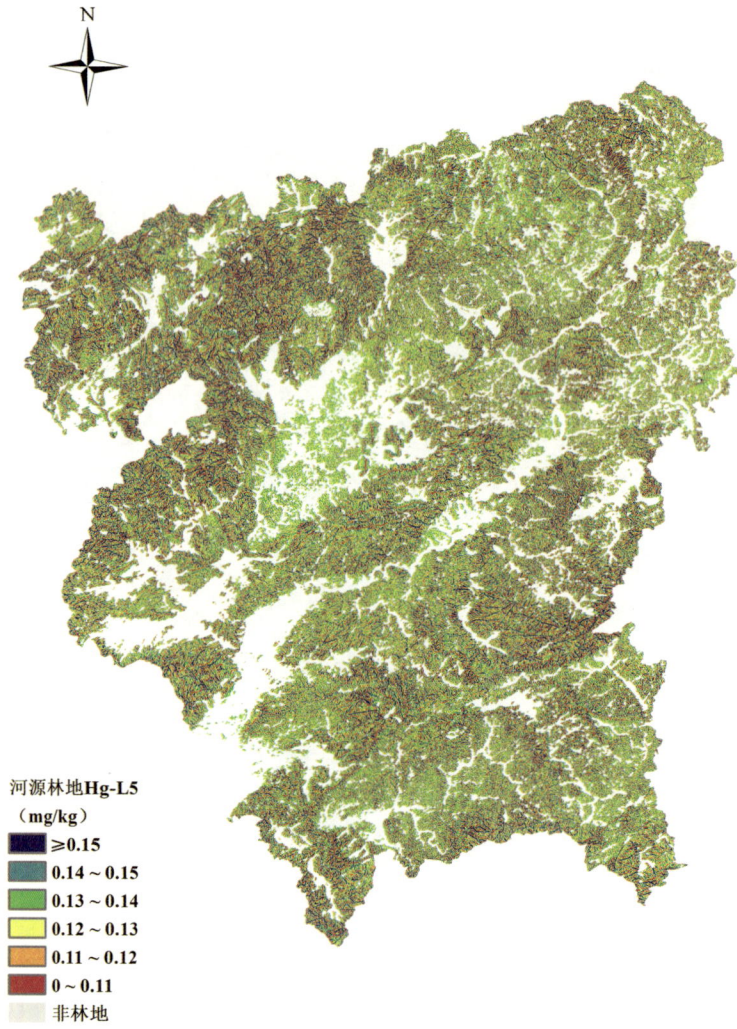

河源林地Hg-L5
（mg/kg）
≥0.15
0.14～0.15
0.13～0.14
0.12～0.13
0.11～0.12
0～0.11
非林地

图 5-55　森林土壤汞含量 L5 层(80～100 cm)分布

主要参考文献

广东省人民政府地方志办公室 . 广东年鉴（2022）[M]. 广州：广东年鉴社，2022.

广东省土壤普查办公室 . 广东土壤[M]. 北京：科学出版社，1993.

广东省土壤普查办公室 . 广东土种志[M]. 北京：科学出版社，1996.

广东省土壤普查鉴定、土地利用规划委员会 . 广东农业土壤志[Z]. 1962.

河源市统计局，国家统计局河源调查队 . 河源统计年鉴（2023）[Z]. 2023.

河源市地方志编纂委员会 . 河源市志[M]. 北京：方志出版社，2012.

广东省土壤普查办公室 . 广东土壤[M]. 北京：科学出版社，1993.

卢瑛 . 中国土系志 . 广东卷[M]. 北京：科学出版社，2017.

关连珠 . 普通土壤学[M]. 北京：中国农业大学出版社，2016.

华运文 . 广东省志·林业志[M]. 广州：广东人民出版社，1998.

胡慧蓉，贝荣塔，王艳霞 . 森林土壤学[M]. 北京：中国林业出版社，2019.

河源市人民政府门户网站[EB/OL]. http：//www. heyuan. gov. cn/

中华人民共和国中央人民政府[EB/OL]. https：//www. gov. cn/

第三次全国国土调查主要数据公报[EB/OL]. https：//www. gov. cn/xinwen/2021-08/
26/content_ 5633490. htm

河源市林业局[EB/OL]. http：//www. heyuan. gov. cn/hyslyj/gkmlpt/index

关于《河源市自然保护地整合优化方案》的公示［EB/OL］. http：//www. heyuan.
gov. cn/ywdt/tzgg/content/post_ 542642. html

河源市矿产资源总体规划（2021—2025 年）［EB/OL］. http：//www. heyuan. gov. cn/
zwgk/szfwj/content/mpost_ 539932. html